现代农业产业技术体系

China Agriculture
Research System

现代农业产业技术体系建设理论与实践

糖料
体系分册

TANGLIAO TIXI FENCE

白 晨 主编

中国农业出版社
北 京

现代农业产业技术体系建设理论与实践
编委会名单

编委会主任　张桃林

编委会副主任　廖西元　汪学军　李　波　张　文

编　　　委（按姓氏拼音排列）

白　晨	曹兵海	曹卫东	陈厚彬	陈瑶生	程式华	程须珍
邓秀新	刁现民	杜永臣	段长青	戈贤平	关长涛	韩明玉
韩天富	何建国	侯水生	黄华孙	黄璐琦	霍学喜	姜　全
金　海	金黎平	李开绵	李胜利	李新海	鲁　成	马代夫
逄少军	秦应和	任长忠	王汉中	文　杰	吴　杰	肖世和
谢江辉	熊和平	许　勇	杨　弘	杨　宁	杨亚军	喻树迅
张国范	张海洋	张金霞	张　京	张绍铃	张新友	张英俊
郑新文	邹学校					

总　策　划　刘艳

执行策划　徐利群　马春辉　周益平

糖料体系分册
编委会名单

主　　　编　白　晨

副　主　编　王维成　刘庆庭　刘晓雪　安玉兴　许莉萍　苏文斌　李　凯
李承业　张跃彬　张惠忠　张福锁　周建朝　黄诚华　韩成贵
谭宏伟

编　　　委（按姓氏拼音排序）

白志刚	蔡　青	陈　丽	邓祖湖	樊福义	高三基	耿　贵
何文锦	贺贵柏	黄应昆	李家文	李奇伟	李瑞美	李廷化
李蔚农	李晓东	林　明	刘建荣	刘少谋	卢文祥	莫建霖
齐永文	史树德	孙佰臣	孙桂荣	覃　勇	王清发	王锁牢
王志农	吴才文	吴玉梅	吴则东	闫斌杰	杨本鹏	杨丹彤
杨洪泽	杨荣仲	杨忠伟	杨祖丽	袁照年	张　华	张立明
张木清	张少英	张树珍	张永港	周　中	朱向明	

领导视察
LINGDAO SHICHA

▲ 2012年8月15日，中央政治局委员（时任中国科协党组书记）陈希（右三）视察中国热带农业科学院生物所甘蔗实验室

▲ 2012年11月12日，时任全国政协副主席、科技部部长万钢（右二）视察中国热带农业科学院生物所甘蔗实验室

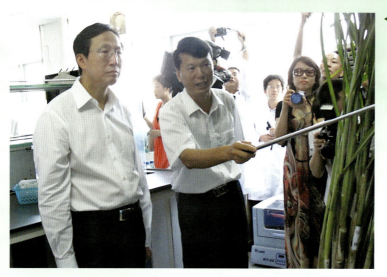

◀2012年5月3日，农业部部
长韩长赋（左一）莅临中国
热带农业科学院热带生物技
术研究所甘蔗研究中心指导
工作

2011年2月26日，农业部▶
副部长牛盾（中）视察中国
热带农业科学院热带生物技
术研究所甘蔗研究中心

◀2020年9月27日，全国政
协委员、农业农村部原副部
长余欣荣（右二）视察广西
扶绥县国家甘蔗脱毒健康种
苗繁育基地

2017年11月23日，农业部
农产品加工局副局长马洪涛
（前中）在田阳举办的第十
届中国－东盟新品种新技术
展示交易会上，参观百色综
合试验站甘蔗试管苗

2018年10月16日，农业农
村部科教司产业技术处处长
徐利群（左五）、全国技术
推广中心经作处处长李莉
（左八）和中国糖料协会秘
书长李国有（右四）等一行
检查指导南疆甜菜试验示范
工作

2016年9月1日，农业部全
国技术推广中心经作处、科
教司产业技术处的相关领导
在包头综合试验站视察"甜
菜高产、优质、高效膜下滴
灌纸筒育苗移栽模式化栽
培"示范基地

▲ 2009年2月5日，内蒙古自治区政府副主席郭启俊（左二）等领导在内蒙古自治区农牧业科学院视察甜菜科研情况

▲ 2013年11月27日，百色市委书记彭晓春（右二）到百色综合试验站调研和指导工作

▲ 2009年9月4日，体系首席科学家白晨（左二）及全国甜菜岗站专家在内蒙古乌兰察布市甜菜生产田检查指导工作

▲ 2012年9月13日，体系首席科学家白晨（左一）在美国农业部甜菜研究中心（USDA）进行甜菜育种技术交流

◀2012年9月13日，体系首席科学家白晨（右三）、甜菜抗病品种改良岗位科学家张惠忠（右四）在美国进行甜菜抗病育种技术交流

2014年7月25日，体系首▶席、甜菜育种技术与方法岗位科学家白晨（中）在内蒙古自治区农牧业科学院观察甜菜转基因植株分化情况

◀2017年11月5日，体系首席科学家白晨（中）与广西农业科学院院长邓国富（左一）、甘蔗宿根栽培岗位科学家谭宏伟（右一）交流甘蔗科研情况

2017年11月8日，首席科学家白晨（前排右七）在国家糖料产业技术体系广西片区工作交流会期间，到百色综合试验站检查指导工作并与体系岗位科学家、综合试验站站长及团队成员合影

2017年12月4日，体系首席科学家白晨（右五）及部分岗站专家参加在南宁举办的"糖料新品种新技术发展论坛"

2018年7月21日，体系首席科学家白晨（左二）在国家糖料体系组织召开的黑龙江依安现场观摩会上讲话

◀ 2018年10月16日，体系首席科学家白晨在新疆南疆甜菜高产高效技术集成试验与示范现场观摩会上讲话

2011年5月8日，国家甘蔗 ▶ 产业技术体系首席科学家陈如凯（前左一）到百色综合试验站检查指导工作，广西百色国家农业科技园区常务副主任钟恒钦（前中）和百色综合试验站站长贺贵柏（右一）陪同

◀ 2017年9月6日，甜菜抗病品种改良科学家张惠忠（左二）团队与美国农业部甜菜研究中心（USDA）首席专家Lee Panella（左五）在内蒙古自治区农牧业科学院甜菜丛根病病圃进行育种技术交流

2008年8月12日，甜菜抗 ▶
病品种改良岗位科学家张惠
忠（左二）在内蒙古自治区
农牧业科学院甜菜丛根病病
圃与中国农业大学研究生院
常务副院长、农业生物技术
国家生物重点实验室主任、
中国农业大学教授于嘉林
（左一）、甜菜病害防控岗位
科学家韩成贵（左三）开展
甜菜抗丛根病合作交流

◀2009年，甘蔗抗逆栽培岗
位科学家张跃彬（右一）在
桂北严重霜冻灾害蔗区指导
抗灾技术工作

2010年10月26日，国家甘 ▶
蔗区域试验检查组到云南保
山市检查工作

2011年2月28日，广西农科院院长李扬瑞（左三）和广西专家组在百色综合试验站的甘蔗高产高糖示范田测产验收

2011年7月31日，甘蔗糖能兼用品种改良岗位科学家邓祖湖（右一）一行到云南保山检查指导工作

▲ 2011年9月26日，保山综合试验站邀请全市蔗糖企业、推广站所领导和农技人员参加甘蔗新品种推介会，促进甘蔗新品种推广

2011年11月，甘蔗真菌性 ▶
病害防控岗位科学家黄应昆
（右四）、甘蔗地上部虫害防
控岗位科学家黄诚华（左
四）一行到云南保山检查指
导工作

◀ 2012年5月8日，甜菜抗
逆栽培岗位科学家苏文斌
（右二）在内蒙古乌兰察布
市察右前旗纳令沟村举办了
甜菜纸筒育苗苗床专用肥应
用效果现场观摩会，并在观
摩会上讲解肥料施用技术

2013年，产业经济岗位科 ▶
学家刘晓雪（左、女）协助
农业部贸促中心相关领导一
行到广西进行调研

◀2013年，儋州综合试验站与国内糖业协会、制糖企业等相关单位展开合作，发起并组织成立了"海南省甘蔗学会"，对促进甘蔗产、学、研结合起到积极的推动作用

2014年，甘蔗抗逆栽培岗▶位科学家张跃彬（右三）深入云南最大的单线糖厂——富宁永鑫公司指导工作

◀2014年5月，产业经济岗位科学家刘晓雪（右一）在北京京西宾馆参加"中国糖业政策与宏观调控"研讨会并做主题报告

◀ 2014年9月18日，长春综合试验站与甜菜养分管理与土壤肥料岗位科学家周建朝（右二）团队一起进行试验地起收测产

▲ 2016年6月25日，九三综合试验站站长孙佰臣（右一）到白城综合试验站扎赉特旗示范田指导工作

2016年7月19日，体系相▶关专家在广东省韶关市翁源县举办甘蔗轻简低耗综合栽培技术现场观摩会

2016年9月21日，国家甜▶
菜产业技术体系在内蒙古凉
城县麦胡图镇胜利村组织专
家和种植大户召开甜菜抗重
茬微生态制剂现场观摩会

◀2016年10月14日，甘蔗地
下部虫害防控岗位科学家安
玉兴（左一）参加广东省湛
江市遂溪县举办的钾肥高效
利用与替代技术现场观摩会

2017年，产业经济岗位科▶
学家刘晓雪参加"巴基斯坦
科技与经济研究中心"成立
大会暨"中巴经济走廊与科
技合作国际研讨会"

◀2017年5月31日，甘蔗种质资源收集与评价岗位科学家吴才文（中）、甘蔗耐旱耐寒品种改良岗位科学家杨荣仲（右一）一行到云南保山市检查指导工作

2017年9月28日，白城综▶合试验站与质量安全与营养品质评价岗位科学家吴玉梅及其团队成员，在吉林省洮南市试验地进行小区测产

◀2017年11月20日，甘蔗养分管理与土壤肥料岗位科学家李奇伟在广州召开的甘蔗养分资源综合管理技术研讨会上做报告

2017年12月14日，体系相 ▶
关专家在广东韶关翁源县举
办甘蔗镁肥应用田间观摩会

◀ 2017年，产业经济岗位
科学家刘晓雪在农业部做
"国际糖料与食糖形势分析
报告"

2018年10月19日，甘蔗抗 ▶
逆栽培岗位科学家张跃彬
（右四）、四川省内江市农业
科学院甘蔗研究所所长杨建
（左二）、四川省植物工程研
究院教授陈道德（右三）、
广西农科院甘蔗所副所长杨
荣仲（左一）一行到桂林市
农业科学院调研指导工作，
桂林综合试验站站长李家文
（左四）陪同

◀ 2012年10月10日，体系岗位科学家组织举办了云南甘蔗高产创新技术观摩会

2018年4月7日，甜菜抗病 ▶ 品种改良岗位科学家张惠忠（左一）在内蒙古丰镇市黑土台镇三间房村对甜菜种植大户进行调研

◀ 2018年7月28日，甜菜抗病品种改良岗位科学家张惠忠（右三）在内蒙古和林格尔县公喇嘛核心示范区，进行甜菜新品种内2963种子繁育技术培训

▲ 2018年9月27日，甜菜抗病品种改良岗位科学家张惠忠（右九）在内蒙古丰镇市黑土台镇三间房村召开甜菜新品种NT39106现场测产验收会，甜菜栽培生理岗位科学家张少英（右六）和甜菜育种技术与方法岗位科学家李晓东（右三）参加

◀ 内蒙古自治区农牧业科学院甜菜育种课题组对甜菜单胚雄性不育系、保持系单株进行成对套袋选育

▲ 内蒙古自治区农牧业科学院甜菜育种课题组选育的甜菜抗丛根病品种内甜抗201（原〝内9902〞）

◀ 儋州综合试验站站长杨本鹏（前右三）与国内各甘蔗科研单位、科技协会组织合作，召开了两届〝全国甘蔗种业科技交流会〞，建立了甘蔗种业发展交流平台，推进甘蔗种业产学研结合、〝育、繁、推〞一体化发展

▲ 2018年9月7日，首席科学家白晨在内蒙古商都县大库伦乡库伦图村的甜菜机械化节本增效模式示范推广现场会上接受媒体采访

▲ 2015年4月20日，首席科学家白晨（右二）带领华北片区甜菜岗位专家到内蒙古荷马糖业股份有限公司，与公司负责人及兴安盟农业科学研究所进行交流与座谈，深入了解兴安盟地区的甜菜产业发展情况，并为企业及甜菜产业发展提出建议

2011年5月，云南省委、省发改委、省扶贫办等部门主要领导出席云南甘蔗科技支撑边疆民族蔗区发展合作协议签订仪式 ▶

▲ 2013年2月26日，甘蔗种质资源收集与评价岗位科学家吴才文接受记者采访。其团队选育抗旱甘蔗品种在云南严重旱灾中发挥重大作用，入选2012年云南十大科技进展

◀ 2012年，甘蔗抗逆栽培岗位科学家张跃彬在云南每年9月举办的西南三省的甘蔗新品种、新技术推介会上讲话

◀2013年，甘蔗抗逆栽培岗位科学家张跃彬在电视台录制甘蔗高产高糖栽培技术专题培训课

2016年3月31日，白城▶综合试验站组织甜菜病害防控岗位科学家韩成贵（左二）及东北片区部分岗位科学家，与内蒙古荷马糖业股份有限公司总经理王远斌、副总经理赵国辉等进行座谈，了解甜菜生产中存在的问题

◀2018年3月12日，白城综合试验站与内蒙古荷马糖业股份有限公司在兴安盟乌兰浩特共同举办"2018年兴安盟地区甜菜生产技术培训会"

技术培训

JISHU PEIXUN

▲ 2018年8月8日，体系首席科学家白晨出席在包头市召开的中国甜菜生产技术高端讲座，并做了主旨发言

▲ 2011年5月11日，长春综合试验站站长王清发（左一），在现场对辽宁建平宝华糖业股份有限公司技术人员和种植户进行"甜菜纸筒育苗栽培技术"指导和培训

2013年7月，体系在北京召▶
开"全国甘蔗产业链监测调
查工作培训会"

◀2014年，全国甘蔗健康种苗
生产技术培训班在云南弥勒
顺利召开

2015年8月14—16日，体▶
系首席科学家白晨（右四）
及7位岗位科学家、9位综
合试验站站长参加在中国农
业大学西校区举办的"甜菜
重要病虫害诊断与防控技术
培训会"

◀2016年7月27—29日，国家甘蔗工程技术研究中心、国家甘蔗产业技术研发中心、广西农业科学院、桂林农业科学院举办的"2016年甘蔗提质增效关键技术培训班"在桂林市召开

2016年10月9日，体系相▶
关专家在广东高要举办甘蔗
生长发育及需方规律技术
培训

◀2017年9月14日，体系相
关专家在广东省韶关市翁源
县举办甘蔗高产高效栽培技
术培训

2018年4月12日，甜菜抗病品种改良岗位科学家张惠忠在全国农技中心于长春举办的2018年非主要农作物品种登记技术培训班上，对品种登记工作进行技术培训 ▶

◀ 2019年9月8日，甜菜抗病品种改良岗位科学家张惠忠（前排）和全国农机推广服务中心品种登记处史梦雅（左一），组织专家在内蒙古自治区农牧业科学院病圃对全国甜菜登记品种抗丛根病性进行田间验证调查

▲ 2018年9月12—16日，由福建农林大学国家甘蔗工程技术研究中心、广西农业科学院甘蔗研究所及云南省农业科学院甘蔗研究所联合主办，广西农业科学院甘蔗研究所具体筹办的"2018年甘蔗提质增效关键技术培训班"在四川省成都市开课

◀2018年10月17—20日，由中国作物学会甘蔗专业委员会主办、广西甘蔗学会承办、桂林市农业科学院协办的"中国作物学会甘蔗专业委员会第17次全国学术讨论会"在广西桂林市召开

2018年12月6日，甜菜抗▶病品种改良岗位科学家张惠忠在内蒙古乌兰察布市参加中国甜菜生产技术论坛，并对制糖企业农技人员进行培训

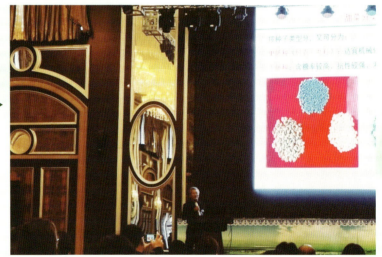

◀近十年来，儋州综合试验站站长杨本鹏针对甘蔗品种退化、病虫害防控、水肥管理、耕作机械等问题，举办了各类技术报告会、科技培训班和现场观摩会320多场次，2万多人次参加，提高了生产者的技术水平和种蔗的积极性

前　　言

食糖与粮、棉、油同属涉及国计民生的大宗农产品，食糖包含有甘蔗糖和甜菜糖，两种都是蔗糖，是人类重要的能量来源。我国是世界上为数不多既产甘蔗糖，也产甜菜糖的国家之一，通常在热带或亚热带区域种植甘蔗，在相对冷凉的区域种植甜菜。

国家糖料产业技术体系于2017年由原甘蔗体系和甜菜体系合并组建，是国家50个现代农业产业技术体系之一。国家糖料产业技术体系设置1个研发中心，1位首席科学家，6个功能研究室，6位功能研究室主任，38位岗位科学家，24个综合试验站。为便于体系管理，分别在甘蔗主产区桂中南、滇西南、粤西琼北、甜菜主产区东北、华北、西北设6个区域管理片区，并聘请6位区域负责人协助首席科学家对片区工作进行管理。功能研究室由遗传改良研究室、栽培与土肥研究室、病虫草害防控研究室、机械化研究室、加工研究室、产业经济研究室组成，具体负责糖料产业的前瞻性重大技术的凝练与研发。区域管理片区和综合试验站具体负责集成示范体系研发出的技术与成果，解决糖料产业中当前重大技术需求，作为体系新技术、新成果、新产品和集成的新技术与新模式的试验示范窗口，引领糖料产业的发展。

糖料体系成立以来，紧紧围绕供给侧结构性改革和产出高效、资源节约、环境友好的绿色发展理念，以产业节本提质增效为目标，着力强化适宜于不同生态区机械化作业的糖料种质资源创制和新品种选育与应用，加速推进新品种更新换代步伐；着力强化丰产高糖高效与双减节水控膜技术研发与推广；着力强化病虫草害的综合防控和生物防控相结合的技术研发与应用；着力强化副产物综合利用技术研发与应用。通过提高单产、蔗糖含量、推进机械化作业降低种植成本提高农民收益，有效提升了我国食糖产业的综合竞争力，对保障我国食糖有效供给能力起到了重要作用。

本书重点展示了自体系成立以来所取得的研究成果。全书分为上编体系创新与技术推广和下编体系认识与工作感悟两部分。上编分为体系建设总体成效、糖料体系在甘蔗产业领域取得的成效、糖料体系在甜菜产业领域取得的成效、糖料产业经济与政策建议、技术推广与扶贫攻坚、主要成果展示，共 6 章 24 节。由国家糖料产业技术体系长期从事糖料品种选育、耕作栽培、植物保护、农机农艺、副产物加工和产业经济等领域的岗位科学家及团队成员共同参与编写，汇集了基础理论和生产实践等方面的研究成果。下编是首席科学家及部分岗站专家对现代农业产业技术体系的认识与体系工作的感悟。

希望此书的出版能够为各级行政管理部门、科研院所、大专院校等相关人员进一步了解和研究中国糖料产业提供参考，共同为促进糖料产业持续发展，确保"糖罐子"牢牢把握在自己手里，保障我国食糖供给安全做出贡献。

编　者

2021 年 11 月

目　录

下编　体系认识与工作感悟

附　录

上 编
体系创新与技术推广

第一章 体系建设总体成效

第一节 糖料产业概况

食糖与粮、棉、油同属涉及国计民生的大宗农产品，它既是人民生活的必需品，也是我国农产品加工业特别是食品和医药行业及下游产业的重要基础原料和国家重要的战略物资，是人类重要的能量来源。我国是世界第三大食糖生产国和第二大食糖消费国，是世界上为数不多既产甘蔗糖也产甜菜糖的国家之一。

我国甘蔗生产主要分布在广西、云南、广东、海南等南方地区，甜菜生产主要集中于黑龙江、内蒙古、新疆、河北、甘肃等北方地区，形成南甘蔗北甜菜的食糖生产格局。根据目前我国食糖业供需、生产现状，保障我国甘蔗产业的稳定发展，加快甜菜产业的发展振兴对促进我国糖料产业发展、确保我国食糖有效供给至关重要，是实现 2025 年确保我国食糖自给水平达到 70% 目标的基础。

国家糖料产业技术体系于 2017 年由原甘蔗体系和甜菜体系合并组建，原甘蔗体系和甜菜体系分别于 2008 年启动，经过十年的体系建设工作，甘蔗和甜菜产业得到了快速发展和提升。体系建设是对我国科技管理体制的改革创新，在整合科技资源、开展协同创新、稳定人才队伍等方面进行了有益的探索，对支撑我国农业产业发展发挥了重要作用。国家糖料产业技术体系逐渐形成了科技创新整体合力，将育种、栽培、植保、病虫草害防控、机械化和加工技术统筹起来，实现了甘蔗和甜菜科技的全国"一盘棋"。近十年来，糖料产业技术体系围绕我国甘蔗、甜菜品种的遗传改良与新品种创制，综合栽培技术模式的构建、病虫草害防控技术和糖料生产机械化、蔗糖深加工、产地转移等进行了广泛深入的研究和成果应用，促进了我国糖料产业的科技进步。

一、糖料产业总体发展概况

（一）国际食糖市场供需情况

自 2008/2009 至 2015/2016 八个制糖期的全球食糖生产量，基本维持在 1.65 亿～1.70 亿 t。而世界食糖消费量呈刚性增长态势，在 2008/2009 至 2015/2016 八个制糖期食糖年消费量从 1.52 亿 t 增长到 1.71 亿 t，年均增长率为 1.76%。全球食糖供需趋势基本处于紧平衡，丰年略有余，灾年略不足。因此，要确保我国食糖有效供给，应立足本国解决，把"糖罐子"端在自己的手上。

（二）国内食糖业现状

1. 国内食糖供需现状

近年国内食糖年生产量基本稳定在 900 万～1 000 万 t，其中甘蔗糖 800 万～900 万 t、甜菜糖 100 万 t，消费量基本保持在 1 500 万 t 以上，年缺口在 500 万 t 左右。我国年食糖消费量占全球的 8.75%。2016 年食糖人均消费量：世界 24 kg、欧洲 37 kg、美洲 40 kg、大洋洲 47 kg、东亚 24 kg、南亚 26 kg、中国 11 kg。我国人均食糖消费相对偏低。国际上把食糖消费水平作为衡量一个国家民众生活水平高低的指标之一。随着人民生活水平的提高，我国食糖消费量将进一步增长，缺口将进一步增大。

2. 国内食糖生产现状

20 世纪 90 年代以前，全国食糖产量中甜菜糖占 30%～40%，甘蔗糖占 60%～70%。90 年代后，甜菜因主产区种植结构调整、国企改制以及甜菜单产偏低、病害（尤其是甜菜丛根病大面积发生）加重，导致蔗糖分下降，机械化水平低，种植甜菜劳动强度大，比较效益低，农民和企业收益差等诸多因素，甜菜制糖业陷入低迷。同期甘蔗由于大面积扩展到坡地种植，品种方面引进台糖系列品种，产量及蔗糖分大幅提升，甘蔗制糖业得到大发展。目前，全国食糖产量中甘蔗糖约占 88%，甜菜糖约占 12%。

糖料单产，甘蔗自 2008 年由每亩[①]4.02 t 波动增至 2016 年的每亩 4.12 t，甜菜自 2010 年由每亩 2.6 t 增至 2016 年每亩 3.68 t，2010/2011 至 2016/2017 制糖期甘蔗、甜菜工业单产分别增长了 11.35% 和 41.54%，科技投入和科技贡献

---

① 亩为非法定计量单位，1 亩 = 1/15 hm^2。

的作用凸显。

食糖产量，甘蔗糖、甜菜糖分别自 2008/2009 制糖期的 1 152.99 万 t、90.13 万 t 变化到 2017/2018 制糖期的 916.04 万 t、114.97 万 t，甘蔗糖产量下降了 20.55%，甜菜糖产量增长了 27.56%。

3. 我国糖料产业现状

"十二五"以来，甘蔗生产主栽品种单一化问题突出，布局不合理，以新台糖 22 为主的品种在我国南方蔗区大规模种植十余年，甘蔗品种退化严重。另外甘蔗糖业规模化程度低，国际竞争力弱，产业规模小，因坡地甘蔗机械化技术推广应用难度大，农民劳动强度大、生产成本高以及随着东盟自贸区的发展，蔗区可选择作物增多，种甘蔗的比较效益下降，糖成本增高，企业利润空间收窄，特别是遇到国外周期性食糖进口的冲击，企业应对潜能不足，甘蔗种植出现了下滑。近几年，糖料体系选育出柳城 05-136、桂糖 42、桂糖 46、云蔗 05-51、云蔗 08-1609、粤糖 60、海蔗 22、福农 41 等一批甘蔗优良新品种，结合双高基地建设、中低产田改造、推进机械化作业、高效施肥、节水灌溉、绿色防控与组培快繁健康种苗技术进行新品种更新。2018 年广西种植面积超过 5 万亩的中国大陆自育品种有 14 个，已占广西甘蔗种植面积的 65.98%。同时推进甘蔗控缓施肥技术、全膜覆盖一次性种植技术、延长甘蔗宿根年限等轻简化种植和节本增效技术。新品种与新技术的推广应用，使桂中南区甘蔗单产提高近 1 000 kg，蔗糖分提高 0.5 ～ 0.8 度；在滇西南结合全膜覆盖轻简栽培与温水脱毒健康种苗技术，使甘蔗单产提高近 1 700 kg，蔗糖分提高 0.8 度，确保了我国甘蔗产业的平稳发展。

甜菜近几年，特别是内蒙古自治区由于种植基地向冷凉地区转移，研发推广了机械化膜下滴灌和纸筒育苗移栽等丰产高糖栽培技术，解决了多年来春旱出全苗难的问题，延长了生育期，保证了密度，促进了光、热、水的有效利用，甜菜单产、蔗糖分大幅提升。同时机械化作业快速推进，大幅减轻了农民劳动强度，农民与企业得到了实惠。甜菜制糖近年在全国制糖业整体下滑不景气的背景下，逆势上扬、强势发展，甜菜产业迎来了一个大的发展机遇。

2017/2018 制糖期内蒙古产糖 38.32 万 t，创历史最高水平，2017 年内蒙古在原有 8 家糖厂基础上，新建了 7 家，2018/2019 制糖期日加工能力将由目前的 2.7 万 t 上升到 5.5 万 t；2017/2018 制糖期新疆产糖 54.11 万 t，2017 年在新疆南疆伽师县新建了 1 座一期为每日加工能力 6 000 t 的糖厂；黑龙江省制糖业也呈现出恢复性势头，全国甜菜制糖业有望全面振兴。

二、糖料生产中存在的问题及技术需求

(一) 食糖价格低，糖料生产成本增加

在我国食糖价格基本靠国内外市场调节，国家宏观调控力度不足，国际食糖市场直接左右国内食糖价格。受国际低糖价影响，进口食糖量增加，食糖价格偏低，同时随着农资价格的不断提高，以及人工成本的逐年提高，导致了糖料收购价格不断上涨，生产成本增加，企业出现亏损，市场竞争力弱。

因此，糖料生产有效减轻劳动强度、提高生产效率、实现节本增效、提升市场竞争力是产业稳定发展的基础。

(二) 国产自育新品种选育与推广

甘蔗以新台糖 22 为主的品种在我国南方蔗区大规模种植十余年，一度曾占到主产蔗区的 60%。新台糖 22 长期种植，蔗农自留种比例高，选育出优良品种更新速度缓慢，造成甘蔗品种退化严重，甘蔗"三虫四病"普遍发生，特别是甘蔗螟虫危害严重，导致甘蔗糖料蔗糖分低。甜菜生产中，大面积推广应用的机械精量直播和纸筒育苗移栽所需种子均为丸粒化包衣种子，国内自育的遗传单胚种，产质量表现不错，但由于我国甜菜种子加工分级与丸粒化包衣技术不过关，设备落后，自育品种无法实现商品化，造成我国甜菜生产中使用的遗传单胚种子 95% 需要进口。

因此，根据世界科技前沿状况，结合现代生物技术，加快国产自育优良糖料新品种选育与推广是产业健康发展的核心。

(三) 糖料产业规模化、机械化生产亟待提高

甘蔗生产规模化程度低，国际竞争力弱。目前，我国蔗区人均种植面积仅 4 ～ 5 亩，产业规模小，甘蔗机械化技术推广应用难度大，吨蔗生产成本高。蔗区劳动力成本高，种植收益低。甜菜生产虽然近几年机械化程度大幅提高，但甜菜生产中与机械化作业配套的灌溉技术、栽培技术、施肥技术、病虫草害的高效防控技术相互间不匹配，农机、农艺不配套。

因此，提高糖料产业规模化、集约化生产，提高机械化作业水平，推进甘蔗绿色轻简生产技术及甜菜节本增效综合栽培技术，加强有害生物综合防控技术创新和推广是产业可持续发展的关键。

第二节 糖料体系建设基本情况

一、糖料体系架构

国家糖料产业技术体系设立 6 个功能研究室，聘有 38 名岗位科学家及 24 个综合试验站站长（表 1-1）。

图 1-1 国家糖料产业技术体系岗位设置及人员

序号	岗站名称	科学家或站长
	首席科学家	
1	国家糖料产业技术体系首席科学家	白晨
	遗传改良研究室	
2	甘蔗种质资源收集与评价岗位	吴才文
3	甜菜种质资源收集与评价岗位	陈丽
4	甘蔗育种技术与方法岗位	许莉萍
5	甜菜育种技术与方法岗位	白晨（2017—2018 年），李晓东（2018—2020 年）
6	甘蔗耐旱耐寒品种改良岗位	杨荣仲
7	甘蔗糖能兼用品种改良岗位	邓祖湖
8	甘蔗高糖聚合品种改良岗位	齐永文
9	甜菜高产高糖品种改良岗位	张立明
10	甘蔗抗病品种改良岗位	张木清
11	甜菜抗病品种改良岗位	张惠忠
12	甜菜高品质品种改良岗位	吴则东
13	甘蔗种苗生产技术岗位	刘少谋
14	甜菜种子扩繁与生产技术岗位	王维成
	栽培与土肥研究室	
15	甜菜栽培生理岗位	张少英
16	甜菜水分管理与节水栽培岗位	杨洪泽
17	甘蔗养分管理与土壤肥料岗位	李奇伟
18	甜菜养分管理与土壤肥料岗位	周建朝

（续）

序号	岗站名称	科学家或站长
19	甘蔗抗逆栽培岗位	张跃彬
20	甘蔗宿根栽培岗位	谭宏伟
21	甜菜抗逆栽培岗位	苏文斌
22	甘蔗种植制度岗位	袁照年
23	甜菜种植制度岗位	耿贵
24	土壤和养分管理岗位	张福锁
病虫草害防控研究室		
25	甘蔗病毒性病害防控岗位	张树珍
26	甘蔗细菌性病害防控岗位	高三基
27	甘蔗真菌性病害防控岗位	黄应昆
28	甜菜病害防控岗位	韩成贵
29	甘蔗地上部虫害防控岗位	黄诚华
30	甘蔗地下部虫害防控岗位	安玉兴
31	甜菜虫害防控岗位	王锁牢
机械化研究室		
32	甘蔗田间管理机械化岗位	张华
33	甘蔗耕种机械化岗位	刘庆庭
34	甘蔗收获机械化岗位	莫建霖
35	智能化生产岗位	杨丹彤
加工研究室		
36	蔗汁与糖蜜综合利用岗位	何文锦
37	副产物综合利用（饲料化）岗位	李凯
38	质量安全与营养品质评价岗位	吴玉梅
产业经济研究室		
39	产业经济岗位	刘晓雪
综合试验站		
40	呼和浩特综合试验站	樊福义
41	赤峰综合试验站	史树德
42	白城综合试验站	王清发

（续）

序号	岗站名称	科学家或站长
43	九三综合试验站	孙佰臣
44	海伦综合试验站	朱向明
45	红兴隆综合试验站	王志农
46	漳州综合试验站	李瑞美
47	湛江综合试验站	刘建荣
48	崇左综合试验站	覃勇
49	百色综合试验站	贺贵柏
50	来宾综合试验站	兰军群（2017—2018年），杨祖丽（2018—2020年）
51	柳城综合试验站	卢文祥
52	北海综合试验站	杨忠伟
53	桂林综合试验站	李家文
54	金光综合试验站	李廷化
55	儋州综合试验站	杨本鹏
56	保山综合试验站	白志刚
57	开远综合试验站	蔡青
58	临沧综合试验站	周中
59	德宏综合试验站	张永港
60	张掖综合试验站	闫斌杰
61	石河子综合试验站	李蔚农
62	伊犁综合试验站	孙桂荣
63	玛纳斯综合试验站	林明

二、糖料体系建设管理制度

2017年为加强合并后糖料产业技术体系的运行管理，制定了国家糖料产业技术体系管理制度。

下附《国家糖料产业技术体系管理制度（试行）》全文。

国家糖料产业技术体系管理制度（试行）

为了规范国家糖料产业技术体系的运行和管理，根据《农业部财政部关于印发〈现代农业产业技术体系建设实施方案（试行）〉的通知》《财政部农业部关于印发〈现代农业产业技术体系建设专项资金管理试行办法〉的通知》等相关文件及通知，结合糖料产业技术体系实际，特制定本管理制度。

一、组织管理

（一）组织框架

1. 执行专家组

执行专家组是体系重大事项的管理与决策机构。

2. 区域片区

国家糖料产业技术体系在农业部制定的体系组织管理框架基础上，针对我国糖料各主产区间跨度大，生态类型多样，栽培、耕作、病虫草害危害各不相同等特点，根据本体系实际，为了有效提升体系对各糖料主产区科技支撑能力，分别在甘蔗主产区桂中南、滇西南、粤西琼北及甜菜主产区东北、华北、西北设6个区域管理片区，体系分别聘请6位区域片区负责人协助首席科学家对片区工作进行管理。

3. 功能研究室

本体系由遗传改良研究室、栽培与土肥研究室、病虫草害防控研究室、机械化研究室、加工研究室、产业经济研究室6个研究室组成，分别设6名研究室主任。其中，根据本体系实际，为有效提升体系遗传改良研究室、栽培与土肥研究室、病虫草害防控研究室甘蔗和甜菜学科研发能力与管理水平，3个研究室设正副主任，分别负责各自学科的研发与业务管理，研究室主任负责统筹组织本研究室总体和日常管理工作。

4. 综合试验站

本体系综合试验站是体系新技术、新成果、新产品及集成的新技术与新模式的试验示范窗口。甘蔗有14个综合试验站，甜菜有10个综合试验站。

（二）管理框架

本体系在首席科学家牵头的执行专家组领导下，区域负责人通过统筹组织辖区综合试验站分别按照其职责开展相关工作；功能研究室主任通过统筹组织本研究室岗位科学家以及相关综合试验站分别按照其职责开展相关工作。

（三）职责

1. 执行专家组

组成：执行专家组由本体系内13名岗站专家组成。其中有：首席、区域负责人、功能研究室主任、岗站专家代表。

主要职责：在首席领导下，体系执行专家组负责体系各项重大事项的决策、制定与组织检查；负责制订、执行体系任务规划和年度计划；负责指导、协调和监督各区域、各功能研究室和综合试验站的业务活动。

2. 区域负责人

主要职责：针对各区域内不同生态区中当前生产存在的主要技术问题，组织体系相关岗位科学家和区域内综合试验站站长进行相应技术模式集成与示范。

具体负责组织本区域内综合试验站承担的体系重点任务研究方案的制定与分工落实、组织与协调、检查与管理、确保重点任务的完成以及材料汇总与上报工作；负责首席科学家委托的各区域其他事项的检查与管理；组织本区域学术交流、成果观摩推广和有关会议。

3. 功能研究室

主要职责：针对产业中本学科前瞻性技术需求，开展相应的应用基础性研究与相关技术研发和试验示范工作。

具体负责体系各研究室承担的研究室重点任务研究方案的制定与分工落实工作、组织与协调工作、检查与管理工作、材料汇总与上报工作；组织、落实、实施、完成研究室重点任务；负责首席科学家委托的各研究室其他事项的检查与管理。组织本研究室学术交流、观摩、会议。

4. 综合试验站

主要职责：综合试验站是体系的试验示范窗口，其主要职责是针对当前生产中的主要技术需求，进行新品种、新技术、新产品及高效栽培技术模式集成与示范。

主要负责体系研发成果在本辖区的试验示范；监测和报告本区域产业发展动态，指导本区域产业发展，承担本区域应急和突发性事件的技术处置，培训基层技术推广骨干；负责具体落实、实施体系重点任务在本辖区的技术模式集成与示范任务；协助和承接岗位科学家委托的有关科研与试验示范。

5. 体系研发中心办公室

体系研发中心办公室负责管理协调体系、片区、研究室、综合试验站相关工作；体系有关材料汇总纂写和其他事项的检查与管理、文件上报以及对外沟通交流；首席临时交办的工作。

6. 体系岗站建设和依托单位

糖料产业技术体系所有聘任的岗位科学家和综合试验站站长及团队成员所在单位为体系的建设或依托单位，负责体系聘任人员的办公条件、科研仪器设备及试验设施的建设与管理，工资福利、党政关系、人事管理、后勤保障和团队建设等，保证聘任人员的研发时间、所需设施设备，为其开展研发活动提供便利条件。

未经农业部同意，体系岗站科学家建设或依托单位不得对聘期内的聘任人员进行工作岗位调动和科研方向调整。

二、任务管理

体系任务实施由首席科学家总负责，体系各项基本任务，由执行专家组讨论形成细化方案和考核指标，分解到每个岗位和每个综合试验站，由农业部与首席科学家和产业技术研发中心签订体系总任务书和分年度任务书。首席科学家根据总任务书，统筹协调体系内人员任务分工与衔接，与区域负责人、功能研究室主任、岗位科学家、综合试验站和团队成员签订任务书及任务委托协议。

1. 体系工作重心

（1）要确实加强研发工作的调研总结和凝练。针对生产中存在的问题，合理地确定研发任务，及时调整研发工作。组织岗站科学家对照"十三五"合同任务落实各项研发工作，确保糖料体系"十三五"承担的各项工作顺利开展并圆满完成。

（2）要确实加强体系的新成果、新技术集成物化，加快体系新成果、新技术的推广应用，提高转化率，提高农民科学种田水平的提升，为糖料产业提供强有力的科技支撑，在我国糖料产业综合竞争力提升方面做好体系该做的工作。

（3）要确实加强体系的学风建设，端正研究态度，树立严谨的科学学风，尊重知识、尊重人才、尊重科学，勇于创新、求真务实；把人才培养、团队建设确实落实到体系每一位科学家工作当中。

（4）积极落实农业部考核机制的同时，研究完善适合本体系的考核制度，建立依靠制度管理，实现体系健康持续发展。

2. 体系层面重点任务的实施

体系层面承担的重点任务分别由 6 位区域负责人针对辖区不同生态区域当前生产中存在的主要技术问题，组织相关岗位科学家和所在综合试验站专家进行相关技术与成果集成，形成相应技术模式，由相关岗位科学家指导参与、综合试验站具体负责实施示范；区域负责人在实施过程中组织相关参与人员检查指导、熟化完善和推广宣传。

3. 研究室层面重点任务实施

由 6 位功能研究室主任及遗传改良研究室、栽培与土肥研究室、病虫草害防控研究室 3 位副主任，按照各研究室及甘蔗、甜菜学科确定的研究内容任务与考核指标，组织、协调、管理各研究室岗位科学家完成研究室重点任务。

4. 体系基础性工作任务实施

由体系产业经济研究室负责，各功能研究室配合，综合试验站参加开展糖料产业基础数据平台建设，完成数据平台的设计建设工作。按照体系各岗站专家任务分工，详细地收集糖料产业技术国内外研究进展情况，我国糖料产业省以上立项情况，我国从事糖料产业研发的人员及主要仪器设备等情况以及其他主产国糖料产业技术研发机构等；调查糖料主栽品种、主要种质资源、糖料种子企业等情况；调查糖料主要病害发生情况及分布、糖料主要虫害情况及分布、糖料草害发生种类及分布；建立糖料病虫草害综合防治的推广技术档案；整理糖料高产、优质、高效栽培技术规程的技术档案及各类标准；摸清甘蔗、甜菜各主产区（旗县）土壤养分及肥料基本情况、收集糖料各主产区（旗县）物候期资料、糖料种植制度、国内外糖料主产国技术研发体系及生态资源情况等。

5. 其他研究任务实施

体系各岗站专家根据各依托单位的研究特点及研究优势，自主选择与糖料产业各学科相关联的研究内容，由各承担研究任务的岗站专家自行组织实施，充分发挥各单位研究优势，拓宽研究内容。

6. 应急性任务

体系各岗站专家要按照要求，及时完成农业部各相关司局、首席、区域负责人、研究室主任临时交办的各项任务，并对本产业生产和市场的变化进行监测。

7. 跨体系任务实施

由体系首席组织，按项目类别由体系整体安排，确定具体岗站专家具体负责实施，具体负责人必须按照各牵头体系的任务及分工要求开展相关工作，完成跨体系研究任务。

8. 扶贫任务实施

我国糖料种植主要集中在桂中南区、滇西南区、粤西琼北、东北、华北和西北地区，这些区域多以贫困落后边区为主。制糖企业是当地的支柱产业和主要税收来源，糖料产业是典型的订单农业发展模式，在这些地区实施脱贫攻坚是农业部要求体系必须完成的重要任务，也是我们体系专家应尽的责任。

由首席牵头，确定体系相关区域负责人或研究室负责人具体负责，组织岗站专家重点在有糖料种植的特困地区进行新品种、新技术的试验示范，技术培训，推进糖料生产的节本增效带动当地农户种植甘蔗、甜菜的积极性，实现糖农增收。

9. 产业综合竞争力提升计划

根据农业部确立的糖料产业综合竞争力提升计划实施内容与区域，由首席牵头，体系相关区域负责人或研究室负责人具体负责，根据计划实施内容组织相关岗站专家协调相关企业具体实施。

三、经费管理

1. 体系基本研发经费的支出范围和使用严格按照《财政部农业部关于印发〈现代农业产业技术体系建设专项资金管理试行办法〉的通知》等相关文件及通知精神执行。由承担单位具体负责，要求单设账目实行单独核算和严格管理。

2. 体系功能研究室和综合试验站需要新增的单台（件）价值5万元以上专用科研仪器设备的购置费。建设依托单位隶属于中央的，新增的仪器设备购置费由中央财政负担；建设依托单位隶属于地方的，新增的仪器设备购置费由中央财政和地方财政各负担50%。

3. 体系人员聘期结束和被解聘后60天内，依托单位应完成财务结账手续，出具财务决算表，并聘请具有审计资质的会计师事务所进行审计。财务决算报表、资金审计报告和工作总结报告一式三份上交体系研发中心，并上报农业部。

4. 建设和依托单位及其上级主管部门、地方财政部门对体系经费负有监督管理责任，首席及体系研发中心依托单位财务部门负有对岗站经费的监督管理责任。

四、人员管理

1. 体系岗站人员实行聘任制，由农业部聘任，每五年一个聘期，从全国相关领域优秀科技人员中遴选聘用，聘期内考核不合格者解聘；考核连续两年后10%者按农业部有关规定执行。

2. 体系岗位科学家、综合试验站站长调离原所在单位的，视作聘期内本人及所在单位不再履行承诺，主动请辞。

聘期内调离、退休或病逝的岗位科学家、综合试验站站长，经体系研发中心办公室、执行专家组和建设依托单位协商并报请农业部同意后，原则上遴选其团队成员中符合岗位科学家、综合试验站站长条件的人接替；如其团队成员不符合条件，按照岗位科学家、综合试验站站长条件和程序进行遴选和聘任。

聘期内因各种原因解聘的，空出岗位和综合试验站长按照农业部安排及条件和程序组织进行遴选和聘任。

解聘、调离的岗位科学家、综合试验站站长，需由产业技术研发中心组织工作验收和财务审计。

3. 体系聘任人员须保证2/3的时间和精力用于体系工作，原则上承担体系外的竞争性国家级科研项目数量不超过1项，研究内容须与体系任务可衔接，且不重复。

五、日常管理

1. 体系研发中心在管理平台上建立"体系网络办公室"，体系任务、研究进展、工作简报、经费支出汇总、基础数据平台建设等，进展和结果均按要求在平台上及时填报和更新。

2. 体系聘任人员在管理平台上建立"网络个人办公室"，个人基本情况及变动、工作日志、月度经费支出、年度总结、财务决算报告等，均需按要求在管理平台上及时填报和更新。工作日志每月不少于5篇，经费支出情况每月填报一次。

3. 原则上每年由体系牵头安排1次年中现场观摩与学术交流会，1次体系年终考评会。倡导功能研究室及片区举办围绕提升体系研发能力、有利于产业发展、减轻农民劳动强度和增收的各种形式的学术会议或活动，要根据实际需求进行，要务求实效、一切从简。

4. 岗位科学家和综合试验站要以完成体系任务为主，科学合理对接。

5. 体系专著和科普读物出版计划，执行专家组要及时制订并上报农业部备案。体系任务调整等重大事项须由执行专家组提出意见，以产业技术研发中心文件报送农业部审批。

6. 建立体系聘任人员信用评价指标，对出席体系会议、上报体系材料、填报工作日志、经费支出、计划执行、应急性任务及学风建设等进行评价。

六、考评奖惩与问责

(一) 年终考评

1. 首席科学家由农业部负责考评

考评内容为：

(1) 任务书中规定的各项考核指标完成情况。

(2) 对产业发展的决策咨询情况。

(3) 对本产业技术研发的全国统筹情况。

(4) 对本体系的组织管理和各机构、人员的工作协调情况。

(5) 对本体系运行机制的创新和学风建设情况。

(6) 经费使用情况。

每年底体系考评大会上，首席科学家述职，本体系全体人员分优秀、称职、不称职三个等级进行无记名投票。

2. 功能研究室主任、区域负责人考评由首席负责

考评内容为：

(1) 对本研究领域的全国统筹情况。

(2) 对本研究室或片区的组织管理和工作协调情况。

(3) 与其他研究室及片区的交流协作情况。

(4) 与综合试验站的结合与协同情况。

考评在每年年底体系考评大会上进行，功能研究室主任、区域负责人述职，本体系全体人员进行无记名投票。执行专家组根据投票结果确定最终考评结果。

3. 岗位科学家和综合试验站站长考评由执行专家组负责

岗位科学家的考评内容为：

（1）任务委托协议中规定的各项考核指标完成情况。

（2）对本岗位领域的国际前沿的跟踪情况。

（3）团队人员参加体系工作及团队建设情况。

（4）工作日志填报情况。

（5）经费使用情况。

综合试验站站长的考评内容为：

（1）任务委托协议中规定的各项指标及完成情况。

（2）本区域产业发展和技术支撑情况。

（3）团队人员参加体系工作和团队建设情况。

（4）工作日志填报情况。

（5）经费使用情况。

4. 考评分数的统计方法

功能研究室主任、区域负责人、岗位科学家和综合试验站站长根据职责和承担任务完成情况在考评大会上进行述职，本体系全体人员对其无记名打分，根据农业部考评办法精神进行计算。

（二）奖惩与问责

为更好地规范体系工作，提升体系工作效率，在农业部有关管理办法基础上结合本体系实际制定如下问责与奖惩内容。

1. 问责

（1）体系聘用岗站科学家对体系承担的任务和布置工作不认真组织实施，工作存在弄虚作假行为；体系研发中心或片区、研究室要求上报年终总结不按规定时间上报；体系研发中心或片区、研究室布置的信息及材料不按时上报；报送年终总结、信息及材料不按要求完成，完成得质量差；对研发中心、片区及研究室内协同开展的工作不配合；对相应产区技术支撑不到位的。出现以上情形之一，体系研发中心启动问责程序，经执行专家组讨论由研发中心办公室以书面的形式给相关人员函询，要求说明情况及提出整改意见。

（2）若函询后不予答复，或答复后整改效果不明显，体系研发中心将直接函询所在单位，要求所在单位督促并加盖所在单位公章的说明情况及提出整改意见上报体系研发中心。

（3）函询所在单位仍无整改效果的岗站，经执行专家组讨论同意，体系研发中心向农业部建议暂停拨款或调整岗站人选。

（4）年度考评结果为不称职的功能研究室主任、区域负责人，由执行专家组提出整改意见；连续两年考评结果为不称职的，按农业部有关规定执行，或经执行专家组讨论同意，体系研发中心向农业部建议予以解聘。

（5）年度考评排序在后 10% 的岗位科学家和综合试验站站长，由执行专家组提出整改帮助意见。

（6）年度考评连续两年排序在后 10% 的，按农业部有关规定执行，或经执行专家组讨论同意，体系研发中心向农业部建议予以解聘。

（7）体系聘任人员有违反国家利益、触犯法律行为的，按农业部有关规定执行，或经执行专家组讨论同意体系研发中心向农业部建议予以解聘。

2. 奖惩

（1）对为体系运行管理，特别研发及推广工作做出重大贡献的岗站科学家在全体系内通报表彰并推荐到农业部参与有关人才计划、学术组织和社会荣誉的评选。

（2）对体系承担任务和布置工作不认真组织实施，工作存在弄虚作假行为的岗站科学家，经执行专家组核实年终考评视为不称职，本人做出检查并通报批评。

（3）体系研发中心或片区、研究室要求上报年终总结不按规定时间上报者，在年终体系考评得分结果的基础上扣除 2 分值，从延期第二天算起，每延期上报 1 天再扣 0.2 分；经执行专家组认定无特别重要原因，延期上报 10 天者再扣 5 分；经执行专家组认定无特别重要原因，延期上报 20 天者视为年终考评不称职并在本体系内通报。

（4）体系研发中心或片区、研究室布置的信息及材料不按时上报者，在年终体系考评得分结果的基础上扣除 1 分值，从延期第二天算起，每延期上报 1 天再扣 0.1 分；经执行专家组认定无特别重要原因，延期上报 10 天者再扣 3 分；经执行专家组认定无特别重要原因，延期上报 20 天者再扣 5 分，并在本体系内通报。

（5）报送年终总结、信息及材料不按要求完成及完成质量差者，体系研发中心办公室或片区、研究室接到上报材料认定后有权退回整改，待执行专家组核实认定后，整改期间按延期上报论处，具体按上条条款执行。

（6）对研发中心、片区及研究室内协同开展的工作不配合；对相应产区技术支撑不到位，经执行专家组认定无特别重要原因，分别按三个档次，在年终体系考评得分结果的基础上分别扣除2分、3分、4分；特别严重并对体系工作造成重大影响的扣除6分。

七、保密与知识产权管理

1. 体系聘任人员须维护国家利益，保守国家秘密，不得擅自为各类国内外组织、企业搜集或提供违反保密规定的产业及技术数据。一经发现，按违反国家保密规定，予以严肃查处。

2. 体系形成的研究和统计数据、基础资料、产业信息等，须由执行专家组审核不涉密、报农业部审定后方可公开。

3. 实施体系任务形成的论文、专著须标注"现代农业产业技术体系建设专项资金资助"（Supported by China Agriculture Research System），并注明体系编号CARS-17。

附则：本管理办法经执行专家组讨论通过后即可生效。本管理办法解释权为本体系研发中心办公室。

第三节 糖料体系建立以来对产业的支撑

糖料产业技术体系建立以来，紧紧围绕供给侧结构性改革和绿色发展理念，强化丰产高糖高效与双减节水控膜技术研发，重点以提高我国食糖产业的综合竞争力为目标。以提高单产含糖推进机械化降低成本，提高资源要素利用率和产出率，提升管理水平，更新设备，提高加工工艺，延长产业链拓展副产物收益空间为抓手，最终实现降低吨糖成本，提高食糖产业综合竞争力这一目标。

糖料产业技术体系针对近年来我国甘蔗产区品种改良缓慢，老品种已大规模出现退化趋势，病虫害发生严重，宿根年限变短，蔗糖分下降；以人工为主的甘蔗生产方式效益低，成本高，竞争力弱；甜菜产区适宜机械化作业品种匮乏，灌溉、施肥、病虫草害防控等栽培技术间及农艺措施与机械化作业间不很匹配；水肥药利用率、产出率、生产效率较低；先进的理念和先进的栽培技术应用不到位等问题，重点围绕不同生态区甘蔗、甜菜新品种筛选选育；甘蔗种植、中耕和收获机械引进；甘蔗全程机械化条件下种植行距、施肥方式和病虫草害防控技术；甘蔗控缓施肥技术；甘蔗除草降解地膜应用；全膜覆盖一次性种植技术；延长甘蔗宿根年限等轻简化种植和节本增效技术的研究与应用；结合双高基地建设；中低产田改造；推进机械化作业与良种和健康种苗及丰产高糖高效栽培技术研发与示范。甜菜西北产区以稳产提糖为目标，采取高糖品种应用，结合推进机械化作业、膜下滴灌控氮和后期氮肥前移、磷钾调整、控水，特别是后期控水与科学施药的一体化节本增效机械化丰产高糖综合栽培模式集成与示范。甜菜生产在华北产区以稳糖提产为目标，在东北产区以提产提糖为目标，采取推进机械化作业、丰产高糖品种应用、地膜覆盖、纸筒育苗移栽、科学密植，结合膜下滴灌合理分配灌水与科学施肥和施药一体化全程机械化综合栽培模式集成与示范。通过体系人员的辛勤工作，在各个研究领域均取得了显著的成绩。

案例 1：甘蔗新品种选育和示范应用。2017 年，体系育成的柳城 05-136、桂糖 42、桂糖 46、云蔗 05-51、云蔗 08-1609、粤糖 60、海蔗 22、福农 41 等新品种在我国蔗区推广应用面积达 35% 以上。利用选育出的新品种，在桂中南结合双高基地建设，推进机械化作业，高效施肥、节水灌溉、绿色防控与组培快繁健康种苗技术进行新品种更新，使甘蔗单产提高近 1 t，含糖分提高 0.5 ～ 0.8 度；在滇西南结合全膜覆盖轻简栽培与温水脱毒健康种苗技术，使甘蔗单产提高近 1.7 t，蔗糖分提高 0.8 度。

案例 2：在粤西北甘蔗主产区推广应用性诱剂为核心的甘蔗螟虫系统控制技术。示范区与常规防治区相比，甘蔗螟害株率下降 28.74% ～ 35.66%，螟害节率下降 31.74% ～ 33.33%，甘蔗增产 8.73% ～ 15.49%，蔗糖分提高 0.33% ～ 0.42%，农药用量减少 30.6% ～ 32.8%。

案例 3：按照化肥和农药双减、蔗田废弃物综合利用的思路，研究发明了甘蔗脱毒健康种苗应用、全膜覆盖一次性施肥和蔗叶还田保护性栽培的甘蔗绿色丰产技术。其中以甘蔗茎尖组织培养和温水脱毒相结合的甘蔗健康种苗技术实现了全过程甘蔗良种健康化；以甘蔗全膜覆盖一次施肥、施药生产技术减少甘蔗化肥农药用量 20% 以上，每亩节约用工 5 个以上，亩增产甘蔗 1.7 t 以上；与宿根甘蔗机械低铲蔸结合的蔗叶粉碎还田技术，还田四年后蔗地有机质提高 1% 以上，实现宿根年限延长 2 ～ 3 年，降低甘蔗种植成本 30% 以上。

案例 4：2017 年在西北甜菜产区结合诊断施肥技术、肥料增效技术、因需灌水技术及生长调控技术，形成了一套完整的甜菜节本稳产增糖栽培技术模式。在新疆奇台县示范田，与相同地块、相同品种的当地栽培管理方式比较，实现每亩节水 100 m^3，节肥 60 kg，减少投入 210 元，增产 0.6 t，增加蔗糖分 2% 以上。

案例 5：在华北甜菜产区以纸筒育苗和全程机械化为核心，结合节水、减肥、减药，推进滴灌和机械化作业，重点推进了滴灌甜菜节本增效综合栽培技术模式，在内蒙古乌兰察布市示范田节水 30%，节肥 10% ～ 15%，亩成本降低 200 元，产量提高 0.3 ～ 0.4 t，糖分提高 0.5 度。

通过滴灌技术实现节水与肥药双减；增施生物有机肥，减少化肥用量；绿色防控实现减药；推进纸筒育苗移栽、收获等机械化作业，降低劳动强度，节约成本；提高甜菜产区的综合生产能力，实现农民增收和企业增效，确保甜菜产业的绿色、环保、健康和可持续发展，实现了甜菜产区提产增糖、节本增效的目的。

国家糖料产业技术体系建设启动以来，通过推进糖料高产、高糖、高效配套栽培模式的推广应用，优良新品种的更新换代，品种优化布局，优化耕作方式和种植方式，以及机械化作业的不断推进，水平的不断提高，实现了产量、品质和效益的不断提高，有效地促进了新技术、新品种的合理使用，提高了农民科学种田的水平，大大提升了糖料产业的综合竞争能力，为糖料产业的发展提供了强有力的技术支撑。

第二章　糖料体系在甘蔗产业领域取得的成效

第一节　甘蔗新品种选育技术及成果推广应用

一、甘蔗分子指纹图谱数据库构建与鉴定系统开发

在数据库建设与种质鉴定方面，糖料体系遗传改良研究室进行了系列开发。

①利用甘蔗EST数据库，开发了169个SSR标记位点与引物，经验证获得了36个具有多态性的位点；②研究甘蔗指纹图谱制作技术，开发、筛选出15个位点作为SSR指纹图谱数据库建库的核心引物，基本建立了操作技术规程；③开发了该单机版的引物数据库、基因型数据库和指纹图谱数据库数据录入模块与管理系统，完成了90%体系集成试验、示范和国家区域试验新品种（系）、历史主栽品种和我国甘蔗主要杂交亲本的分子指纹图谱制作。2011—2015年，在基于SSR位点分析所构建的"甘蔗SSR分子特征指纹图谱数据库"包含了3个基础数据库，即引物数据库、品种数据库和DNA指纹图谱数据库，其中DNA指纹图谱数据库主要包括2 925个0～1组成的分子ID和2 925张毛细管电泳图，目前的数据量已达到3 135个，具备了基于甘蔗分子指纹图谱进行相似性鉴定与品种判定的Foxpro数据库功能。

此外，还向农业农村部有关部门提出了建议制定农业行业标准《甘蔗品种鉴定SSR分子标记法》，得到认可并由本单位牵头制定了该行业标准，对促进甘蔗品种权保护将起积极的作用。

二、人工接种鉴定与分子检测相结合的甘蔗抗病性精准评价技术体系

依托智能化可控甘蔗病害抗性鉴定平台，创建了甘蔗锈病、黑穗病和花叶病人工接种鉴定与分子检测相结合的甘蔗抗病性精准评价技术体系，起草颁布

了《甘蔗锈病抗病性鉴定技术规程》（DB53/T 530—2013）和《甘蔗花叶病抗病性鉴定技术规程》（DB53/T 637—2014）云南省地方标准 2 项。采用人工接种、分子检测和基因克隆测序，结合自然发病率调查，对优异种质材料及优势产区主推品种（系）进行抗病性精准评价，切实提高了甘蔗抗病评价的准确性和可靠性，评价筛选出抗病品种资源材料 222 份。其中，含抗褐锈病基因 *Bru1* 新品种（系）44 个、主要育种亲本 48 份、野生核心种质资源 8 份、栽培原种 25 份；抗黑穗病新品种（系）29 个、种质资源材料 34 份；双抗高粱花叶病毒（SrMV）和条纹花叶病毒（SCSMV）新品种（系）24 个、创新种质10 份，为抗病育种和生产用种选择及蔗区品种布局提供了科学依据，奠定了坚实基础。

三、甘蔗种质资源创新利用

在种质资源评价、抗原筛选的基础上，依托云南瑞丽内陆型甘蔗杂交育种基地的优势，团队加大含优良血缘种质的引进、创新研究，大力开展甘蔗优良种质、亲本的创制和杂交利用。对一批野生和栽培原种通过甘蔗开花杂交光、温、湿调控技术研究，采取"一种提高甘蔗杂交制种结实率的方法（ZL201510042 839.6）"，突破了杂交亲本花期不遇、花粉发育不良、杂交制种结实率低等关键技术，提高了杂交的结实率，培育具有独立亲本系统血缘的新亲本；同时对含野生血缘的优良亲本进行光周期开花诱导、杂交，选配创新组合；采用现代分子辅助育种技术进行真实性鉴定，获得了珍贵的 BC_2 或 BC_3 优良亲本和创新种质 120 余个，综合性状优良、抗逆性强、宿根性好。为了尽快改善我国甘蔗杂交育种的血缘基础，"十二五"以来，团队已向全国提供含野生血缘的新型杂交材料（或花穗）4 000 余份，覆盖全国主要甘蔗研究所，成为我国甘蔗育种新型亲本的主要来源，有望为我国蔗糖产业发展做出较大贡献。

四、甘蔗早期选择育种技术研发

甘蔗是无性繁殖作物，实生苗阶段选择的准确性将直接关系后期育成品种的效率。强宿根性和抗病性是甘蔗高产高糖的重要基础，传统甘蔗育种程序中，在育种高级（品比）阶段，品系数量较少的阶段才进行抗病性接种鉴定，而对病害抗性的筛选主要依赖自然感病进行选择。然而，依赖自然感病选择存在极大的偶然性和随机性，此外，早期选择阶段因单株种芽数量极少，难于通过重复剔除环境对单株选择的影响，依据农艺性状的选择存在极大误差。如此选育的"潜力品系"在后期鉴定为感病后不能进行大面积推广应用，不仅浪费大量的人、财、物等育种资源，且对育种者形成强烈的"挫败感"。

按照"边试验研究边应用，在应用中不断完善"的工作思路，针对宿根性需多年评价、抗病性在高级阶段进行鉴定而导致育种周期长和效益低的问题，通过"一种快速评价甘蔗亲本宿根性遗传效应的方法（ZL201110232818.2）"进行早期剪苗对实生苗进行发株测试，通过"甘蔗实生苗大田移栽前褐条病接种胁迫方法（ZL201510265014.0）""甘蔗实生苗大田移栽前黑穗病接种胁迫方法（ZL201110191326.3）"及"甘蔗实生苗大田移栽前宿根矮化病RSD接种方法（ZL201110191327.8）"等发明专利进行早期抗病性接种，已筛选出1000余份发株强、抗多种病害的优异材料，已在甘蔗"五圃"选育中逐年加大应用力度，2008年以来，早期选择育种技术创新应用规模累计已达约60万苗。从试验研究的结果来看，施加选择压力培育强宿根性、抗黑穗病和花叶病优良品种，效果明显。

五、甘蔗家系选择育种技术创新

世界甘蔗品种选育主要分为人工选择和家系选择两种方法。人工选择是根据个体的田间表现选择优良单株的一种选择方法，人工选择方法不仅需要育种者具有大量时间和经验的积累，而且还需要有强烈的责任心和事业心，但人的生命是有限的，育种家的更替往往带来育种经验的丢失。甘蔗杂交育种家系选择技术是根据杂交后代（家系）在试验中的综合表现，对收集到的试验数据和信息，利用现代化的工具和软件，结合作物本身的遗传规律，剔除环境的影响，计算出遗传值，通过遗传值评价亲本、选育甘蔗品种，具有针对性强、准确性好、育种效益高等优点，育出的甘蔗品种具有稳定性好、适应性广等特点，易于推广应用。实践证明：家系选择优于人工选择，育种针对性更强，育种效益高。

体系团队成功从国外引进甘蔗家系选择技术，通过消化吸收再创新，形成了符合我国国情的标准化技术体系，制定了《甘蔗杂交育种家系评价及选择技术规程》（DB53/T 479—2013），在科学出版社出版专著《现代甘蔗杂交育种及选择技术》，为开展甘蔗亲本评价和优良品种的选育提供了关键技术，目前已在全国广泛推广应用。使用家系选择技术评价甘蔗亲本组合取得重要进展，克服了常规方法难以大规模评价甘蔗亲本的瓶颈，通过全国联合和各单位自主选配组合的方式，对我国保育的甘蔗亲本选配杂交组合，杂交后代性状的（经济）育种值、（经济）遗传值对所有亲本和组合进行了全面系统的评价，筛选出了一批早熟高糖、高产、抗旱、抗病等遗传力强的亲本和组合，大幅度提高了亲本杂交利用的效率。

甘蔗家系评价有效地促进了甘蔗杂交组合筛选与亲本评价工作。在十年实施过程中对如何进行甘蔗家系试验，提高其效率进行了有效改进，包括根据国内实际条件，明确了组织试验实施的最佳方式，适宜的试验规模，数据计算方法的改进等。通过实施家系试验还进行了广西甘蔗育种农艺性状遗传特点、机收对甘蔗宿根的影响、甘蔗家系抗病遗传等方面的研究，明确了广西甘蔗育种关键环节，发现广西的甘蔗育种在其他农艺性状有保障的基础上增加甘蔗有效茎数将有助于育成品种的推广应用，而育成品种能推广应用多少面积，除了看甘蔗品种适应性外，另一关键要求则是新品种的抗病性，特别是叶片类病害的抗性要求。

通过连续十年先后进行的 20 多组家系评价试验，评价了甘蔗杂交组合 2 236 个、甘蔗亲本 719 个。试验的 719 个亲本中，杂交次数相对较多（≥5 次以上）、经济遗传值大于 150 元的有 95 个亲本。其中，来自美国的亲本有 21 个，较好的亲本有 CP88–1762、CP94–1100、CP81–1254、CP00–1630、CP84–1198、CP89–2143、CP72–1210 和 HoCP93–750 等 8 个亲本。美国亲本具有蔗糖分高或较高、蔗产量中等或较高、抗性较好的特点；其缺点是多数亲本空蒲心较重、蔗茎偏细。

在台糖系列中，有 ROC20、ROC1、园林 7、ROC26、ROC23、ROC98–0432、ROC22 和园林 8 等 8 个亲本表现较好，经济遗传值超过 300 元的有 ROC20 和 ROC1。台糖亲本具有植株高大、蔗茎较粗、蔗产量较高、蔗糖分高等特点，然而这些亲本的抗黑穗病较差，杂交后代抗梢腐病偏弱等。从目前育成品种的推广种植面积看，ROC22 仍然是非常优良的亲本，育成的桂柳 05–136、桂糖 42 等品种在全国年种植面积已超过了 400 万亩；因其测试组合高达 156 个，很多亲本并不适宜与其组配，导致其经济遗传值不高。

在福农亲本中有 FN02–6427、FN05–0230、FN05–4601、FN03–35、FN39、FN28 和 FN99–20169 等 7 个亲本表现较好，经济遗传值高于 300 元以上的有

FN02-6427、FN05-0230 和 FN05-4601 等 3 个亲本。

在粤糖崖城亲本中，YT00-319、YT03-393、YT03-281、YT93-159、YC93-26、YT02--259、YT01-127 和 YT03-373 等 8 个亲本表现较好，其中，YT00-319 的经济遗传值高达 510 元，位居测试的 719 个亲本的第三位；经济遗传值在 300 元以上的还有 YT03-393 和 YT03-281。

在桂糖亲本中，有 39 个亲本的经济遗传值在 150 元以上，这可能与使用广西亲本较多有关。经济遗传值在 300 元以上的有 GT02-901、GT03-713、GT05-2743、GT03-1229、GT05-3661、GT05-3595、GT03-1403、GT02-761、GT00-122、GT92-66、GT02-99、GT05-839、GT03-3089、GT04-1007、GT04-1545 和 GT05-3445 等 16 个亲本。

通过开展家系试验获得的组合与亲本的评价信息，有助于甘蔗杂交组的适时配制。虽然家系评价有效促进了甘蔗育种亲本的筛选，但仍存在很多问题。第一，目前的家系评价在新植实施并收取数据，甘蔗生长不充分、病害发生较轻，评价结果有一定的偏差，需要改进实生苗培育方法，增加甘蔗实生苗生长时间。第二，亲本评价的效果与甘蔗亲缘关系有关，缺少相关数据或数据有误时获得的结果与实际数据有偏差，需要通过分子标记计算其亲缘关系加以改进。

六、甘蔗新品种的选育

体系启动以来，云南在农业农村部的支持和体系首席科学家的领导下，针对云南甘蔗品种长期老化导致的甘蔗糖分低、蔗糖分不高、竞争力不强的重大关键问题，调整育种思路，开展甘蔗亲本创新，加大含新热带种、野生种质血缘的导入和利用，对甘蔗亲本、组合进行遗传力和配合力研究，筛选遗传力高、配合力强的甘蔗亲本。加大对筛选出来的优良亲本杂交利用，加大育种规模，加大甘蔗新品种选育力度，以新台糖 22、新台糖 16 等为对照种，选育全面超过新台糖、具有自主知识产权的新品种。云南甘蔗育种规模较体系启动前增加了 5 ～ 10 倍，同时广泛采用了核心家系选育方法、经济遗传值评价等育种新技术，育成了一批重要性状超过新台糖 22 的新品系、新材料。对"五圃制"试验表现的优良品系，推荐进入国家或省区域试验，与制糖企业、甘蔗生产管理部门及各区试点的合作，对新品种进行区域化适应性研究，进一步研究甘蔗新品种的稳定性、宿根性和生态适应性，形成适宜各生产蔗区表现优良的甘蔗新品种，广泛进行示范和推广应用。2008 年以来共育成并通过国家、省审（鉴）定或登记的甘蔗优良品种 23 个、获品种权保护 19 个。

甘蔗耐旱耐寒育种岗位依托广西农业科学院甘蔗研究所，在体系经费和其他育种项目经费的支持下，甘蔗育种规模和水平明显提高。育种规模保持在杂交组合 1 000 个、实生苗 30 万株。选育并通过审定甘蔗品种桂糖 29、桂糖 30、桂糖 31、桂糖 32、桂糖 33、桂糖 34、桂糖 35、桂糖 36、桂糖 37、桂糖 38、桂糖 39、桂糖 40、桂糖 41、桂糖 42、桂糖 43、桂糖 44、桂糖 45、桂糖 46、桂糖 47、桂糖 48、桂糖 49、桂糖 50 和桂糖 51 等 23 个新品种。已完成试验程序并将进行注册的还有桂糖 06–2081、桂糖 08–1180、桂糖 08–120 等 6 个新品种。在育成的 23 个品种中，桂糖 29、桂糖 31、桂糖 32、桂糖 42、桂糖 44、桂糖 46 和桂糖 49 等品种在生产中具较多的推广应用。其中，桂糖 42 的种植面积已超过 150 万亩/年，桂糖 44、桂糖 46 和桂糖 49 具有较好的推广应用潜力。

2017 年广西甘蔗良种繁育推广体系建设选定品种推荐目录列出的 12 个品种中，有桂糖 29、桂糖 31、桂糖 32、桂糖 36、桂糖 42、桂糖 43、桂糖 44、桂糖 46、桂糖 49 和桂糖 8–296 等 10 个桂糖系列品种入选。

目前已有桂糖 30、桂糖 32 获得了广西科技进步三等奖，还有桂糖 29、桂糖 31 获广西农业科学院科技进步一等奖。

七、甘蔗育种早期选择与快速评价技术研发

目前，甘蔗年种植实生苗 80 万～ 100 万株，亩种植 1 200 ～ 1 500 株，而其中 95%将在新植季的选择后被淘汰。国内外甘蔗界至今仍然依据表型进行选择，而甘蔗收获物为营养体，与环境的互作效应显著，导致仅仅依赖表型的单株选择可靠性大幅度下降，同时，抗病性的表现也是"病原－寄主－环境"三者互作的产物，病害发生的不可预见性使得甘蔗性状分离的 F1 大群体不可能在易导致病害发生的生态区进行测试，但甘蔗品种的大面积推广受抗病性影响大，原因在于：甘蔗高秆、生长季长达一年、多年宿根在南方栽培无低温越冬胁迫、生物量大、单价低，只能依赖其自身的抗病性。另一方面，现代甘蔗栽培种为高度杂合多倍体，遗传背景非常复杂，迄今有实际应用价值的标记只有与抗褐锈病 $Bru1$ 基因关联的标记。甘蔗抗病育种研究通过三年实施家系抗病评价、亲本抗病评价及分区育种材料的抗病评价发现，不论是家系、亲本还是选育的后代无性系材料，提高抗性已成为目前甘蔗育种急需解决的问题，也

是能否育成推广应用的甘蔗品种的关键所在。从家系研究结果看，80%的实生苗因抗病不符合要求而淘汰，亲本中，抗性表现好的只有极少数，而后代无性系中70%的材料因抗病不符合要求被淘汰。因此，研究并开发可应用于低世代大群体进行目标性状鉴定与评价的技术，对提高甘蔗育种效率和聚合育种就显得更为重要和急迫，因为直接关系到选择的准确性和育成品种的效率。

①针对甘蔗锈病发生流行严重的产业主要病害问题，研究开发了"利用SCAR标记鉴定甘蔗抗褐锈病性方法"（ZL2012100704655）。

②抗褐锈病育种技术的应用。主栽品种对产区重要病害的抗性直接关系着生产安全与品种的区域布局，而正在进行国家区域试验的新选育品系的抗病性，又直接关系未来生产性品种推广的走向。因此，针对甘蔗产区褐锈病加重的问题，利用褐锈病抗性基因标记R12H16和9020–F4，对年种植面积超过10万亩的13个（不完全）主栽品种、部分正在推广中的审鉴定品种，以及正在进行区域试验的38个新选育品系，共70个品种或新品系进行标记检测，该标记是法国历时超过16年所开发出的具有实际应用价值的标记。基于该标记，5个种植面积超过百万亩的品种中，3个表型高抗，1个中感，栽培面积最大的糖料蔗品种ROC22（占70%）和果蔗主栽品种Badila均含有 *Bru1* 基因；粤糖93–159虽无 *Bru1* 基因，但表型高抗；桂糖29虽无 *Bru1* 基因，但田间未发现感锈病；柳城05–136无 *Bru1* 基因，中感褐锈病。正在进行国家区域试验的38个新品系的检测结果显示，桂糖06–2081等21个含 *Bru1* 基因，桂糖06–1492等14个无 *Bru1* 基因。该成果对后续甘蔗生产性品种和新选育品种的区域布局和推荐应用具有重要指导作用。

利用与锈病抗性基因 *Bru1* 关联的标记和田间表型调查，对151份甘蔗亲本和栽培品种进行了标记分析与评价，筛选出含有抗病主效基因 *Bru1* 的一批抗病亲本，包括CP85–1491、CP88–1762、FR93–435、HoCP95–988、ROC10、ROC16、ROC22、ROC27、热带原种Badila等。

为利用野生资源优异基因，基于2个标记，检测了斑茅、滇蔗茅、白茅、芒、五节芒、白茅、蔗茅、河八王共118份种质，抗褐锈病基因占比低（5.08%）；检测了蔗属原种52份，含 *Bru1* 基因占25.0%，中国种、印度种和大茎野生种携带多，割手密（甜根子草）携带少（1/29）；现代甘蔗含 *Bru1* 基因比例高（35/61）；共筛选出高抗褐锈病材料54份，可供抗病育种利用。

为了解锈病抗性遗传倾向，利用表型与抗褐锈病主效基因 *Bru1* 检测相结合，实施了对亲本、组合与F1代分离群体的研究，发现由 *Bru1* 基因控制的抗性可根据该基因的检测结果判断其抗/感病性，置信度达90%以上，并发现甘蔗基因池中还存在其他未知的抗病新基因，筛选出了高抗亲本CP84-1198、云蔗89-7、CP72-2806和ROC22，高抗组合CP84-1198×云蔗89-7，甘蔗亲本还存在抗锈病新基因；研究还发现母系和父系均影响杂交后代的感病性，但以抗病亲本为父本的组合，其分离群体的感病个体明显减少，说明父本对杂交后代的抗褐锈病性影响效应更大。

③针对甘蔗主产区发现检疫性病害——甘蔗白色条纹病，利用病原菌致病基因 *hrpB* 设计并筛选出的特异性引物，研究并建立了特异性强、灵敏性高、重复性好的常规定性PCR检测方法和实时荧光定量PCR检测方法，可用于检测甘蔗中是否存在该细菌性的病原菌——甘蔗白色条纹病菌。

④研发了基于LAMP原理，检测抗虫转基因甘蔗中 *cry1Ac* 基因的方法与技术体系。研究结果发表于2014年 *Nature* 新子刊 *Scientific Reports* 上，影响因子超过5.7，为未来抗虫转基因甘蔗监管提供技术支撑。

⑤研发了基于LAMP原理，检测甘蔗健康脱毒种苗最重要的目标病原菌——甘蔗宿根矮化病菌的技术方法、技术体系与操作技术规程。该技术具有设备要求简单、检测结果可通过颜色进行肉眼判定、检测所需时间短等特点，已熟化为行业标准。

⑥研究建立了甘蔗脱毒种苗目标病原菌——高粱花叶病毒PCR检测方法。通过对现有文献的分析，重新设计引物，并建立了重复性和特异性好的技术体系，无非特异性条带，并在2个不同基因型、120份脱毒种苗叶片样品上进行验证，并同时扩大到其他6个基因型上进行了验证，结果可靠，为甘蔗脱毒种苗大面积应用提供技术支持。

⑦研究筛选出适合作为甘蔗基因成分检测内标准基因的低拷贝基因，并研发了高通量的拷贝数检测技术。研究结果发表在 *International Journal of Molecular Science* 上，为未来转基因甘蔗育种提供技术支持。

⑧研究并建立了甘蔗基因发掘与功能鉴定技术体系与技术平台，为分子育种提供基因资源。

⑨研究建立了甘蔗SSR分子标记技术体系与甘蔗分子指纹图谱数据库及其数据管理系统与查询平台，为甘蔗品种权保护提供技术支持。

⑩甘蔗耐寒评价。通过多年研究，建立了包括阴雨霜冻、非阴雨霜冻和轻

霜冻的甘蔗耐寒评价方法，并对甘蔗耐寒遗传进行了研究。与广西质量技术监督局合作编写的《甘蔗耐寒性鉴定技术规程（GT/B 35836—2018）》已于2018年9月正式实施。甘蔗耐寒鉴定中，因环境条件不同，适宜评价的性状有所不同。非阴雨霜冻宜选用绿叶百分率、上部茎长冻损率等性状较好，阴雨霜冻则宜选用绿叶百分率、基部节间冻损率等性状较好；轻霜冻条件宜用绿叶百分率并结合霜冻后第2周至第4周的理论产糖量（TSR）评价较好。

⑪甘蔗耐旱评价。主要在田间自然条件进行，可用于评价的性状较多，选用甘蔗产量及相关性状较好；从胁迫程度看，用中度至重度胁迫之间的时期较为适宜。甘蔗耐旱评价的难点在于如果用室内试验进行甘蔗耐旱评价，甘蔗受高温影响，将不能有效反应甘蔗品种的实际耐旱潜力，如果用田间试验则受降雨影响较难实施，在广西，五年中可能有一次有效的实施机会。目前，正筛选一些可用于自然抗旱胁迫且未设对照试验的甘蔗品种耐旱评价指标。

利用上述研发的技术进行早期抗病性接种，已筛选出1 000余份发株强、抗多种病害的优异材料，已在甘蔗"五圃"选育中逐年加大应用力度，2008年以来，早期选择育种技术创新应用规模累计已达约60万株。从试验研究的结果来看，施加选择压力培育强宿根性、抗黑穗病和花叶病优良品种，效果明显。同时，还利用抗寒性评价技术，筛选抗寒、耐寒性强的品种。

八、育种技术与方法研究

①遗传改良研究室组织甘蔗相关岗位科学家，实施了7轮在福建、广西、云南、广东四个生态区共同评价亲本与组合的工作，对500多个组合进行了新、宿季的评价，并开展了利用分子标记评价了200多份亲本材料的遗传距离，发表了2篇SCI论文，结合核心遗传值，筛选出一批遗传力高的母本、父本或父母本皆宜的亲本和配合力强的组合，为新一轮育种创新提供亲本、组合选择的科学依据。

②针对甘蔗真菌性病害锈病、黑穗病、褐条病和梢腐病发生流行加剧的问题，制定了抗病性调查与评价的实施方案，包括田间试验设计与种植方案及数据收集的时期、收集方法、分级标准等，并在甘蔗叶部真菌性病害严重发生流行的生态区德宏和湛江合作开展研究。其中与云南德宏综合试验站共同实施了对杂交分离群体的评价，发现ROC25等几个我国常用亲本，无论是作为母本或父本，其所配置的杂交组合后代锈病均严重，实生苗发病率可高达50%以

上，筛选出抗锈病性强的亲本 8 个和配合力好的组合 12 个；在湛江综合试验站，开展甘蔗重要亲本的抗病性鉴定与评价，第一批 42 份的评价，仅发现 8 份是抗病的，感病严重以上的 14 份（占 1/3），可见，我国甘蔗核心亲本中，有相当大的比例对重要叶部病害有较高的感病倾向，研究结果对指导亲本选择与组合配制有现实指导意义。

③分子育种工作取得成效。针对甘蔗育种群体数量庞大（每年 80 万～ 100 万实生苗）F1 分离世代必须淘汰其中的 95%，导致育成品种极低（1/300 000 ～ 1/100 000）的现实问题，且甘蔗为原料作物，其流通与销售的产品——蔗糖，属于碳水化合物，无蛋白成分，加上甘蔗为无性繁殖作物，故从甘蔗特性急需开展分子标记辅助育种技术研发与功能基因挖掘利用，以期显著提高育种效率并实现目标性状聚合育种。主要成效：A. 与本校特聘教授佛罗里达大学王建平副教授合作，通过联合培养博士生方式，开发了甘蔗 100K SNP芯片，鉴于甘蔗为高度复杂的多倍体，染色体倍性为八倍体以上，数量高达 120 条左右，为此，通过降低基因组复杂度和增加测序深度，从 138.6 万个非冗余SNPs中，筛选出单剂量和部分符合质量标准的双剂量SNPs，形成了甘蔗 100K SNP芯片，该芯片是目前甘蔗质量最好的芯片，并将为后续目标性状关联标记的开发提供非常好的手段。B. 在基因发掘与功能鉴定技术方面，重点针对甘蔗逆性改良的需要，综合应用生物信息学、分子生物学和基因工程技术，克隆了多个与抗非生物逆性或抗病相关的重要基因，建立甘蔗基因功能鉴定技术体系与平台，并初步进行了功能鉴定。先后克隆了MYB、Dirigent、G6HDP、MT、miRNA393，miRNA156 等抗非生物逆性相关的转录因子基因或蛋白基因并初步证明具有提高抗逆性功能，还先后克隆分析了 *Chitinase*、*POD*、*β-1*，*3-glucanase*、*peroxisomal catalase*、*PR* 等与抗病性代谢相关的蛋白基因或信号因子基因，研究结果已在国际期刊发表了一系列SCI研究论文，并使我国甘蔗抗逆与标记辅助研究处于国际先进水平。

九、甘蔗新品种选育与稳定性和适应性评价

针对甘蔗品种选育与示范推广的需要及不同年份的工作重点，主导制订了一系列实施方案，仅 2012 年就针对工作需要，制定了 3 个实施方案："国家体系综合试验站甘蔗看蔗选种繁殖方案""国家体系综合试验站辐射县甘蔗品种示范推广调查数据收集方案""国家体系品种种性及去向跟踪方案"，促进了

优良品种选育及其产业化应用。参加选育了国家鉴定的福农 28、福农 38、福农 39 和福农 41 等品种，其中福农 39 和福农 41 在主产区广西大面积应用。其间还根据新品系和新品种的田间表现情况，借助现代主流统计学方法和统计分析软件，对一批体系选育的甘蔗新品种（系）进行科学评价，筛选出柳城 05-136、云蔗 05-51、福农 41 等稳定性和生态适应性好的新品种系，研究结果以通信作者署名发表国际 SCI 期刊论文 5 篇，其中 2 篇影响因子（IF）均为 5.7，提升了我国甘蔗田间生态适应性和稳定性评价的科学性。

十、体系选育应用高产高糖新品种使蔗糖产业蔗糖分达 12.7%

体系成立以来，树立全国"一盘棋"的观念，针对我国主产蔗区不同生态环境条件开展分区育种，实行品种多系布局，"十二五"以来，云南片区重点推广了体系选育的粤糖 00-236、粤糖 93-159、云蔗 03-258、云蔗 06-407 等高产高糖品种，使云南片区的国内自育种面积达 300 余万亩，占蔗区面积的 60% 以上，良种运用率达 90% 以上，全省形成了云蔗新品种、省外新品种和新台糖品种三分天下的格局，早中晚熟品种形成了 3∶4∶4 的科学搭配，蔗糖分显著提高，连续多年在 12.5% 以上，最高达 12.98%，位居全国第一，达到了世界蔗糖先进国家的水平。进入"十三五"期间，体系筛选育成的云蔗 05-51、云蔗 06-1809、柳城 05-136 等 3 个高产高糖新品种，经试验示范，广泛适宜云南蔗区栽培应用，目前已逐渐发展成为云南新一代主推甘蔗品种，其中，云蔗 05-51 比云南省主栽品种新台糖 22 增产 13.13%，11 月至翌年 1 月平均蔗糖分达 15% 以上，早熟高糖，该品种在临沧耿马的旱地蔗区实现了百亩连片平均单产 9.2 t 的纪录，成为云南旱地甘蔗上单产最高的新品种；新品种云蔗 08-1609 高糖特性突出，至成熟期平均蔗糖分达 16%，蔗糖高峰期蔗糖分达 20.4% 以上，成为云南目前推广的最高含糖甘蔗品种；引进的甘蔗新品种柳城 05-136，由于产量高、糖分高等综合性状突出，在云南推广十分迅速。2017 年云蔗 05-51、云度 08-1609、柳城 05-136 已在云南 8 个州市蔗区进行推广应用，推广应用面积已达 12 万亩。

十一、体系研发的优良品种已经在广东蔗区占据主导地位

体系成立之前，我国甘蔗主产区普遍以新台糖系列品种为主。新台糖 22 等系列品种经过多年种植，种性退化，产量和品质下降。在甘蔗产业技术体系

的组织下，本岗位立足广东蔗区，针对产业需求，系统开展了良种选育与示范应用研究。选育的粤糖 00–236、粤糖 55、粤糖 03–393 等品种在产量和糖分上都显著优于主栽的新台糖系列品种。体系研发团队针对广东主栽品种开展甘蔗健康种苗规范化生产技术研究，建立高效健康种苗繁育体系，保证健康种苗质量，在广东省翁源县茂源糖业有限公司的蔗区，新推广品种 90% 以上为健康种苗，通过健康种苗的示范与产业化应用，加速了优良新品种的推广应用，优化了蔗区品种结构，延长了宿根年限，提高甘蔗产量和糖分。体系岗位科学家团队常年跟广东主要制糖企业包括广东恒福糖业集团有限公司、湛江农垦集团、广东金岭糖业集团有限公司联合开展技术培训与示范，让蔗农和企业了解体系研发的新品种、新技术。经过多年的努力，2017/2018 榨季，本岗位选育的粤糖 55 种植面积居湛江第一位，粤糖 55、粤糖 00–236、柳城 05–136 等品种所占比例已达 66%，台糖面积比例为 34%。我国自育品种已经完全取代台糖品种，成为当地主导品种。

体系育成的粤糖 55 等品种具有宿根性强、抗风折等优点。新品种的推广一方面增强了湛江地区甘蔗对台风等自然灾害的抵抗能力，确保产量稳定；另一方面，也促进了甘蔗生产全程机械化尤其是机械化收获的发展，降低了甘蔗生产成本，提高了产业竞争力。

十二、研发建立了甘蔗良种繁育关键技术体系

针对现代甘蔗产业良种化发展，为解决甘蔗品种退化、良种繁育技术落后等问题，我们研发建立了甘蔗良种繁育关键技术体系。该技术系统地规范了甘蔗良种繁育的关键技术，提出甘蔗良种繁育的核心技术是脱毒种苗技术。该技术体系主要包括：脱毒种苗工厂化繁育技术体系，脱毒种苗田间繁育质量控制体系以及甘蔗脱毒种苗质量检测技术体系。

甘蔗良种繁育技术在所有甘蔗产区均可应用。该技术体系提倡"两级两代"的繁育制度，田间繁育采取"两级繁育"法。该技术的应用延长了优良品种使用年限，提高了甘蔗产量、蔗糖分含量和甘蔗种植的经济性，利用该技术体系可以提高甘蔗产量 20% 以上，提高蔗糖分含量 0.5 个百分点以上，并节约用种量 60% 以上。

本技术的核心成果"甘蔗健康种苗技术体系的研究与应用"2009 年获海南省科学技术进步二等奖。"甘蔗脱毒健康种苗"2012 年获第十四届中国国际

高新技术成果交易会优秀产品奖。"甘蔗健康种苗规模化繁育与应用"2014年获海南省科技成果转化二等奖。"甘蔗良种繁育关键技术及产业化应用"2016年获中国产学研合作创新成果优秀奖。

从2009年至今，目前已形成原种苗生产线3条，共培育桂柳05-136、桂糖42、粤糖93-159、粤糖00-236、桂糖29、台糖22等优良品种的脱毒原种苗1 700万株。制定了《甘蔗脱毒种苗原种苗温室大棚移栽假植技术规范》《甘蔗脱毒种苗原种苗露天裸根移栽假植技术规范》和《甘蔗脱毒种苗原种苗穴盘移栽假植技术规范》等3个技术规范。通过与企业合作构建了甘蔗脱毒种苗"育—繁—推"一体化的运营模式，2013年至2015年在海南、广西、云南等主产区累计推广应用130.9万亩，新增农业产值5.89亿元，新增农民纯收入5.00亿元，取得了显著的社会效益和经济效益。近年间举办培训班、现场观摩会260期、16 500多人次受训；2017年在广西区扶绥县建立了1 500亩甘蔗脱毒种苗良种繁育示范基地。该技术有效地解决了甘蔗品种退化的问题，延长了优良品种使用年限，提高了甘蔗产量、蔗糖分含量和甘蔗种植的经济性。

甘蔗良种繁育技术的推广普及，改变了传统的用种方式，通过使用良种健康种苗，能够大幅度地提高甘蔗的产量和质量，破解我国甘蔗产量长期徘徊在亩产4 t左右的困局，促进了我国蔗糖产业健康发展，保障了国家食糖安全。并且，使用良种健康种苗能够节约大量的种植种茎，在不增加种植面积时就能够增加进厂的原料蔗，缓解我国甘蔗有效种植耕地不足的局面，对我国边疆蔗区产业精准扶贫起到积极的推进作用。

第二节 甘蔗综合栽培技术集成与推广

一、甘蔗全膜覆盖轻简生产技术支撑甘蔗产业持续发展

长期以来，由于缺乏科学的栽培技术，云南蔗糖产业拼资源、拼面积现象突出，严重影响了产业比较效益。特别是近年来，随着蔗区农村劳动力的转移，劳动力短缺、劳动力成本高已成为制约云南甘蔗发展的关键因素。

针对蔗糖产业的重大科技需求，十年来，体系专家在系统研究了蔗区土壤水分变化规律和甘蔗全生育期营养需求规律的基础上，抓住甘蔗生产的水

分、养分两个关键环节，以甘蔗降解除草地膜全覆盖和甘蔗控缓肥两个物化技术为突破点，研究形成了甘蔗全膜覆盖轻简生产技术，采用甘蔗控缓释肥和甘蔗除草地膜，将甘蔗生产的水肥管理和杂草防除等环节一次性在甘蔗栽培时完成，实现了一次性栽培，不需要中耕管理的轻简化生产，且增产增糖效果显著。2018 年，甘蔗轻简生产技术在云南蔗区累计推广面积超过了 300 万亩，平均亩增产在 1.7 t 以上，实现农业增收入 22 个亿，每亩节省劳动力成本 5 个以上，为云南蔗区节省劳动力成本 10 个亿。目前，《甘蔗轻简高效生产技术规程》云南省地方标准正式发布，已在全省大面积规范化实施。

二、机械化和规模化相结合开展试验示范，引领现代甘蔗产业发展

规模化和机械化是现代蔗糖产业发展的必由之路。随着滇西南地区社会经济的发展，农村劳动力人口的转移，蔗区劳动力成本不断攀升，推行甘蔗生产的规模化和机械化，提高甘蔗产业效益，降低甘蔗生产成本，已成为产业未来发展的道路。近年来，体系专家针对云南蔗区自然生产条件，积极引导和支持云南英茂糖业公司在陇川县和勐海县进行甘蔗全程机械化试验示范推广，进行适宜云南丘陵山地的农机、农艺技术研究，有力地促进了云南甘蔗全程机械化的发展。目前全省推广机械化耕作 100 万亩，田间管理突破 40 万亩，机械化种植示范 5 万亩，机械化收获 3 万亩。同时，在体系岗位科学家的指导下，在云南自主开发出专门针对贫困山区甘蔗生产的小型甘蔗种植机 2CZ–2A 型和 2CZ–2B 型、小型甘蔗中耕机 3ZD7.3 型、宿根铲蔸机等 6 种机型，促进了云南片区甘蔗生产由人工向机械化生产的转型升级。

多年持续的科技支持，使云南蔗区已成为中国最具优势和潜力的糖料产区。2007 年体系成立时，云南蔗区面积 430 万亩，甘蔗原料产量 1 491 万 t，产糖量 183.2 万 t；2017 年，由于甘蔗产业水平的提升，全省甘蔗面积 450 万亩，甘蔗原料产量达到了 1 624 万 t，产糖量达到 206.3 万 t，净增食糖产量 23 万 t。根据中国糖业协会近年来对全国甘蔗产区和制糖企业技术指标的研究，云南蔗糖产业已连续 8 年在国内实现了糖分最高、蔗糖分最高、生产成本最低的纪录，综合竞争力排名全国第一。在全国的 100 余家制糖厂中，蔗糖分（出糖率）排名前 10 名的糖厂云南占据了 8 家，生产成本最低的前十名糖企被云南包揽。据国际金融中心（IFC）英国评估显示，云南蔗糖产业发展综合竞争力在全球排名第四，排名前三的分别为巴西圣保罗、澳大利亚昆士兰、泰国东北部。

三、科企合作推动云南甘蔗绿色"转身"

为全面建设临沧南华蔗区甘蔗病虫草害植保综合防控服务体系，创新技术服务模式，切实加快科学防控技术推广应用。在国家糖料体系支持下，2017年，云南省农业科学院甘蔗研究所（国家糖料黄应昆岗位科学家团队）、临沧南华糖业公司、云南凯米克公司签订了《2017—2021年第二个五年科企合作协议》，建立甘蔗病虫草害防控战略性合作关系，为实现甘蔗病虫草科学防控、农药减量控害、甘蔗产业提质增效和持续稳定发展提供了科技支撑。科企合作以"科学植保、公共植保、绿色植保"为理念，以"蔗农需要就是我们的努力方向"为驱动，以"现代科技提升产业竞争力"为目标，践行甘蔗病虫精准高效绿色防控，为甘蔗产业健康发展保驾护航。

2017年科企合作顺利推进，并取得良好效果：一是全面调查评估暴发流行性病虫害危害性与风险性，分析明确了主要病虫草害暴发流行诱因及防控重点和对象，科学引导病虫草害防控一体化；二是强化科技培训和技术指导，开展技术培训及现场指导55期3 270人次，切实提升了蔗农防控意识和精准防控能力；三是综合评价筛选出高效低风险新型药剂复合多功能配方4个，优化形成滇西南生态蔗区精准高效绿色防控集成技术模式1套，开展重要虫害病害精准高效绿色防控技术标准化核心示范1万亩，辐射带动大面积防治52.6万亩，防效达80%以上，平均亩挽回甘蔗损失0.6 t，共挽回甘蔗损失31.56万t，实现农业增收13 255万元。科企合作体系支撑产业发展，促进了蔗农增收、企业增效，经济效益、社会效益、生态效益显著。

四、甘蔗绿色增效栽培技术

甘蔗养分管理与土壤肥料岗位针对广东蔗区甘蔗产业中存在的肥料投入高、利用率低、高成本、低效益和环境代价高等问题，以节肥、省工、绿色增效为研发重点，综合运用现代养分资源管理、植物营养学和作物高产栽培等理论，结合测土配方施肥及甘蔗专用配方施肥技术，根据甘蔗持续丰产养分需求规律、蔗区土壤供肥规律及南方酸性土壤养分限制因子等进行定向调控，提出甘蔗"大配方、小调整"的区域配肥技术，集成了以"甘蔗专用肥、土壤改良剂、降解除草地膜覆盖、蔗叶覆盖和糖蜜酒精残液定量回田"为核心的绿色节本增效栽培技术，调配氮磷钾，补充中微量元素，优化甘蔗生产管理过程，节约人工，将蔗叶和糖蜜酒精残液还田循环利用，减少化肥施用量，提高土壤有机质，延长宿根年限，提高甘蔗产量，达到节本增效、提升地力和绿色可持续生产的目的。技术在广东蔗区大面积应用推广，粤北示范区亩产连续多年达到7 t以上，平均增产26.7%，肥料减施35%，节本229元/亩，增收796元/亩。技术成果获广东省科学技术进步三等奖、中华农业科学技术进步三等奖、广东省农业技术成果推广二等奖和中国轻工业联合会科学技术进步二等奖各1项，为解决我国甘蔗生产普遍存在的过量施肥、生产成本高等关键技术难题提供技术支撑。

第三节　甘蔗病虫害综合绿色防控

一、加强甘蔗病虫害绿色防控，为甘蔗产业发展保驾护航

云南蔗区地处低纬高原地区，生态多样，气候和环境复杂多变，加之甘蔗生长周期长、长期连作和无性繁殖以及化学农药滥用等，为病虫害的繁殖生存提供了有利条件，全省甘蔗病虫害发生面广、为害严重，严重影响了蔗糖产业发展。

体制成立十年来，植保岗位科学家针对病虫害日趋为害严重和甘蔗生产上大面积综合防治的技术问题，以体系搭桥，产学研结合，采取"公司＋科研＋农户"模式，一是以严重为害甘蔗生产的蔗龟、蔗头象虫、蛀茎象虫等重要地下害虫为主要对象，从成灾规律、监测预警、新型高效低风险农药筛选、绿色防控和控害减灾关键技术等方面进行协同深入系统研究，重点研究解决甘蔗重要地下害虫监测预警的时效性和准确率，以及可持续控制关键技术之间的兼容性、增效性和持效性等重大科学技术问题，建立符合生态安全和可持续发展的甘蔗重要地下害虫综合防控关键技术，在云南片区累计推广350万亩，平均亩挽回甘蔗损失0.8 t，共挽回甘蔗损失280万t，新增农业产值75 600万元。二是岗位科学家与综合试验站结合，建立甘蔗主要病虫监测预警技术体系，建立了覆盖滇西南生态蔗区病虫监测网点，协同开展监测预警技术研究，重点解决主要病虫害监测预警的时效性和准确率，有效防控了甘蔗主要病虫害。

二、建立多种病害分子快速检测技术，为病害精准诊断、防控奠定基础

甘蔗属无性繁殖宿根性作物，我国蔗区（尤其云南）生态多样化，甘蔗病害病原种类复杂多样，多种病原复合侵染，尤其种传病害病原具有潜伏期和隐蔽性，传统方法难以诊断。精准有效地对甘蔗病害病原进行诊断检测，明确监测病害致病病原是科学有效防控甘蔗病害的基础和关键。国家糖料产业技术体系甘蔗真菌性病害防控岗位科学家团队针对甘蔗病害诊断检测基础薄弱、主要病害病原种类及株系（小种）类群不明等关键问题，以严重危害我国甘蔗生产的黑穗病、锈病、宿根矮化病、病毒病、白叶病等病害为研究对象，研究建立基于分子生物学快速检测技术，鉴定明确监测病害致病病原及株系（小种）类群，历时十年协同攻关，取得以下创新性成果及重要科学发现：

一是系统研究建立了甘蔗黑穗病、锈病、宿根矮化病、白条病、赤条病、花叶病、黄叶病、杆状病毒病、斐济病和白叶病等 10 种病害 13 种病原分子快速检测技术，为甘蔗病害精准有效诊断和防控、脱毒种苗检测及引种检疫提供了关键技术支撑。

二是研究探明了甘蔗黑穗病、锈病、宿根矮化病、病毒病、白叶病等病害病原种类及主要株系（小种）类群及遗传多样性和致病相关基因变异对病害暴发流行影响；对病害病原进行基因组测序及不同株系比较分析，鉴定明确了重点监测病原目标基因，给抗病育种和科学有效防控甘蔗病害奠定了重要基础。

三是首次检测报道了新的甘蔗病害病原即甘蔗条纹花叶病毒、甘蔗白叶病植原体、高粱坚孢堆黑粉菌，检测发现了甘蔗屈恩柄锈菌、白条黄单胞菌、甘蔗赤条病菌，为监测预警和科学有效防控新的危险性甘蔗病害提供了重要科学依据。

四是检测报道了甘蔗病害病原强致病性花叶病毒分离物（HH-1），分子鉴定明确 HH-1 为 SrMV 的 1 个新分离物，筛选出 1 个 SCSMV 强致病性分离物，分析明确了 3 个 SCSMV 分离物是 SCSMV 的 1 个新株系；完成 1 104 份样品 3 种花叶病毒（SCMV、SrMV、SCSMV）检测分析，明确其主要病原为 SCSMV 和 SrMV，且存在 2 种病原复合侵染，而 SCSMV 是目前引起糖料蔗花叶病最主要的病原（扩展蔓延十分迅速、致病性强），并具有丰富多样性；完成 77 份样品锈病菌检测、克隆和同源性分析，首次在云南蔗区发现引起黄锈

病的屈恩柄锈菌，明确了引起褐锈病的黑顶柄锈菌是主要病原，且遗传多样性丰富；完成 3 246 份样品RSD病菌检测，分析明确了我国主产蔗区RSD病菌致病性及分布流行特点，揭示了不同甘蔗品种RSD感染状况，为我国主产蔗区生产繁殖脱毒种苗和有效防控RSD提供了科学依据。

三、地下害虫综合防治助力地方经济发展和边疆人民脱贫致富

云南蔗区地处低纬高原地区，生态多样，气候和环境复杂多变，植物资源十分丰富，加之甘蔗生长周期长、长期连作、宿根栽培、无性繁殖、连片种植、植期多样化及化学农药滥用，为害虫的繁殖生存提供了有利条件，导致地下害虫逐年发展成为滇西南甘蔗优势产区的一大敌害，发生面广、虫口密度高、危害严重，造成大面积单产低，宿根缩短，种植成本增高，严重影响了蔗糖产业的发展。

国家糖料产业技术体系甘蔗真菌性病害防控岗位科学家团队针对地下害虫日趋危害严重和甘蔗生产上大面积综合防治地下害虫的技术问题，在国家糖料产业技术体系的支持下，体系搭桥，产学研结合，采取"公司+科研+农户"模式，以严重为害甘蔗生产的蔗龟、蔗头象虫、蛀茎象虫等重要地下害虫为主要对象，从成灾规律、监测预警、新型高效低风险农药筛选、绿色防控和控害减灾关键技术等方面进行协同深入系统研究，重点研究解决甘蔗重要地下害虫监测预警时效性和准确率以及可持续控制关键技术之间兼容性、增效性和持效性等重大科学技术问题，以明确甘蔗重要地下害虫成灾机制，建立符合生态安全、食糖安全和农业可持续发展要求的甘蔗重要地下害虫综合防控关键技术并示范推广，尽快解决甘蔗生产上大面积综合防控甘蔗重要土栖害虫技术问题，提高防治水平，有效控制甘蔗重要地下害虫发生危害，为蔗糖业的持续稳定发展提供关键技术支撑，确保蔗农种蔗不受损失，达到蔗农增收、企业增效、财税增长的目的。

岗位科学家团队历时 10 年协同攻关，首次确定了低纬高原蔗区严重为害甘蔗生产的重要地下害虫有：大等鳃金龟（*Exolontha serrulata* Gyllenhal）、突背蔗金龟（*Alissonotum impressicolle* Arrow）、光背蔗金龟（*Alissonotum pauper* Burmeister）和细平象、斑点象、赭色鸟喙象等 6 种；摸清和掌握了 6 种重要地下害虫的发生规律、田间种群结构及危害特点，揭示了猖獗发生的原因，建立了虫情档案，为综合防治提供了科学依据。以不同生态蔗区为划分单元，采

用灯诱测报与田间定点定时发育进度调查相结合，研究并提出了甘蔗重要地下害虫预警监测技术，为科学有效防控甘蔗重要地下害虫提供了技术支撑。科学利用蔗龟成虫强趋光性，研究并规模化推广应用频振式杀虫灯诱杀蔗龟成虫技术，为综合防治甘蔗重要地下害虫成功开辟了一条经济高效、环保安全的新途径。同时试验筛选出了新型高效低毒低风险农药，并针对不同虫种的发生规律及危害特点，确定了相应的最佳施药时期和科学施药技术。

根据地下害虫的生活习性及发生规律，通过试验示范，研究集成了以减少虫源基数的农业防治为基础及物理防治和生物防治方法为辅、统一化防为重点和抓好关键时期科学用药等一套切实可行的综合防治技术措施协调应用。多年来在低纬高原蔗区组织进行了大面积综合防治应用推广，控制了危害，取得了显著防治效果。研究成果在低纬高原蔗区累计推广 350 万亩，平均亩挽回甘蔗损失 0.8 t，共挽回甘蔗损失 280 万 t，新增农业产值 75 600 万元，增产糖 35 万 t，新增工业产值 19 495 万元，合计新增工农业产值 95 095 万元，获得了显著的社会效益和经济效益。成果成功解决了甘蔗生产上大面积综合防治甘蔗地下害虫的技术问题，有效控制了甘蔗重要地下害虫发生危害，提高了甘蔗产业科技水平，为低纬高原蔗区蔗糖业持续稳定发展、减损增效提供了技术支撑，为地方经济发展和边疆人民脱贫致富做出了重大贡献。成果创新性突出，实用性强，转化程度高，经济效益、社会效益和生态效益显著，总体技术水平在国内同类研究领域中领先，达到了国际先进水平。

四、主要病虫监测预警技术体系为病虫害精准防控奠定基础

甘蔗是采用蔗茎进行无性繁殖的作物，多年来轮作区域少，长期连作种植，导致了甘蔗病虫害日趋积累而加重；加之春夏秋冬四季均有种植，给病虫害传播提供了良好条件。甘蔗病害生理小种复杂，虫害世代重叠，为害十分严重。据调查，黑穗病和锈病发病率达 20% 以上，宿根矮化病发病率高达 70%，花叶病发生率达 30% 以上，蔗螟为害率高达 30% 以上。病虫为害，每年造成减产 20% 以上，严重影响甘蔗产量、品质和宿根年限，种植成本，已成为制约蔗糖产业持续稳定健康发展的重大问题。如何有效防控甘蔗病虫害成为目前甘蔗生产中的紧迫任务。根据国内外经验，要以抗病育种为基础，积极应用健康种苗，解决病害问题；同时加强预警预报，重点采取生物防治和高效中低毒农药相结合，解决虫害问题。因此，针对甘蔗产业发展中存在的病虫害突出问

题，以严重危害甘蔗生产的宿根矮化病、黑穗病、花叶病、蔗螟、蔗龟等为主要对象，协同开展监测预警技术研究，重点解决主要病虫害监测预警的时效性和准确率。这对科学有效防控甘蔗病虫害，确保蔗糖业持续稳定发展具有重要作用。

近十年来，在国家现代农业产业技术体系的支持下，国家糖料产业技术体系甘蔗真菌性病害防控岗位科学家团队以甘蔗黑穗病、锈病、梢腐病、褐条病、花叶病、宿根矮化病、白条病、白叶病和蔗螟、蔗龟等主要病虫为重点，采用智能型虫情测报灯和PCR快速检测等方法，结合田间定点定时调查，优化建立了甘蔗黑穗病、锈病、梢腐病、褐条病、花叶病、宿根矮化病、白条病、白叶病和蔗螟、蔗龟等主要病虫害监测预警技术体系，并在滇西南优势产区设立了甘蔗黑穗病、锈病、梢腐病、褐条病、花叶病、宿根矮化病、白条病、白叶病和蔗螟、蔗龟等主要病虫害发生情况监测点，对甘蔗主要病虫害的种类及群体变异动态、发生与流行特点及危害状况进行了精准监测及预警，监测技术应用示范 100 万亩以上，为暴发流行灾害性病虫的精准防控提供了技术支撑，奠定了坚实基础。

第四节　甘蔗生产机械化

2008 年 1 月，国家甘蔗产业技术体系成立，设施设备研究室依托单位为华南农业大学；研究室主任区颖刚，岗位科学家为区颖刚、莫建霖、张华；2011—2016 年，甘蔗产业技术体系机械化与加工研究室，依托单位为华南农业大学，岗位科学家为刘庆庭、莫建霖、张华、梁达奉、陈由强；2017 年至今，国家糖料产业技术体系机械化研究室，依托单位为华南农业大学，研究室主任刘庆庭，岗位科学家为刘庆庭、莫建霖、张华。

机械化研究室充分发挥农业农村部相关专家指导组职能，广泛深入调研，推动国家各部委及广西、云南、广东地方行业主管部门出台一系列相关政策文件，指导支持甘蔗生产全程机械化走出长期停滞阶段，步入快速发展的转折期。甘蔗主产区广西，2008/2009 榨季的甘蔗生产综合机械化水平为 34% ～ 36%，其中，甘蔗机械耕整地约达到 70%，机械化收获率还不到0.1%。而到 2016/2017 榨季，广西全区甘蔗综合机械化水平达到 46.1%，其中机耕率为 98%、机种率为 45%、机收率为 8%。

机械化研究室 3 位岗位科学家团队通过开展技术研发、试验示范、技术咨询服务等工作，推动我国甘蔗生产的机械化发展。

一、甘蔗生产全程机械化模式研究与实践

1. 适应我国的大、中、小规模甘蔗生产全程机械化模式被农业部采纳

2011 年 1 月，农业部农机化司组织有关专家专门研究甘蔗机械化问题，机械化研究室提出了根据不同的自然条件和经营方式，甘蔗生产应采用的大、中、小规模的机械化装备系统和生产模式的意见，被农业部采纳，列入农业部 2011 年 6 月发布的《甘蔗生产机械化技术指导意见》中。

2. 我国大、中、小规模甘蔗生产全程机械化模式研究与实践

机械化研究室组织各岗位科学家，在实施公益性行业（农业）科研专项经费项目"甘蔗全程机械化生产技术与装备开发"期间，对我国大、中、小规模甘蔗生产全程机械化模式进行了研究与实践。

①对甘蔗生产机械化的环境、农机农艺技术、经营主体等要素进行深入广泛的调研，提出了适应大、中、小规模机械化生产模式的机具配套方案和配套农艺技术。

②建立了 5 个全程机械化试验示范基地，进行大、中、小规模甘蔗全程机械化模式试验与示范。建立了湛江农垦广垦农机公司前进分公司试验示范基地，以引进的国产大中型装备为核心，机械化服务公司专业运作模式，开展全程机械化及所需装备的开发和试验示范。建立了广西桂中地区中等规模全程机械化生产试验示范基地，以云马汉升公司开发的中型成套设备为核心，公司自主经营模式。建立了扶绥、武鸣、来宾等 3 个试验示范基地，进行广西农村中小规模全程机械化试验示范。建立了广西农垦金光农场试验示范基地，以广西农业机械研究院研制的 4GZQ–260（260 马力①）大型切段式甘蔗收割机和历年研制的各类甘蔗耕作、种植、中耕机械为中心，研究规模经营模式下的全程机械化生产机具的优选配套和试验示范。建立了云南甘蔗科学研究所农场试验示范基地，以小型整秆式甘蔗收割机（65 马力以下）及割铺机为核心，研究关键环节机械化生产机具的优选配套，开展山地小规模机械化及所需装备的开发

---

① 马力为非法定计量单位，1 马力 ≈735W。

和试验。

③建立我国甘蔗生产机械化模式要素分析和模式方案技术评估理论体系。

二、我国甘蔗生产机械化发展战略研究

在调研和深入分析的基础上，将我国甘蔗机械化发展缓慢的主要原因归纳为以下 5 点：①甘蔗产业种植地域西移，帮助了西部贫困地区发展，但基于低人力成本的生产方式影响了甘蔗机械化的发展；②大生产与小农经济经营的矛盾；③甘蔗机械化生产经营主体和经营管理模式面临的诸多问题；④高地租严重压缩了规模经营的盈利空间；⑤目前机械化生产成本偏高。

提出做好顶层设计，以良田、良种、良法三结合，农机与农艺融合发展，走集约化、规模化、标准化、机械化的发展道路。抓好中型收割机收获系统、田间与公路运输系统和糖厂机收蔗除杂系统 3 个子系统，建立整体解决方案。

三、农机农艺融合研究

建立完善了我国甘蔗农机农艺融合技术体系，提出甘蔗生产全程机械化经营的技术理念，并进而提出我国甘蔗农机农艺融合必须实施蔗区土地生产力协同提升的技术原则及改进策略。制定完成我国首个甘蔗农机农艺结合生产技术规程行业标准和机械化配套农艺技术信息系统软件著作权，指导主产区甘蔗生产全程机械化示范的技术模式不断熟化和经营模式的多元化探索，业界共识逐渐形成并进一步深化，积极引导和促进社会资本、专业服务组织全方位及深入地参与甘蔗生产全程机械化进程，充分暴露出存在的技术、机制、体制问题，逐步克服障碍，树立典型、稳步推进。

四、关键技术与装备研究

（一）播种机械化关键技术与装备研究

1. 切种式甘蔗种植机

我国在用的切种式甘蔗种植机所采用的技术大致相同，每行需要 2 个工人将蔗种喂入切种刀辊，工人劳动强度大。作业中的播种量和播种均匀性依赖于喂入工人的操作，喂入作业稍一停顿即造成漏播。泰国、印度等国家普遍使用的实时切种式种植机同样存在喂入人工多、容易漏播和播种不均匀等

问题。

　　为了解决这一问题，华南农业大学设计了一种带有辊筒式蔗种喂入机构和切种刀辊转速控制系统的 2CZQ–2 型切种式甘蔗种植机（图 2–1）。辊筒式喂入机构能够将位于其上的甘蔗送入切种刀辊，每行只需 1 个工人；控制装置可以实现拖拉机前进速度与排种装置的同步改变，以得到均匀的播种密度。2CZQ–2 型切种式甘蔗种植机 2015 年 6 月通过了科研成果鉴定，与广州悍牛农业机械股份有限公司合作，于 2016 年 12 月通过了新产品鉴定。

图 2-1　2CZQ-2 型切种式甘蔗种植机

2. 蔗段种植机

　　与切种式甘蔗种植机相比，蔗段种植机具有种植作业时效率高、辅助人工少等特点。澳大利亚、美国和巴西等基本上都是采用蔗段种植机。切段式收割机收获的蔗段直接用来播种。广西农业机械研究院 2013 年开始研制 2CZD–1 型蔗段种植机（图 2–2），蔗段长度 30 ～ 40 cm。已完成了样机试制，进行了田间试验和改进。其关键技术包括连续均匀取种、下种以及减少种芽损伤率。

图 2-2　2CZD-1 型蔗段种植机

3. 单芽段种植机

甘蔗每个节上有一个芽,将只包含一个芽的蔗段称为单芽段。2012 年,华南农业大学研制成功 2CZD–2 型单芽段甘蔗种植机(图 2–3),该机型采用预先制备好的 60 mm 长的单芽段作为蔗种。蔗段种植机(包含 2 个芽)所用蔗段长 200 ~ 300 mm,所以单芽段种植机同样容积的种箱可以容纳的蔗种数量大幅度提高。单芽段蔗种也可以实现蔗种自动填充,排种器由液压马达驱动,由单片机通过检测拖拉机后轮转速来控制排种器转速,实现匀量可靠播种,2015 年 6 月通过了科研成果鉴定。2014 年 11 月,华南农业大学与广州悍牛农业机械股份有限公司签订了"单芽段甘蔗种植机"技术开发合同,2015年 4 月双方签订了"一种用于单芽段种植机的排种器"发明专利权许可使用合同;2CZD–2 型单芽段甘蔗种植机于 2016 年 12 月通过了广东省新产品、新技术鉴定。

(a) 单芽段切种机　　　(b) 种箱内蔗种　　　(c) 2CZD–2 型单芽段甘蔗种植机

图 2-3　2CZD-2 型单芽段甘蔗种植机

(二) 田间管理机械化关键技术与装备研究

华南农业大学于 2013 年研制了一款菱形四轮龙门架式高地隙中耕机,并获得发明专利号(CN 201310676030.X)。该菱形四轮龙门架式高地隙中耕机,底盘底部的四个车轮呈菱形分布,分别为前轮、后轮、左轮和右轮,左、右轮分别与中部车体之间以龙门架结构连接,如图 2–4 所示。中耕管理作业时甘蔗从龙门架下通过,可对高度 1.8 m 以下的甘蔗进行中耕作业,克服了悬挂式中耕管理机具由于拖拉机离地间隙小,受甘蔗高度影响而使大培土作业窗口期缩短的问题。整机质心高度低、稳定性好。

图 2-4　菱形四轮龙门架式高地隙中耕机

（三）甘蔗收获机械化关键技术与装备

1. 整秆式甘蔗收割机关键技术与装备

2015 年，华南农业大学研制的 HN4GZL–132 型整秆式甘蔗联合收割机通过科研成果鉴定（图 2–5）。该机型配套动力 132 kW；作业行走速度 ≤3 km/h；生产效率 8 t/h；适应坡度≤10°；适应行距≥1.0 m；适应垄高 100～180 mm；作业行数：1 行；宿根破头率≤18%；含杂率≤7%；总损失率≤7%；蔗茎合格率≥90%。该机型的特点是采用履带底盘，重心低，稳定性好。采用的短输送路径–匀铺甘蔗通道技术，可以有效处理倒伏严重的甘蔗，对严重倒伏甘蔗的适应性好。HN4GZL–132 型整秆式甘蔗联合收割机 2015 年获得广东省农业技术推广二等奖。

图 2-5　HN4GZL-132 型整秆式甘蔗联合收割机

2. 切段式甘蔗收割机关键技术与装备

① 4GZQ–260 为大型甘蔗联合收割机（广西农业机械研究院）。采用切段式收获工艺、后置式切段、机电液一体化等技术，全液压驱动；具有切梢、扶

倒、切割、喂入、输送、切段、两级杂物分离、升运装车等联合作业功能；适应倒伏甘蔗收获，作业效率高，设计生产效率≥30 t/h；与甘蔗田间转运车、公路运输车组成大型甘蔗收获系统，适合大面积、坡度10%以下、种植行距1.4 m及以上的蔗地收获作业。该机型2017年通过农机推广鉴定（图2-6）。

图 2-6　4GZQ-260 甘蔗收割机及推广鉴定证书

② 4GZQ–180 为中型甘蔗联合收割机。采用切段式收获工艺、后置式切段、机电液一体化等技术，全液压驱动；具有切梢、扶倒、切割、喂入、输送、切段、一级杂物分离、升运装车等联合作业功能；运用自动化、信息化等技术对关键工作参数进行实时监测，并具有故障报警功能；适应倒伏甘蔗收获，作业效率较高，设计生产效率≥15 t/h；与甘蔗田间转运车、公路运输车组成中型甘蔗收获系统，适合较大面积、坡度15°以下、种植行距1.2 m及以上的蔗地收获作业。该机型2017年通过农机推广鉴定（图2-7）。

图 2-7　4GZQ-180 甘蔗收割机及推广鉴定证书

③ 4GZ–56 型履带式甘蔗联合收割机。2008 年 5 月 8 日，广州科利亚农业机械股份有限公司与华南农业大学签订了合作开发中型（70 ～ 110 马力）切段式甘蔗联合收割机的协议。按照协议规定，科利亚农业机械股份有限公司提供原型机，华南农业大学协助测绘、进行性能测试并向科利亚提交了整套图

纸。2009年7月10日，双方共同研制的4GZ-56型履带式甘蔗联合收割机通过了广东省科技成果鉴定。该机主要技术参数为：整机质量5 900 kg，配套动力56 kW，适应行距≥0.9 m，切割高度合格率≥90%，宿根破头率≤18%，含杂率≤10%，总损失率≤7%，纯工作生产率为0.09 hm²/h。该机型采用网袋集蔗方式，需要吊车装车，见图2-8。

图 2-8 广州科利亚生产的 4GZ-56 型履带式甘蔗联合收割机

华南农业大学南方农业机械与装备关键技术除了与科利亚共同研制了4GZ-56型履带式甘蔗联合收割机外，2010年，华南农业大学购置了一台科利亚生产的4GZ-91型切段式甘蔗联合收割机进行试验研究。根据广垦农机服务有限公司提出的建议，华南农业大学在参照CASE4000甘蔗收割机输送臂的基础上，将所购置收割机改装成外输送臂集蔗方式，并进行了田间作业试验研究（图2-9）。

（a）4GZ-91型切段式甘蔗联合收割机　（b）改为外输送臂式的4GZ-91型切段式甘蔗联合收割机

图 2-9 4GZ-91 型切段式甘蔗联合收割机

④HN4GDL-91型切段式甘蔗收割机。2008—2012年，华南农业大学在切段式甘蔗收割机根切器、输送通道等关键技术方面进行了大量研究；在此基

础上，提出了"切段刀辊中置式"物流通道设计方案，获得了发明专利授权（一种新型物流输送方式的甘蔗联合收割机，201310032322.X）。2012 年，根据该专利研制成功 HN4GDL–91 型切段式甘蔗联合收割机，如图 2–10 所示。2012/2013 至 2013/2014 榨季进行了田间试验和性能检测。田间作业试验表明，切段刀辊中置式物流通道有利于收获倒伏弯曲甘蔗。2015 年 6 月该机型通过了广东省科技厅组织的科技成果鉴定。

图 2-10　采用切段刀辊中置式物流通道的 HN4GDL-91 型切段式甘蔗联合收割机

⑤ 4GDL–132 型切段式甘蔗联合收割机。2015 年 12 月，广州悍牛农业机械股份有限公司与华南农业大学签订了切段式甘蔗联合收割机技术开发合同，双方联合研制了 4GDL–132 型切段式甘蔗联合收割机，如图 2–11 所示。2016 年 12 月，该机型通过了广东省新产品、新技术鉴定。该机采用切段刀辊中置式物流通道，配套动力 132 kW，履带轨距 1.3 m，结构质量 8 400 kg，喂入量可达到 4 kg/s，纯生产效率 8 ～ 12 t/h；每公顷燃油消耗量≤180 kg，宿根破头率≤18%，含杂率≤7%，总损失率≤7%，蔗茎合格率≥90%。

2016—2017 年，在执行国家重点研发计划"甘蔗和甜菜多功能收获技术

图 2-11　4GDL-132 型切段式甘蔗联合收割机

与装备研发（2016YFD0701200）"中，华南农业大学研发出以三角履带为行走机构的切段式甘蔗联合收割机（图2-12），并进行了田间收获作业试验。该机将集料箱与输送臂组合在一起，探索适合丘陵山地的收获技术；采用三角履带行走系统，与轮式相比，接地比压小；与平履带相比，对地形变化适应性好。

图2-12　三角履带式切段式甘蔗联合收割机

第三章　糖料体系在甜菜产业领域取得的成效

第一节　甜菜新品种选育技术及成果推广应用

一、品种推广与应用规范化，建立甜菜主栽品种指纹图谱库

建立了由糖料产业技术体系研发中心（或育种岗位科学家）负责的甜菜新品种鉴定体系，完善并规范了品种的引进、试验、示范、推荐、推广与应用的整体流程，优化了品种区划种植，实现了优良品种与先进配套技术的优化组合，建立了育种专家、综合试验站、示范县基地、制糖企业、农业合作社及甜菜种植大户的品种应用网络，规范了不同生态类型区的品种选择与应用制度，有效地提升了品种的增产、增糖潜力，降低了盲目应用品种的风险。

通过五年时间（自 2009 年）对东北及我国甜菜主产区的甜菜用种情况进行了抽检监测、深入制糖企业培训等形式，结合甜菜产业实际情况，制定实施并宣贯了国家标准《糖用甜菜种子》，为甜菜产业种子质量提升和用种安全起到了重要作用。同时，通过相关岗位多年研发初步建立的甜菜主栽品种指纹图谱库，为保证甜菜用种的真实性发挥了应有作用。

总之，通过岗站科学家的共同努力，使制糖企业和农户品种选择有依据，更新品种有效益，企业、农户有收益。新品种种植面积达 100%。

二、甜菜核心种质资源数据库构建与应用

糖料产业技术体系建设以来，课题组通过对收集的甜菜种质资源材料进行多点多年鉴定，完成了 200 多份甜菜核心种质资源材料的下胚轴颜色、子叶面积（mm²）、幼苗百株重（g）、苗期生长势（级）、繁茂期生长势（级）、叶色、叶形、叶缘形、页面形、叶柄长、叶丛型、叶片数、株高、根型、根头大小、根沟深浅、根皮色、根皮光滑度、根肉色、肉质粗细、维管束环数、块根产量

(kg/亩)、块根垂度、蔗糖含量、丛根病、根腐病等 20 多个农艺性状信息的采集。

通过高通量测序进行基因型与表型数据关联分析，并进行了低密度SNP育种芯片的设计。通过高通量测序与基因组比对，检测得到 1 800 万的变异，通过进一步的 SNP 精简，最终交集得到 10 000 个 SNP，SNP 最小等位基因频率主要分布在 0.4 至 0.5 之间，并分析了 SNP 在染色体上的分布，进行了SNP-基因富集等，按照一个 gene 至少一个 SNP 的原则，设计了一款 5K 的 SNP芯片，并对 5K 的 SNP 芯片进行了评估。

初步完成了 200 份甜菜核心种质资源材料中与农艺性状相关的基因组区域挖掘研究及农艺性状的全基因组关联分析，为开发甜菜分子育种技术与方法奠定了基础。

三、甜菜保持系、不育系分子标记筛选技术开发及应用

在近代甜菜育种工作中，杂种优势的利用离不开雄性不育系的选育，利用雄性不育系生产一代杂种，对于异花授粉作物的甜菜而言既能省去人工去雄的大量人力和时间、简化制种手续、降低杂种种子生产成本，又可以避免人工去雄时由于操作创伤而降低结实率和由于去雄不及时、不彻底或天然杂交率不高而混有部分假杂种的弊病，因而可大大提高杂种种子产量和质量。

分子辅助育种能有效提高育种效率，可缩短常规甜菜单胚雄性不育系、保持系选育年限。为快速选育出成套单胚雄性不育系、保持系材料，育种技术与方法团队通过室内细胞核鉴定及细胞质鉴定的方法对拟选材料进行分子育性检测鉴定，以提高育种工作效率。体系建设以来甜菜育种技术与方法课题组通过不断研究探索，获得可鉴定甜菜细胞质育性相关的小卫星分子标记（variable number of tandem repeats，VNTR）引物 4 对，获得作用于甜菜细胞核 bvORF17-上游区多态性区域的细胞核类型鉴定引物 2 对。

利用获得的甜菜育性相关的特异引物采用 PCR 技术鉴定甜菜育性（细胞质育性类型和细胞核育性类型），即根据甜菜不同细胞质线粒体 VNTR 的多态性，鉴定甜菜细胞质类型。通过将甜菜细胞质、细胞核基因型与已知基因型进行比对分析，得到甜菜的育性信息，为甜菜育性分子辅助育种提供可靠的技术手段。近三年完成了 1 800 多份甜菜细胞质、细胞核育性鉴定工作，有效地促进了甜菜雄性不育系及保持系选育工作。

四、甜菜转基因育种高效遗传转化方法构建

通过甜菜不同外植体的遗传转化再生体系研究，建立了 2 种遗传转化体系和 1 种组培扩繁体系。

近年来以 MS 为基本培养基，分别附加不同浓度及种类的外源激素设计了 8 种丛生芽诱导分化培养基、4 种继代培养基和 6 种生根培养基，选用 8 个不同基因型甜菜材料的叶柄、叶片、花絮和叶芽为外植体进行实验，筛选出不同基因型材料的最佳培养基及外植体，通过研究已成功建立了以叶柄和花絮为外植体的遗传转化再生体系，以二年生叶芽为外植体的组培扩繁再生体系。

筛选出诱导丛生芽能力较高的甜菜基因型材料 4 个（N98122、N9849、HBB–1 和内甜单 1），在 YDFH–MS7 培养基上丛生芽诱导率分别为 53.5%、43.0%、45.5% 和 44.5%；筛选出分化诱导培养基 2 种，对 8 种不同基因型叶柄外植体的平均诱导率约为 41%；筛选出生根诱导培养基 1 种，生根诱导率为 88.3%。

五、甜菜种质资源收集、鉴定、评价及改良创制

我国不是甜菜起源国，在甜菜种质资源方面基因类型狭窄，资源匮乏。内蒙古自治区农牧业科学院通过引进、收集、鉴定、评价各类型甜菜种质资源材料，加强自有资源的改良创制，重点对丰产性状、苗势、生长整齐度、株高、根头大小、根体光滑度等性状进行种质资源改良创制选育工作。通过引进、鉴定国外种质资源及品种，筛选出具有不同优良性状的资源材料，之后通过杂交改良的方法，将其不同优良性状转移到我们现有亲本材料中。体系建设以来我们引进、鉴定、评价各类型国外甜菜种质资源品种 600 多份，改良创新出优良的授粉系材料 30 多份，选育出成套单胚抗丛根病雄性不育系及其保持系，大大丰富了我国现有甜菜种质基因资源类型，充实了甜菜种质资源库，为我们选育出丰产、优质、抗病单胚雄性不育杂交种奠定了坚实的基础。

六、常规育种与生物技术相结合的甜菜抗丛根病品种选育技术研究

甜菜丛根病是由甜菜坏死黄脉病毒（BNYVV）侵染所致，是甜菜生产中的一种世界范围的毁灭性病毒病，甜菜抗病品种改良岗位针对我国东北、华北、西北甜菜产区较大面积发生的丛根病问题，开展甜菜抗丛根病品种选育技

术研究。

糖料体系与中国农业大学合作研究，确立了常规育种与生物技术相结合的抗丛根病品种选育技术体系，即将抗丛根病性状的导入、检测、鉴定、选育相结合的一整套选育技术。建立了甜菜丛根病BNYVV–RNA5品种抗性鉴定圃，确立了室内早期、快速抗丛根病筛选鉴定技术，完善了ELISA、RT–PCR对BNYVV的检测技术。利用室内早期抗丛根病筛选鉴定技术，结合丛根病BNYVV–RNA5抗性鉴定圃的筛选鉴定，早期快速准确鉴定甜菜的抗丛根病性状。设计合成了用于BNYVV的RT–PCR检测的三对引物，结合抗性鉴定圃轮回强化选择、回交转育、同步核置换等育种方法，可以早期、快速、准确地检测和鉴定甜菜的抗丛根病性能，缩短了育种时间，填补了我国甜菜抗丛根病品种选育技术及方法的空白，使我国的甜菜抗丛根病育种工作跨上了一个新的台阶，选育出N98122等高抗甜菜丛根病亲本材料。

创新选育出一批达国内领先水平的抗丛根病亲本材料，育成了我国第一个拥有全部自主知识产权，在三级丛根病产地蔗糖分突破16.0%的抗丛根病新品种内甜抗201，该品种对BNYVV–RNA5具有较强抗性，在中度丛根病产地种植含糖率比国外同类引进品种高2%～4%。抗丛根病品种选育技术体系已应用于我国抗丛根病品种选育工作中。

七、甜菜品种筛选与推广应用

近些年随着我国甜菜生产中纸筒育苗、机械化精量点播、膜下滴灌、覆膜加纸筒等综合栽培技术的推广应用，要求甜菜种子必须是单胚丸粒化包衣种。目前国内自育的一些品种虽然品种的含糖率较高、抗病性较强，但由于种子加工、包衣技术与设备落后等问题，严重影响了国产品种推广应用。近几年甜菜生产中大量选用国外进口甜菜品种，特别是一些没有通过审认定的国外品种大量种植，品种种性状况不清，只注重产量，不注重含糖率及抗病性，且含糖率偏低。甜菜品种使用混乱，种子质量没有保障，种子价格无法有效控制，种子市场供求受国外控制的程度逐年加大，我国甜菜种子的安全问题已显现。目前推广使用的国外品种，其不同年份、不同来源的同一品种其产量与质量水平具有明显差距。

针对上述问题，糖料产业技术体系积极开展了甜菜品种筛选工作。十年来，我们对国内自育甜菜品种及国外先正达、斯特儒博、麦瑞博公司、莱恩公司、BETA公司、安地公司、KWS公司的甜菜新品种进行了鉴定研究。

西北产区适宜的高产优质甜菜新品种筛选，共完成了460个国外品种和1 100余个国内自育杂交种的鉴定工作，筛选出优良的甜菜新品种21个，目前已在生产中大面积推广的品种有23个，分别是KWS7125、ADV0401、BETA218、新甜14、新甜15、HIO936、ETA356、新甜18、ST14909、KWS0143、KWS9147、MA11-8、COFCO1001、LS1321、BETA377、KUHN1377、BETA866、SD13829、ST14991、SD12830、STD0903、HI0936和ADV0401。东北产区适宜的高产优质甜菜新品种筛选，共完成了300余个国外品种和2 000余个国内自育杂交组合品种的鉴定工作，目前已在生产中大面积推广的品种有8个，分别是甜研312、H7IM15、HI0479、KWS7156、KWS9147、CH0612、KWS5145和H809。华北产区适宜的高产优质甜菜新品种筛选，共完成了600余个国外品种和1 000余个国内自育杂交组合品种的鉴定工作，为华北区甜菜生产推荐使用的品种有16个，分别是内2499、内28102、ST14991、KWS7156、SD13829、KWS9147、IM802、SD21816、KWS9442、MA10-4、MA097、IM1162、KWS1197、KWS1176、KUHN8060和BETA379。目前华北区育种岗位推荐的品种已成为华北区甜菜生产中的主栽品种。这些品种的更新换代，减少了品种使用的盲目性，提高了单位面积块根产量、含糖率与抗病性，块根产量亩产由2.7 t提高到3.5 t，糖分提高近0.5度。有效提高了甜菜种植户及制糖企业的效益，提高了其市场竞争力，为甜菜产业的稳定、可持续发展做出了贡献。

八、自育品种选育初见成效

单胚雄性不育杂交种具有杂种优势强、便于机械化精量点播和纸筒育苗移栽等栽培技术优点，单位面积产量高，有利于对丛根病进行综合防治。自20世纪90年代开始国外品种一直占领绝对主导地位，自育品种具有含糖高、抗病强的优势，但由于产量和种子加工质量等方面的弱势，在生产中应用面积很小，为了保持我国品种优势，促进甜菜糖业的可持续发展，保证甜菜生产中种子质量安全与数量安全。体系建设以来在甜菜品种选育方面，开展大联合、大协作，整合全国资源，开展单胚抗丛根病雄性不育杂交种选育工作。

通过我们相关育种岗位科学家的不懈努力，西北区育种岗位有12个品种通过国家或自治区审（认）定，分别为新甜18、新甜19、新甜20、新甜

21、新甜 22、XJT9905、STD0903、XJT9907、SS1532、XJT9908、XJT9909、XJT9911，其中有 3 个为单胚品种。华北区抗病品种改良团队将多胚授粉系资源材料选育、单胚雄性不育系保持系选育、单胚雄性不育杂交种选育作为品种选育研究工作的重点，选育目标定位于"稳糖、增产、提抗性"。其中单粒雄性不育系选育重点进行育性、粒性、抗病性、丰产性的提纯与鉴定，保持系选育重点进行育性、粒性、花粉量、抗病性及丰产性的选择。通过病区轮回强化选择，单株成对套袋选择，室内 ELISA 及 PCR 抗丛根病鉴定、育性鉴定，选育出优质抗丛根病授粉系材料 90 份，单胚抗丛根病雄性不育系及保持系 10 套。随着单胚抗丛根病雄性不育系及保持系的选育成功，我们选育的 5 个单胚抗丛根病雄性不育杂交种内 2499、内 28102、内 28128、内 2963、NT39106 相继通过品种审定。东北区育种岗位团队鉴定评价甜菜种质资源材料 356 份（其中入国家种质库 200 余份），鉴定筛选出各类型优异种质 125 份，持续为甜菜育种提供优异的育种基础材料；改良新型细胞质单胚雄性不育系 Pms、Mms 的一年生、二年生性状，获得性状稳定的姊妹系 20 对，选育出性状优良的高配合力授粉系 10 余个，为单胚雄性不育系杂交种的选育奠定了良好基础；通过审定命名的品种有 6 个，分别为甜单 305、甜研 312、航甜单 0919、甜研 311、甜研 208、HDTY02，其中有 3 个为单胚品种。上述甜菜单胚品种的选育成功，填补了国内的空白，打破了国外品种的垄断局面，同时也制约了甜菜种子价格的快速上涨局面。随着种子丸粒化加工技术的突破，自育单胚品种将逐步进入我国甜菜生产中。

第二节　甜菜综合栽培技术集成与推广

一、冷凉干旱区节本增效综合栽培技术模式的集成与推广，助推华北区域甜菜产业的快速发展

"十二五"以来，国家甜菜产业技术体系专家团队针对我国甜菜生产中机械化作业程度低、劳动强度大、春季低温干旱不能适时播种、播种后保苗率低、密度不足、甜菜含糖和单产低、生产成本高、种植甜菜比较效益差、综合竞争力不强等现状，以提高甜菜蔗糖分、单产，降低成本、提高效益和减轻农

民劳动强度，实现甜菜规模化机械化生产，振兴制糖产业为目标。倡导推动向冷凉区域转移，着重从新品种选育、品种筛选与精准鉴定、农机选型与机械化作业，节水、配方施肥、水肥合理分配与科学密植，病虫草害的科学防控等关键核心技术为一体进行研发集成。在全程和分段机械化膜下滴灌、机械直播、纸筒育苗机械移栽等关键核心技术上取得突破。在解决适时播种，提高出苗率、保苗率、密度，延长生育期，提高甜菜蔗糖分和单产，降低生产成本、提高甜菜种植效益、减轻劳动强度等方面取得显著成效。

体系形成的不同高产高效综合模式化栽培技术、筛选出的不同类型的农机具、筛选和选育出的新品种、研发出的甜菜专用肥等重大成果，有效地推进了甜菜产业的发展，使得甜菜生产快速向规模化、标准化发展。

随着甜菜产地转移及规模化生产的快速推进，针对华北冷凉干旱甜菜产区春季低温无霜期短，造成甜菜生产不能及时播种、产量低、蔗糖分低的问题，在热量与生育期不足地区推广机械化纸筒育苗移栽和地膜覆盖技术，有效延长甜菜生育期近1个月。针对华北冷凉干旱甜菜产区春季干旱降雨少，播种后出苗率低、保苗率差、密度不足、甜菜蔗糖分和单产低的问题，在干旱缺雨地区推广机械化膜下滴灌干播湿出技术，有效解决了播种后出苗率低、保苗率差、密度不足的问题。彻底改变了甜菜传统种植方法，为冷凉干旱甜菜产区单产和蔗糖分的大幅提高提供了具体技术路径，使我国甜菜平均亩产由"十一五"的2.7 t上升到"十二五"的3.2 t。内蒙古甜菜产区播种面积由2010年的46.5万亩扩大到2018年的233.5万亩，同时也为"镰刀弯"地区调减玉米种植找到了很好的替代作物。

二、多项技术集成的规范化种植模式已完善成形，助力东北区域甜菜生产快速恢复

根据不同生态条件、土壤特性、机械化程度提供了不同的栽培方式、施肥模式及管理制度，建立了技术集成化的配套体系。一是岗位科学家与综合试验站深入示范基地进行调研，探寻影响产业提升的限制因素，解决提高甜菜产量与蔗糖分的关键技术；二是十年来依据相关岗位科学家多年来的大量田间小区试验、示范、技术培训等的指导和带动，企业信服，农民认可，诊断施肥面积逐年增加，专用肥推广逐渐普及，现在黑龙江省甜菜生产中甜菜专用肥的适用面积占80%以上，由于合理施肥，近几年甜菜块根蔗糖分提高0.5%以上。三

是 2009 年以前，东北片区甜菜药害面积占甜菜播种面积 10% 左右，通过本片区岗站专家对甜菜除草剂在植株和土壤中的残留临界含量、测定方法、农药安全应用、甜菜受害植株形态特征诊断技术等的研发和技术培训与指导，目前东北片区甜菜药害面积下降到 3% 左右。四是针对不同示范基地制定适宜的配套技术模式。体系运行十年，综合试验站在岗位科学家的指导下，完善了 8 套模式：甜菜全程机械化纸筒育苗移栽配套技术模式，形成方案及模式图；甜菜窄行垄作机械化直播配套技术模式；甜菜窄行密植机械化平播配套技术模式；甜菜全程机械化节本增效精密保苗配套技术模式；甜菜高产高效营养调控配套技术模式；纸筒育苗垄作密植栽培技术；甜菜窄行密植平作直播栽培技术；甜菜垄作密植直播栽培技术。模式化示范窗口建设带动了示范县和示范基地的规模化生产，新技术覆盖率达 70% 以上。

在产业技术体系的技术支撑和带动下，东北区种植面积由低谷时的 8 万亩，已迅速恢复到现在的 62 万亩，种植区域已由原来的黑龙江、吉林、辽宁扩大到内蒙古的兴安盟、呼伦贝尔市的阿荣旗。

体系东北片区通过品种引育与精准鉴定、优良品种应用、合理密植、测土配方施肥、绿色防控和机械作业等技术进行集成，通过技术培训，指导糖农科学种植，实现糖农增收、农民增效。其中黑龙江直播甜菜累计推广 23.5 万亩，新增产值 12 858.9 万元，总经济效益 7 266.1 万元；黑龙江纸筒育苗甜菜累计推广 6 万亩，新增产值 3 248.8 万元，总经济效益 1 695.6 万元；在辽宁、吉林、内蒙古东部兴安盟累积推广甜菜 26.6 万亩，农民增收 8 464.7 万元，企业增效 5 752.9 万元。

三、综合栽培技术模式的研发与推广应用，有效提升了西北产区的甜菜产质量

2010 年以前，西北区甜菜栽培技术以露地栽培为主、地膜覆盖为辅；在施肥上，种植户为单纯追求高产，存在重氮轻磷轻钾的现象；在种植密度上，以稀植为主，每亩 4 000 ～ 5 000 株；在灌水上，以大水漫灌、沟灌为主，每亩灌水量在 600 m³ 左右；在播种、间苗、除草、灌水施肥、收获等田间管理环节上均采用人工进行，生产成本过高，种植户生产效率和经济效益较低，因此农民种植甜菜积极性不高，导致制糖企业落实原料生产基地难。

国家甜菜产业技术体系工作启动以来，在首席科学家的带领及各岗位科学

家、试验站站长、团队成员的共同努力下，甜菜糖业生产水平大幅提升。在栽培模式上，由露地栽培转变为地膜覆盖、膜下滴灌、裸地滴灌等适宜不同产区自然生态条件的栽培模式；在施肥上，通过科技培训、试验示范田展示的方法，大力推广普及氮磷钾均衡配方施肥、氮肥前移、减氮增钾等施肥技术，并试验示范甜菜专用肥；在种植密度上，通过选用适宜密植新品种，提高播种密度，每亩 6 600 ～ 7 400 株；在灌水上，从农场、种植大户下手，示范推广膜下滴灌、水肥一体化栽培技术，通过这两项技术的应用，较大地节约了用水量，相较大水漫灌平均每亩节约用水量 150 m³；在机械化生产上，先后生产和引进了机械式半精量播种机、气吸式精量播种机、机械式精量播种机、单粒种机械化双膜覆盖精量播种机、打秧削顶机、起挖机、联合收获机等甜菜生产机械，在试验示范的基础上，逐步示范推广机械化节本增效种植技术。

随着糖料产业技术体系技术研发、推广及生产示范工作的深入推进，甜菜种植技术发生了根本性改变，由十年前的裸地抢墒播种、地膜覆盖半精量播种等种植模式发展到现在的膜下滴灌、干播湿出、全程机械化生产模式，甜菜生产水平明显提高，产量和种植效益大幅提高，膜下滴灌全程机械化栽培已成为目前西北区甜菜生产中主要的栽培技术。

西北区近年来，集成、研究并熟化形成《甜菜地膜覆盖高产、高效栽培技术规程》《甜菜优质丰产平作膜下滴灌栽培技术规程》及《甜菜全程机械化高产高效栽培技术规程》等 3 套栽培技术规程。其中围绕"甜菜地膜覆盖高产、高效栽培技术规程"形成天山北坡糖区、伊犁河谷糖区、塔额盆地糖区、河西走廊糖区 4 套地膜甜菜高产创建技术模式；围绕"平作膜下灌甜菜高产、高效栽培技术规程"形成 1 套平作膜下灌甜菜高产创建技术模式。创建地膜覆盖栽培核心示范田 12 166 亩，平均亩产 5 040 kg，平均含糖率为 15.51%，较当地平均亩产量提高 39.2%，平均糖分提高 1.5 度；创建地膜覆盖栽培高产典型 4 个，面积 4 630 亩，平均亩产 5 800 kg，平均含糖率为 15.45%；建立全程机械化栽培示范田 4 870 亩，平均亩产 5 625 kg，含糖率为 15.51%，为西北区甜菜栽培技术水平的提高打下良好基础。

通过应用集成熟化研究形成的 3 套栽培技术规程、5 套高产创建技术模式，结合病虫草害防控技术及优良品种应用，"十二五"期间在西北区 4 个综合试验站的 18 个示范县、市及团场累计示范推广 101.89 万亩，社会效益、经济效益显著。

1.《甜菜地膜覆盖高产、高效栽培技术规程》

地膜覆盖栽培技术在各地甜菜生产中广泛应用，对提高甜菜产量起到一定作用，但在关键技术环节中还存在一些误区，没有完全达到地膜覆盖栽培技术丰产、优质的生产目标。因此，新疆农业科学院经济作物研究所经过三年 28 组单项试验、48 个点片的生产调研，记载数据 27 600 余个，拍摄照片 2 450 余张，形成调研总结报告资料 64 份，于 2015 年制定了地方标准《甜菜地膜覆盖高产、高效栽培技术规程》。

地膜覆盖种植甜菜的优势：①保苗率高。地膜甜菜保苗率可达 95%，较露地直播提高 13% ～ 22%。②产量高。地膜促使地温增加，保墒良好，产量较露地直播提高 32.0% ～ 41.6%。③效益高。地膜甜菜亩效益在 2 300 元左右，种植效益较高。

2.《甜菜优质丰产平作膜下滴灌栽培技术规程》

膜下滴灌栽培技术对提高甜菜保苗率和水肥利用效率，增加甜菜产量起到一定的促进作用，但在关键技术环节还存在一些误区，没有完全达到膜下滴灌栽培技术节水、高产、高效的生产目标。为此，新疆农业科学院经济作物研究所经过三年 13 组单项试验、32 个点片的生产调研，于 2014 年制定地方标准《甜菜优质丰产平作膜下滴灌栽培技术规程》，并进行了示范推广，取得良好的效果。

膜下滴灌栽培的技术优势：①节约灌水。膜下滴灌较大田沟灌节水 40% ～ 49%。②效益高。膜下滴灌甜菜亩节水效益为 25 ～ 35 元。③保苗率高。膜下滴灌干播湿出保苗率可达 95% 以上，出苗快且苗齐苗壮。④播期可控性强。可有效躲避苗期虫害和倒春寒冻害。

3.《甜菜全程机械化高产、高效栽培技术规程》

随着农业生产机械化水平的不断发展，各地甜菜生产播种、中耕、病虫害防治及收获过程使用的机械类型较多，对提高甜菜生产作业效率起到一定作用，但也存在因机械使用不当造成的作业质量不高、收获损失较大等现象，机械化生产高效率、节本增效的优势没有完全体现出来。因此，新疆农业科学院经济作物研究所联合西北区 4 个综合试验站对 20 个主产县市进行了调研，总结筛选出 4 套播种机型、3 套收获机型，并对这 7 种机型通过作业效率、收获质量、产量损耗、综合评价等主要技术参数进行评价与筛选，根据不同机型在生产上的应用情况调研、评价与筛选形成调研报告 16 份，于 2015 年制定了地方标准《甜菜全程机械化高产、高效栽培技术规程》。

四、联合攻关见成效

国家糖料产业技术体系工作启动以来，在首席科学家的领导下，在西北区片长统一协调下，与体系内甜菜栽培岗位、玛纳斯综合试验站、张掖综合试验站、伊犁综合试验站、石河子综合试验站和新疆农业大学等合作，集成、研究并熟化形成针对不同生态区域的种植模式，为西北区甜菜栽培技术水平的提高打下了坚实的基础。

1. 形成甜菜节本稳产增糖栽培技术集成模式

西北区甜菜含糖率低，是目前西北区甜菜产业中存在的最主要问题。这一问题加大了制糖企业的生产加工成本，降低了企业的直接经济效益。"十三五"西北区的工作重点就是稳产增糖。体系把育种、栽培、植保和综合试验站融合在一起，通过优良品种筛选、专用除草剂筛选、播种机械筛选、种植密度、测土施肥、土壤墒情监测与灌水预报、病虫害综合防控、机械化采收等一系列试验与示范，经过五年的持续攻关，形成较为完善的"甜菜节本稳产增糖栽培技术集成模式"。

2. 形成新疆南疆新糖区甜菜高产、高效综合栽培技术

为了保障我国食糖有效供给，国家糖料产业技术体系近几年积极推进我国甜菜种植区域从粮食主产区向冷凉干旱及温热地区转移，以此拓展甜菜种植区域。新疆喀什地区土地总面积 1 394.79 万 hm^2，约占新疆土地总面积的 1/2，是全国最大的少数民族聚居区，是国家"三区三州"深度贫困地区中南疆四地州的一个地区，也是脱贫攻坚的主战场。从 2016 年开始在温热区域（喀什伽师县），体系组织相关岗站科学家，开展了甜菜高产高效、节本增效种植模式的示范推广工作，使甜菜产业成为助力新疆南疆少数民族地区脱贫攻坚与产业维稳的重要抓手。以新建的喀什奥都糖厂为切入点，采取"甜菜加工企业＋农户＋科技服务团"的产业订单模式，以提高单产和蔗糖分、推进机械化作业、降低成本、提高农民收益和产业竞争力、拓展种植区域为目标，示范了机械精量直播、地膜覆盖、膜下滴灌、纸筒育苗等栽培技术模式，同时结合合理密植高产优质品种、控氮和氮肥前移、磷钾调整、增施微肥、后期控水与科学施药一体化的节本增效栽培技术，形成了新疆南疆新糖区甜菜高产、高效综合栽培技术。在喀什地区伽师县开展了南疆甜菜新技术示范，示范面积 630 亩，

辐射带动 42 300 亩。共召开整地、播种、地下害虫防治、中耕除草等内容的培训会及现场会 10 余次，参加人员 3 600 余人次，发放甜菜栽培技术、甜菜栽培旬历、甜菜病虫害防治等技术资料 5 000 余份。目前甜菜收获中亩产均在 6.5 t，最高的达到 9 t。

喀什伽师县甜菜的成功种植，不仅填补了温热区域甜菜种植的历史空白，也将会成为当地农民脱贫致富、企业增效以及政府产业结构调整的一条重要途径。甜菜种植效益凸显，当地农民从不知道甜菜到目前种植积极性高涨，当地政府进行积极引导及长远规划和布局，2019 年伽师县种植甜菜 15 万亩。

五、推行甜菜标准化规范化生产，标准化种植示范区建设见成效

十年来，结合甜菜生产过程关键技术环节，逐步建立并完善了甜菜质量标准体系，基本包括从整地选地、种子安全与质量检测、甜菜病虫害防治、栽培技术与模式、机械化生产到甜菜块根收获及储运等主要技术环节的技术标准。主持制定或已发布实施的国家行业标准有：《糖用甜菜种子》《甜菜种子生产技术规程》《甜菜包衣种子技术条件》《甜菜品种鉴定技术规程 SSR 分子标记法》《甜菜种子贮藏技术规范》《甜菜种子活力测定》《甜菜纸筒育苗栽培技术规范》《甜菜田杂草综合防治技术规程》《甜菜全程机械化生产技术规范》《甜菜栽培技术规范》《甜菜覆膜操作技术规程》《甜菜原料贮藏技术规程》《甜菜栽培模式机械化生产技术规范》《甜菜中甜菜碱的测定比色法》《甜菜还原糖的测定》《甜菜中钾、钠、α-氮的测定》《甜菜等级规格糖料甜菜》《甜菜中甜菜碱的测定液相色谱-串联质谱法》等近 20 项，为甜菜生产"三化"（标准化、规范化、机械化）和全程关键技术质量控制奠定了良好基础。

2011—2014 年通过在昌吉市示范推广"甜菜优质丰产地膜覆盖栽培技术规程""甜菜优质丰产平作膜下滴灌栽培技术规程"和"甜菜优质丰产机械化栽培技术规程"，采用标准化、规模化、全程机械化种植模式，甜菜核心示范区种植密度由 2010 年的 76 800 株/hm² 增加到 103 500 株/hm²，种植密度增加 35%；中耕次数由原来的 2 次增加到 4 次；并在栽培措施上统一要求，企业组织检查评比与相互监督；示范区甜菜含糖率从 2010 年的 13.8% 逐步提高到 2011 年的 14.1%、2012 年的 14.7%、2013 年的 15.04% 和 2014 年的 15.32%，四年示范区平均较 2010 年示范区糖分提高了 0.99 度，甜菜块根产量较 2010 年示范区增加了 11.5%。同时全新疆甜菜产区四年平均单产较 2010 年提高了

7.93%，菜丝糖分较 2010 年提高了 0.017 度。特别是 2014 年甜菜块根平均单产较 2010 年提高了 15.17%，菜丝糖分提高了 0.097 度。

六、全面推进机械化节本增效技术集成与示范

随着甜菜机械化的推进，甜菜直播将成为未来总体发展趋势，甜菜全程机械化作业能够提高作业效率，一次性实现从整地、播种、田间管理到收获全过程机械化，不仅有利于农艺措施的实施，减轻劳动强度，还大幅度提高劳动生产效率。长期以来甜菜生产中存在着机械化程度较低、机械不配套、农机与农艺技术不配套等问题，针对这一现象，开展了直播甜菜农机具筛选与配套农艺技术研究与示范，筛选和配套了适宜华北区的耕整地机械、精量点播机械、植保机械和收获机械，同时明确了适宜机械化种植的密度和株行距配置，结合合理密植、科学施肥、科学灌溉、有效防治病虫草害等技术措施，集成了全程机械化直播甜菜优质高效综合栽培技术，并进行了大面积的示范推广，促进了农民增收和企业增效，推动了甜菜产业的发展。

七、推进甜菜节水灌溉，节本增效效果显著

高寒干旱区甜菜膜下滴灌的灌溉制度研究，干旱年份灌水 11 次、灌水量每亩 220 m^3，产量和产糖量均最高，在整个甜菜生育期中干旱少雨，日照时数长，有效降雨少，有效积温高有利于进行人工灌溉，使整个生育期甜菜的生长发育和糖分的积累都得到了较好的环境，所以甜菜块根产量和块根含糖率都得到提高。一般年灌 4 次水、灌水量每亩为 110 m^3，甜菜产量和产糖量均优于其他处理。湿润年灌 1 次、灌水量每亩 30 m^3 的效果最好，降雨多、湿度大，光照不足，土壤内空气相对较少，微生物活动受阻，再加上灌溉更限制或影响了块根的膨大和糖分的积累。鉴于不同水温年甜菜的灌溉制度有所不同，滴灌甜菜最适宜的灌水定额、灌水量、灌溉次数和灌溉时间的确定，尚需进一步研究明确。

甜菜高产高糖抗逆生理特性和甜菜根发育的分子机制研究，明确了水分代谢规律，滴灌直播甜菜在叶丛快速生长期和块根糖分增长期土壤含水量保持 50% ～ 60% 的田间持水量，叶丛快速生长期和块根糖分增长期适宜灌水量每亩分别为 70 ～ 80 m^3 和 40 m^3，与充分灌溉相比节水 33.56% 和 36.82%；产量具有补偿效应，分别较对照提高单产 7.34% 和 0.79%，水分利用效率分别提高

28.46%和13.45%，产量每亩可达到5 760 kg。

滴灌甜菜耗水特性及灌溉制度研究，根据不同水分条件滴灌甜菜株高、叶数、叶面积和根径的变化规律，探讨了不同灌溉制度下滴灌甜菜生长过程、产量形成机制，综合考虑土壤含水量、生长状况、产量、品质及水分利用效率等因素，确定最优灌水定额每亩30 m³，最优灌水次数10次。苗期土壤水分对甜菜生长有重要影响，水分亏缺会影响其长势及产量。苗期到叶丛繁茂期为甜菜需水关键期。

膜下滴灌甜菜水分亏缺效应研究，前期水分亏缺造成滴灌甜菜生长指标下降，进而降低产量和品质，不存在水分亏缺补偿效应；后期水分亏缺对滴灌甜菜的长势、产量无显著影响；苗期至叶丛繁茂期（6月上中旬）的水分状况显著影响甜菜后期的生长和产量，叶丛繁茂期为需水高峰期，糖分积累期水分亏缺不影响甜菜长势及产量，可进行调亏灌溉。

八、推进甜菜科学施肥、水肥一体化，完善甜菜合理群体构建

肥料是甜菜栽培种最为基本和关键的因素，掌握甜菜的需肥规律，并将其量化是生产高产、优质甜菜的主要途径，更是防止化肥过量施用而造成环境污染和甜菜含糖降低的主要措施。氮肥对冷凉干旱区膜下滴灌甜菜产量、质量及肥料利用率的影响较大，适宜的施氮量促进了甜菜产量、含糖率和产糖量的增加，氮肥利用率随施肥量的增加呈减速下降趋势，每亩施氮量10 kg以上，氮肥利用率明显下降。磷肥在冷凉干旱区膜下滴灌甜菜产质量的影响及肥料利用率方面，对提高甜菜块根产量有明显的促进作用，磷肥利用率随施肥量的增加呈减速下降趋势，每亩施磷量20 kg以上，磷肥利用率明显下降。钾肥在冷凉干旱区膜下滴灌甜菜产质量的影响及肥料利用率方面，促进了甜菜产量、含糖率和产糖量的增加，钾肥利用率随施肥量的增加呈减速下降趋势，每亩施用氯化钾3.33～6.67 kg，钾肥利用率维持在20%上下。由此可知，适宜的施肥量促进了甜菜产质量的提高，同时有利于提高肥料利用率，达到节本增效的目的。

针对生产上滴灌节水灌溉设施的不断增加，研究了膜下滴灌和直播滴灌甜菜水分代谢、氮素吸收利用规律，通过水肥（氮、磷、钾）、水氮耦合生理基础研究，制定了水分、肥料供应的时期和供给量，为甜菜高产高糖水肥一体化、节水减氮增效奠定了理论基础，提供了科学参数和方法，膜下滴灌甜菜生

育期每亩灌水 90 m³，每亩施氮量为 8.0 kg，可使甜菜产量达到最大。每亩节水 37%～50%；减少纯氮施用量 10%～25%；每亩节约成本 25～30 元。

依据甜菜高产高糖抗逆生理特性和甜菜根发育的分子机制研究结果，围绕光、温、水、肥的高效利用，优化了群体结构，适合大型机械化甜菜种植的合理群体结构为等行距种植，行距 50 cm，株距 18～20 cm；采用小型农机具覆膜甜菜采取宽窄行种植，膜上行距 40 cm，膜间行距 60 cm，株距 18～20 cm，种植密度由原来的每亩 3 000～4 000 株增加到现在的每亩 6 000～7 000 株，光能利用率显著提高。

九、甜菜抗重茬微生态制剂研制与机理研究

筛选出制剂 1 个，并组织专家、企业家和种植大户等 100 多人召开现场会。该重茬剂对发病区甜菜的防治效果非常好，较对照增产 80.62%，保苗率提高 55.49%，锤度增加 2.43。明确了甜菜苗床的最佳用量；明确了田间以每亩颗粒剂 8 kg 效果最好；探讨了苗床施用抗重茬微生态制剂条件下，产质量以每亩 40 kg 肥料最好，较每亩 60 kg 肥料节约成本 54 元，效益每亩增加 112.3 元。重茬 5 年地块，甜菜的发病率达 90% 以上，且苗床施用抗重茬剂的纸筒甜菜在生育前期的抗病性较直播甜菜效果明显；施用抗重茬剂后能改善土壤结构、提高土壤孔隙度和田间持水量；移栽前抗重茬微生物菌群为主要菌群，之后随着甜菜生长发育，该菌群能不断滋生新的其他菌落，随着抗重茬菌群逐渐减少。

十、甜菜抗盐碱胁迫优质高效关键栽培技术

主要进行了单盐胁迫轻度、中度、重度盐碱地甜菜抗逆品种筛选的研究，15 个甜菜品种出苗率排名前三的是丹麦 MA3001、丹麦 MA2070 和内 2499，15 个甜菜品种单株鲜重排名前三的是 BETA5043、ZM1162 和 BETA379；研究了 NaCl 盐胁迫对甜菜幼苗生长及生理特性的影响，随着苗龄的增加，甜菜的抗盐性增加，4 对真叶时低浓度的盐胁迫处理有利于甜菜的生长；筛选出土壤改良剂配方，在含盐量 3.0 g/kg 和 pH 7.97 的情况下，土壤改良剂配方 2 的增产增糖效果最好，每亩产量达到 3 893.3 kg，产糖量每亩达到 599.3 kg，较不施用改良剂分别增加 14.7% 和 15.7%，配方 2 明显改善了土壤的理化性状；明确了中轻度盐碱地土壤改良剂用量及氮、磷、钾适宜用量和比例。

十一、甜菜高产高糖栽培生理基础与技术应用

围绕甜菜生产中的技术要点，以优化栽培技术、解决生产问题为目标，在不同生态区开展了覆膜、直播、纸筒育苗移栽、滴灌、旱作不同栽培方式下甜菜高产高糖生理基础研究，系统研究了各栽培模式高产高糖的群体结构、干物质积累与分配、光合性能、源库关系、营养吸收与利用、水分代谢等生理特性，从株高、叶片数、叶面积指数、干物质积累量、根/冠、光合速率、胞间 CO_2 浓度、气孔导度、SPAD 值、Fm/Fm、qP、NPQ、ERT、蒸腾速率、含水量、自由水含量、束缚水含量、水势、耗水量、水分利用效率、各器官氮磷钾含量、土壤全氮、速效氮、有效磷、速效钾、有机质含量、土壤 pH、土壤含水量、产量、含糖率等 30 余项形态和生理指标中，制定出甜菜各生育时期高产高糖的叶面积指数、干物质积累速率、根冠比、光合速率、SPAD 值、ETR、器官氮磷钾含量、蒸腾速率、叶片水势、土壤含水量等指标的最佳参数，为甜菜高产高糖栽培技术制定提供了科学依据和技术参数。此外，研究选择了光合测定系统、叶绿素荧光测定仪、SPAD 仪、水分快速测定仪和水势仪等现代便携式仪器，使生理指标的测定实现了活体、快速、易操作，为科学评价甜菜生长状况和指导甜菜生产提供了可行、易行、可靠的技术方法。

针对甜菜生产中肥料一次性施入，存在营养不平衡及中后期供应不足的问题，开展了生育期根外营养调控技术研究。研究结果表明，在生育前期（15 片叶）以磷、钾元素为基础，适当补充有机胺、镁、锌进行叶面喷施，对提高产量、质量作用效果显著。产量较对照增加 8.86% ～ 9.32%，蔗糖分较对照提高 0.49% ～ 0.55%，产糖量增幅达 12.38% ～ 13.20%。在生育后期（8 月中旬）以磷、钾元素为基础，补充铁、硼、锰对提高甜菜产质量效果显著。产量较对照提高 5.19% ～ 9.98%，糖分提高 1.08 ～ 1.29 度，产糖量较对照提高 13.57% ～ 18.11%。

研制成功甜菜种子活化剂 1 种，甜菜纸筒育苗苗床壮苗剂 1 种，甜菜前期、中后期化控调节剂各 1 种。甜菜生育期化控试验结果表明，研制出的纸筒育苗苗床专用壮苗剂，减低叶柄高度，增加叶片叶绿素含量，与现有产品比，降低了成本，纸筒育苗移栽苗床壮苗剂累计示范 4 300 亩；进一步以营养元素、活性小分子物质和植物生长调节剂混配形成的复合化控剂在甜菜叶丛快速生长期和块根糖分积累期进行叶面喷施，筛选出在叶丛快速生长期和糖分积累

期喷施剂型，可提高糖分 1.26～2.90 度。

十二、推进实施甜菜原料"以质论价"

自甜菜产业技术体系建立以来，甜菜高产糖品种改良岗位一直进行提高甜菜品质方面的研发、监测与技术培训等研究，例如，研制了 TJJ-01 型甜菜糖度快速检测系统，研究氮素和密度对甜菜品质的影响，研究多种元素胁迫对甜菜品质的影响，对生产甜菜品质监测研究和推进企业"以质论价"培训，通过多年对企业在意识和效益等方面的讲解，目前甜菜原料"以质论价"得到广泛认可并在东北片区实施。

第三节　甜菜病虫草害综合防控

一、加强综合防控，服务于甜菜生产

糖料产业技术体系建立以来，甜菜病害防控岗位团队先后制定了西北区、华北区和东北区甜菜病虫害和甜菜害虫防控技术方案，制定了《新疆甜菜主要病虫害绿色防控技术规程》，编制了《西北片区甜菜主要病虫草害防治技术要点》《东北区和西北区甜菜病虫草害发生与防治技术一览表》，参与东北片区"甜菜垄作直播栽培技术模式""甜菜窄行密植直播栽培技术模式""甜菜纸筒育苗全程机械化配套栽培技术模式"和"甜菜纸筒育苗栽培技术模式"4 种技术模式及《2016 年甜菜生产技术指导意见》（全国农业技术推广服务中心提出）修改意见和建议。主编《甜菜主要病虫害及其防治》和《甜菜主要病虫害简明识别手册》，参编《大兴安岭东麓地区糖用甜菜种植技术简明旬历手册》及《制糖企业甜菜种植指导手册》的把关等。调研指导了试验站的示范工作，参与了甜菜高产高效模式化栽培综合技术研发与示范、甜菜主要农机具与配套甜菜病虫害综合防控的高效模式化栽培技术示范、甜菜机械化节本增效综合配套栽培模式集成与示范。开展了甜菜主要病虫害绿色防控技术集成与示范推广，累计建立核心示范田 20 308 亩，培训农户和基层技术人员共 14 551 人次，发放技术资料 11 320 份，还重点开展了无人机喷雾防治甜菜病害和抗重茬微生态制剂防治甜菜重（迎）茬引起的甜菜根腐病病害试验示范，取得了较好的示范效果及社会效益和经济效益。起草完成《甜菜生产中后期重要病虫害防控指导意见》和《国家甜菜产业技术体系关于甜菜孢囊线虫相关情况和应对技术方案》等任务，取得了较好的示范效果及社会效益和经济效益。

同时形成了一套甜菜病虫害识别与防控技术计算机软件系统，是利用微信公众平台（微信公众号）进行甜菜病虫害防控技术的宣传和应用而开发的计算机软件，该系统包括甜菜立枯病、根腐病、褐斑病、白粉病、丛根病、黄化病、蛇眼病等病害的症状、发病规律、防治技术，象甲、茎象甲、地老虎、甘蓝夜蛾、旋幽夜蛾、甜菜跳甲、潜叶蝇、大龟甲、叶螨等害虫的形态识别、为害特点、发生规律及防治技术等，能够便于甜菜制糖企业技术人员、甜菜种植合作社成员、甜菜种植户等相关人员浅显易懂地掌握甜菜病虫害的识别与防控，有利于甜菜防控技术的推广应用。

二、利用快速分子检测技术，指导科学用药和节约成本

建立了对苯并咪唑类杀菌剂产生抗药性甜菜褐斑病菌的快速分子检测技术，指导科学用药和节约成本。对我国主要甜菜产区分离到的 90 多株 $C.$ $beticola$ 菌株β–微管蛋白基因测序分析结果表明，抗感菌株的β–微管蛋白基因上第 198 位密码子有差异，碱基 A 突变为 C 致使编码的氨基酸由 Glu 变成 Ala，从而导致了抗药性的产生。其中 22 株分离物对苯并咪唑类杀菌剂具有抗药性。基于抗性菌株和敏感菌株的序列差异，设计了 Bt387F/Bt880Rt 和 Bt387F/Bt880Rs 两对引物，建立了 AS PCR（allele specific PCR）分子检测方法，用于检测田间甜菜褐斑病菌对苯并咪唑类杀菌剂抗药性情况。引物 Bt880Rt 3'末端碱基为 G，使得其与抗性菌株β–微管蛋白基因的碱基 C 配对，而不能与敏感菌株β–微管蛋白基因的碱基 A 配对，同时其 3'末端倒数第二个碱基为 G，使得其与敏感菌株β–微管蛋白基因的两个碱基产生错位，在一定的 PCR 条件下只能扩增到抗性菌株β–微管蛋白基因的 DNA 片段；引物 Bt387F 为共用引物。该检测法能有效地用于对多菌灵和甲基托布津等产生抗药性的甜菜褐斑病菌进行分子快速检测，指导科学用药和节约成本，获得国家发明专利授权号（ZL201110301170.X）。

三、甜菜褐斑病菌的室内抑制试验为杀菌剂合理使用提供指导

①采用生长速率法测定了甜菜褐斑病菌不同株对多菌灵的敏感性，其中对

52 表现敏感的菌株进行了分析，测得 EC50 值在 0.007 9 ～ 0.255 9 μg/mL，平均 EC50 值为 0.0904±0.0634 μg/mL，敏感性频率存在一定程度的分化，菌株敏感性呈现下降的趋势。但是部分地区菌株对多菌灵仍表现极为敏感，部分地区抗性相对严重，因此在各地区用药时要因地制宜，制定不同的综合防治策略。

②7 株菌株对苯醚甲环唑产生了不同程度的抗药性，其余 74 株菌株的 EC50 值在 0.003 5 ～ 0.137 0 μg/mL，平均 EC50 值为 0.0446±0.0035 μg/mL。敏感性频率分布图中大部分菌株（占全部菌株的 77.0%）的 EC50 值处在第一列和第二列，说明甜菜褐斑病菌对苯醚甲环唑的敏感性较高。对苯醚甲环唑产生抗性的 7 株菌株中，2 株为高抗菌株，1 株为低抗菌株，其余为中抗菌株。除高抗菌株 SD-TZ 采自山西之外，其余菌株均采集于黑龙江。内蒙古、辽宁、北京及新疆地区采集到的菌株未对苯醚甲环唑产生抗性。

③6 株菌株对氟硅唑产生了不同程度的抗药性，其余 75 株菌株的 EC50 值在 0.033 49 ～ 0.675 4μg/mL，平均 EC50 值为 0.181 4±0.011 9 μg/mL。敏感性频率分布图中大部分菌株（占全部菌株的 90.7%）的 EC50 值处于图表的第一列和第二列，说明甜菜褐斑病菌对氟硅唑的敏感性较高。对氟硅唑产生抗性的 6 株菌株中，2 株为低抗菌株，4 株为中抗菌株，均采集于黑龙江。内蒙古、辽宁、山西、北京及新疆地区采集到的菌株未对氟硅唑产生抗性。试验结果表明田间甜菜褐斑病菌对苯醚甲环唑和氟硅唑可能会出现敏感性分化。

④对不同公司生产的药剂进行了室内抑制试验监测。

第四节　甜菜生产机械化

一、犁地机械

液压翻转调幅犁

1LFT-435、1LFT-440（4+1）、1LFT-445 型液压翻转调幅犁机适用于土壤比阻小于 0.9 kg/cm 的土壤结构，能够进行多种作物茬地和开荒等耕翻作业。液压翻转调幅犁技术参数见表 3-1。1LFT-545 型液压翻转调幅犁机是在吸收德国雷肯翻转犁 Europal 技术的基础上，根据我国实际情况研制成功的新产品，整机采用雷肯公司原装铧尖和栅条行犁壁，磨损率低，入土性能好（图3-1）。

表 3-1　液压翻转调幅梨技术参数

参数	型号			
	1LFT-435	1LFT-440（4+1）	1LFT-445	1LFT-545
配套动力（马力）	120～160	180～200	180～200	220～250
整机质量（kg）	≤1 180	≤1 290	≤1 500	≤1 625
挂接方式	三点后悬挂			
作业速度（km/h）	5～8			7～10
耕深范围（cm）	24～30	24～35	24～30	35～50
单铧幅度（cm）	35	40	45	45
犁架高度（cm）	75			85

图 3-1　液压翻转调幅犁

二、整地机械

1. 联合整地机

该机主要在我国北方旱地使用，能一次完成灭茬、深松、起垄、镇压5个作业项目，该机结构合理，性能可靠，作业效率高（图3-2）。联合整地机技术参数见表3-2。

图 3-2　联合整地机

表 3-2　联合整地机技术参数

参数	型号		
	1LZ—4.5	1LZ—5.6	1LZ—7.2
配套动力（马力）	≥70	≥100	≥160
整机质量（kg）	2 100	2 550	4 200
挂接方式	半悬挂牵引		
工作幅度（mm）	4 500	5 600	7 200
作业速度（km/h）	7～9		
整地深度（mm）	≤100		
工作部件配置	缺口耙组、圆盘耙组、平地齿板、碎土辊、镇压棍		

2. 动力驱动耙

该机可在犁后的地里工作和已耕作的土地上工作，一次作业完成切碎土壤、平整地表、镇压土壤等多项作业，耙后垂直面内土层不乱，有利于保护地表种植土壤（图 3-3）。动力驱动耙技术参数见表 3-3。

图 3-3　动力驱动耙

表 3-3　动力驱动耙技术参数

配套动力（马力）	120～140
整机质量（kg）	1 300
挂接方式	三点后悬挂
工作幅度（mm）	3 030
最大耙深（mm）	25
耙齿数量（个）	12*2
耙齿转速（r/min）	动力输入 540 r/min 时，耙齿转速为 236～386 r/min；动力输入 1 000 r/min 时，耙齿转速为 438 r/min

三、播种机械

2MBJ 系列精量铺膜播种机

1. 2MBJ 系列精量铺膜播种机的特点

①主要工作部件采用浮动结构，有较好的适应性。

②采用二次覆土，铺膜质量好，种子与膜孔不易错位。

③行距可调，可适应不同的农艺要求。

④展膜辊牵引点低，展膜更均匀。

⑤采用圆盘式开沟器，沟壁整齐。

⑥开沟圆盘、覆土圆盘的角度可调，可适应不同的土质。

⑦采用上、下种子箱结构，加种更方便省时。

⑧种孔带镇压轮，采用零压胶圈，不易粘土。

⑨覆土轮采用大直径整体结构，盛土量大，通过能力强。

⑩采用橡胶压膜轮，铺膜质量更好。

2. 2MBJ 系列精量铺膜播种机的用途

2MBJ 系列播种机主要用于无杂草、土质松碎的沙壤、壤土和轻黏土的甜菜铺膜播种作业，能同时完成种床整形、开沟、铺膜、压膜、膜边覆土、膜上打孔穴播、膜孔覆土和种行镇压等作业。

2MBJ 系列播种机适应厚度不小于 0.008 mm 的地膜，种子应进行适当的处理（如包衣）。更换部分部件后可适用于玉米等经济作物的铺膜播种。

按照甜菜机收要求选用 2BMJ-6/3 型、2BMJ-12/6 型机械式或气吸式甜菜精量播种机，这类播种机可一次性完成滴灌带的铺设、铺膜、膜上 1 穴 1 粒穴播、双膜覆盖、覆土等工序。上、下膜幅宽 80 cm，滴灌带布置"1 膜

1 管"。由于目前引进的甜菜收获机的收获行数为 3 行或 6 行、收获行距为50 cm，因此，播种行距调至 50 cm，3 膜 6 行播种机播种即使交接行有些偏差，也不会影响机械收获。配套拖拉机是宽轮胎的需换装 12 ～ 38 窄轮胎及钢圈，拖拉机轮距调至 2 m。作业量：2BMJ-6/3 型每日 70 ～ 80 亩，2BMJ-12/6 型每日 150 ～ 200 亩，亩播种费用 30 元。

配套动力：≥55 马力；三点后悬挂，在适播期可进行滴灌田块铺管铺膜的联合作业，八道作业程序一次完成。空穴率≤3%；穴粒数合格率≥90%；播种深度为 3±0.5 cm。

2BMJ 系列精量铺膜播种机主要包括 2BMJ-12/6 型、2BMJ-6/3 型以及2BMIC 型 3 行播种机（图 3-4、图 3-5、图 3-6）。

图 3-4　2BMJ-12/6 型播种机

图 3-5　2BMJ-6/3 型播种机

图 3-6　2BMIC 型 3 行播种机

四、中耕机械

一般采用地产单翼铲或双翼铲中耕机械，作业量：60 ～ 80 亩/日，亩中耕费用 7 ～ 10 元，一般中耕 2 ～ 3 次。

通用机架中耕机，是在一根主横梁上安装中耕单组，分单翼除草铲和双翼除草铲两种。单翼铲由倾斜铲刀和垂直护板两部分组成。铲刀刃口与前进方向成 30° 角，铲刀平面与地面的倾角为 15° 左右，用以切除杂草和松碎表土；垂直护板起保护幼苗不被土壤覆盖的作用；护板前端有垂直切土用的刃口。单翼铲分置于幼苗的两侧，所以又有左翼铲和右翼铲之分，作业深度为 4 ～ 6 cm。双翼铲由双翼铲刀和铲柄组成，日作业量 150 亩。

1. 中耕施肥机

可用于甜菜、玉米等作物的中耕施肥作业。该机通用性好、结构简单、强度大，使用中更换部件容易。通过更换不同的部件，可以完成中耕、除草、施肥、培土等多项作业要求（图 3-7），中耕施肥机技术参数见表 3-4。

图 3-7　中耕施肥机

表 3-4　中耕施肥机技术参数

型号	参数	
	3ZF-5.4	3ZF-7.2
配套动力（马力）	≥55	≥100
挂接方式	三点后悬挂	
作业速度（km/h）	3～6	
行距（mm）	300～700	
作业幅度（mm）	5 400	7 200

2. 小丰 600N 中耕机

北京元凯机械制造有限公司生产的小型中耕机小丰 600N，耕宽 30～90 cm，耕深 3～28 cm，每小时作业量 1.5 亩。

五、喷药机械

1. 喷杆式（悬挂式）喷雾机

该机适用于大田病虫害防治。特点是结构简单、性能稳定、质量可靠；喷幅宽、雾化好、穿透性强；采用美国进口超低量喷头，节水、省药、防滴漏。其配套动力为四轮拖拉机（带后输出），作业量每日达 200～1 000 亩。

技术参数见表 3-5。

表 3-5　喷杆式喷雾机技术参数

参数	型号		
	CR300-6	CR650-10	CR1000-12
配套动力	24 马力以上拖拉机	40 马力以上拖拉机	60 马力以上拖拉机
药泵流量（L/min）	40	45	50
工作压力（Mpa）	1～2.5	1～2.5	1～2.5
喷幅（m）	6	10	12
喷头数量（个）	13	21	25
雾普范围（um）	50～150	50～150	50～150
喷头间距（cm）	50	50	50

（续）

参数	型号		
	CR300−6	CR650−10	CR1000−12
喷头雾化角度	110°	110°	110°
过滤级别	二级过滤	三级过滤	三级过滤
药箱容积（L）	300	650	1000
药液搅拌方式	回流搅拌	回流搅拌	回流搅拌
折叠			

2. 大型高效喷雾机

采用风力或辅助吊杆式喷头，雾化均匀，能使叶片正反面均匀受药，作业质量好，作业效率高。用于作物全耕作期的叶面施药作业（图3-8，表3-6）。

图 3-8　大型高效喷雾机

表 3-6　大型高效喷雾机技术参数

参数	型号		
	3WQ−2000−16F	3WX−800−16F	3WP−800
配套动力（马力）	55	55	55
整机质量（kg）	1 400	1 050	850
挂接方式	牵引	悬挂	悬挂
作业幅度（mm）	10～18		12
药箱容积（L）	2 000	800	800
动力传动轴转速（r/min）	540		

六、甜菜收获机械

1. 分段式收获机

西班牙马赛公司生产的 3HL-TL 型打叶切顶机和 3SV 型甜菜挖掘集条机，收获行数都是 3 行，收获行距 50 cm。打叶切顶机有两组转轴，每组转轴上铰接四排橡胶条，工作时两组转轴向外反转，通过橡胶条的打击摩擦把甜菜根头上的茎叶清除干净，再由带仿形滑脚的铲刀进行切顶，一次完成甜菜的去缨、削青头 2 道工序；挖掘集条机的挖掘器为抖动式铧铲，对甜菜块根进行挖掘起拔，送至栅状回转圆盘式块根清理输送器，对甜菜块根进行清理泥土和夹杂物，并借助导向板将块根集拢成条，可将 3 行或 6 行甜菜块根归集成条，一次完成甜菜块根的挖掘、清理泥土、集条 3 道工序。

以引进西班牙马赛公司生产的 3TH-TL（E）型 3 行收获机为主（图 3-9），该机每小时作业 9 亩，实际生产中由于地块小（每块 1～3 亩）的原因每小时只能收获 3 亩，收获成本 140 元/亩，较人工收获节省 290 元/亩。

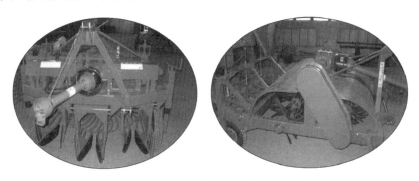

图 3-9　3TH-TL（E）型 3 行收获机

2. 联合收获机

① 罗霸（ROPA）公司的 Euro-Tiger V8-3 型自走式联合收获机（图 3-10），收获行数 6 行，收获行距 50 cm，装车高度 3.8 m，可实现甜菜茎叶集条。工作过程为使用回转甩刀式的打叶器清除茎叶，由可自动调节切削厚度的平切刀进行切顶；液压犁体挖掘甜菜块根，块根进入螺旋辊式输送器，输送至带式筛，再输送至 3 个星状筛中，对甜菜块根清理泥土和夹杂物；环形升降带将甜菜朝上输送到储料仓中；并由高度可调的输送蜗杆将甜菜均匀分摊，再经卸料带将甜菜块根转载到运输车中，可一次性完成除叶、削头、挖掘、清洁、

搜集装车等作业环节。罗霸甜菜收获机配套动力为 444 kW（604 马力），储料仓容积为 40 m³（约装甜菜 26 ～ 29 t）。配置有感应式自动导航系统，操作者通过电子系统监控可随时掌握部件工作状况和相关信息，自动化和智能化程度高，技术先进，作业精准，生产效率高，日作业量可达到 20 hm²。

西班牙马赛罗霸甜菜收获机收获标准及收获质量比传统的收获机械有了大幅度提高。

图 3-10　Euro-Tiger V8-3 型自走式联合收获机

②Terra Dos T3 收获机为德国 Holmer 公司生产。收获行距 45 cm 或 50 cm，收获行数为 6 行；配套动力 353 kW（480 马力），储粮舱容积为 28 m³（装甜菜 18 ～ 20 t），生产率为 2.5 hm²/h，日收获面积可达 350 ～ 400 亩。

使用 T3 型甜菜收获机采收甜菜土杂少、尾根少、损伤少，收获速度快，配置有感应式自动导航系统，操作者通过电子系统监控可随时掌握部件工作状况和相关信息，自动化和智能化程度高，技术先进，作业精准，生产效率高，一天功效可抵近 350 个劳动力，每亩地可节省资金 200 元左右，大大减轻了甜农的劳动强度（图 3-11）。

图 3-11　Terra Dos T3 收获机

第四章　糖料产业经济与政策建议

第一节　糖料与食糖产业经济与政策领域的研究

产业经济研究室成立十年来，在首席科学家以及其他岗站专家的指导和帮助下，围绕糖料与食糖产业经济与政策领域开展了一系列研究，总体上表现为：一是摸清了"家底"，夯实了产、供、销、贸在内的国内外糖料产业发展状况；二是充分发挥产业发展的"参谋"作用，向农业农村部等主管部门和地方主管部门递交了大量决策咨询报告；三是形成了具有一定特色和影响力的研究报告，构建形成了涵盖实地调查、大样本调查、统计方法、计量方法在内的一套研究范式，定期发布产业链监测调查报告、食糖市场分析展望报告和价格预测预警报告，并发布突发事件对该产业影响的应急报告，其中，消费形势分析报告和糖农调查报告成为糖料产业和制糖企业关注的特色报告；四是形成了一系列专题报告，为产业稳定发展和政策调整奠定了坚实基础。具体表现在：

1. 初步形成并逐步完善覆盖 7 个主产省份的糖料生产要素监测调查系统

打造了一个覆盖糖料 7 个主产区、500 多户糖农、30 家左右制糖企业的产业链主体监测系统，培训了近 20 个试验站、80 多个示范县的信息调查员，运用问卷调查、重点访谈和固定观察等方法定期开展调查监测，发布了约 35 篇包括糖农在内的监测调查报告，完成了 8 个年度的《糖料产业链监测调查报告》。

2. 形成国内外食糖市场变化形势跟踪分析系统

每年选择关键时点发布 4 篇左右食糖市场跟踪监测分析与展望报告，同时进行大量的糖料产业信息监测。

①每月至少发布 2 期《市场与信息》（春节放假除外）；②重大产业政策的解读、国外糖料产业研究、调查研究成果通过《经济调查与研究》简报发

布，迄今已发布《市场与信息》345 期和《经济调查与研究》114 期。

3. 研究设计出能够合理反映糖料产业与食糖市场变化趋势的经济模型，及时进行预测预警，并进行运行与精准度调试

每月初发布食糖价格预测与市场预警报告，2011—2018 年已经发布了 72 期《食糖价格预测与市场预警报告》，预测精度为 70% ～ 75%。

4. 落地产区，扎实服务，形成了糖料产业政策分析系统，提出一些影响产业发展的政策建议

例如，提出了"大力加强蔗区农田水利等基础设施建设""构建蔗糖产业稳定发展的长效机制""当前甘蔗生产的规模并非越大越好""通过机制创新，构建产学研联合的现代糖料技术服务体系""探索以目标价格政策为核心的市场调控机制""食糖超配额进口出路分析"等产业发展的政策建议。2012 年完成《我国食糖进口快速增长的原因分析》和《确保粮食等主要农产品总量平衡与结构平衡问题》，糖业问题开始受到关注；2013 年协助农业部贸促中心完成《中国糖业艰难困境的调查报告》，得到国家领导高度重视；2014 年提出构建生产者直补、目标价格补贴、期权费补贴的多元化生产支持政策，糖料产业亟须实行产业受损应急保障措施；通过工程院传递经济作物可持续发展中的问题，扩大行业影响力；2015 年通过各种方式向发展改革委、农业部、中央农业领导小组办公室等呼吁糖农亟须支持政策；2016 年协助制定广西糖业发展"十三五"规划，2017 年完成《关于新型现代农产品市场体系构建问题》，2018 年完成《广西糖业发展"十三五"规划中期评估》，提出警惕糖业 2018/2019 榨季累积扩大的风险，指出甘蔗与甜菜产业全要素生产率发展中的问题。

5. 保质保量地完成主管部门、政府、行业组织以及体系首席专家交给的应急性任务

十年间完成高层次的应急性任务 61 项，既有发展改革委、中央农业领导小组办公室、农业部种植业管理司、国际合作司、科技教育司层面的应急性任务，也有涉及贸易损害、产业损害的任务，还有涉及"十三五"规划、主产区发展规划层面的应急性任务。尤其是 2014—2015 年，在产业艰难时期，通过参加各种高层次座谈、讨论反映产业问题，对于产业当前问题形成普遍共识；同时，及时将国际和国内糖业供需状况和我国当前糖料产业的困境以及政策选择等思路及时沟通，提出政策建议。2018 年除结合糖料产业竞争力困境进行了一系列研究外，还结合乡村振兴大战略、巴西与中国糖业贸易争端开展系列研究。

6. 对糖料与食糖产业链各环节的中长期问题开展了专题研究，形成了一批具有一定理论深度、视角独特、方法新颖的丰硕的特色成果

成果包括 3 本专著，87 篇论文，80 份左右研究报告，部分被国务院、农业部相关领导等批示，获得省部级奖励，在行业期刊、内参上发表的论文产生了一定的行业影响力。此外，产业经济岗位对我国及其他主要产糖国的产业发展历程与政策框架进行了系统梳理和对比研究，为我国糖料产业发展和政策选择提供借鉴，成为行业内重点参考的研究成果。

第二节　产业经济研究室对体系建设的重要贡献

产业经济研究室对体系建设的重要贡献突出表现为两个方面：一是将产业发展中面临的重大问题及时调研上报，通过中央农业领导小组办公室、发展改革委、农业农村部、工程院等建言献策引起领导高度重视，部分成果获得有关领导人批示件；二是尝试构建预测糖料产业与食糖市场变化趋势的经济模型，对产业发展趋势及时进行预测"预警"；三是及时发声，增强体系的影响力。厘清误区、增强产业声音；信息服务，反映产业现状问题；积极配合，发挥对糖料与糖业主管部门政策咨询服务。一些有影响力的代表成果为：

1. 促进我国糖业稳定发展的政策建议（《决策参考》2010 年第 13 期，内参件，2010 年获得国务院副总理批示）

我国是食糖生产大国和消费大国，但糖料产业发展面临诸多制约因素，国家需要加大政策扶持力度，推动糖料产业稳定发展，以保障国家食糖供给安全和促进农民就业增收。在剖析我国糖业现状、主要问题的基础上，提出了促进我国糖业稳定发展的 4 条建议。第一，用足"绿箱"政策空间，大力支持国内甘蔗科研、技术推广，构建甘蔗生产自然风险防范体系。第二，借鉴欧美发达国家经验，在国内探索施行食糖生产配额管理。第三，制定并颁布《防止食糖价格过度波动调控预案》，构建我国甘蔗与食糖产业市场风险防范体系。第四，完善糖料产业利益分配机制，保障蔗农合理收益。

2.《市场与信息》简报（2010 年第 5 期）获得农业部副部长的批示

2010 年 3 月，编发的国家甘蔗产业技术体系《市场与信息》第 5 期（总第 32 期）获农业部党组副书记、副部长危朝安同志重要批示："请贞琴、淑萍同志阅。"《市场与信息》已成为部领导案头重要参考资料之一。在此基础上，国家糖料产业技术体系继续做好《市场与信息》工作，完善《经济调查与研究》简报，充分发挥体系"窗口"作用。

3.《中国蔗糖产业经济与政策研究》（2009—2011 年）2013 年荣获福建省第十届社会科学优秀成果三等奖（省部级奖项）

《中国蔗糖产业经济与政策研究》（2009—2011 年）梳理了 2009—2011 年国家现代农业产业技术体系（甘蔗）产业经济岗位的研究成果，成果涵盖了蔗糖产业发展战略、市场与价格、产业政策与管理体制等多个方面，对国内外蔗糖产业经济、技术、政策等领域进行了多维度的探索，揭示了蔗糖产业的发展规律与趋势，并提出了许多有建设性的政策建议。

4.《中国蔗糖产业经济与政策研究》（2012—2015 年）

《中国蔗糖产业经济与政策研究》（2012—2015 年）是 2012—2015 年国家现代农业产业技术体系（甘蔗）产业经济岗位的研究成果，内容分为 4 篇，第一篇市场监测与预警，包括在重要时间节点发布的 20 份食糖市场分析展望报告；第二篇消费形势分析篇，针对在旺季、淡季、关键节点食糖消费现状、特点与发展前景进行分析的研究报告；第三篇决策咨询与专题研究，包括对突发事件、热点问题、焦点问题的分析研判，以及对年度产业发展趋势和政策方向的预测；也有关于食糖价格波动、中外食糖价格关系等中长期问题的深度研究报告；第四篇主要产糖国发展与政策变迁篇，是对巴西、印度、美国、澳大利亚、中国等重要产糖国产业状况、产业政策与管理体制的梳理。

5. 2014 年参与农业部市场司组织的《糖料产业目标价格可行性研究》

陈如凯、刘晓雪先后提交《食糖主产国调控政策的国际经验借鉴》《食糖临储政策效果评价》和《实行目标价格对甘蔗、甜菜及制糖企业和国家食糖战略安全的影响评估》三份报告，后报告上报汪洋副总理，为中央决策提供了重要参考。

6. 2013 年 3 月，协助农业部贸促中心提交的《中国食糖产业艰难困境的调查报告》获得有关领导人批示

报告根据调研情况，指出了中国糖业的艰难困境，并提出 5 个政策建议：

第一，坚持关税配额制度不动摇，谈判中决不能再退让；第二，完善涵盖产销、进口在内的食糖监测预警制度；第三，启动贸易救济措施；第四，完善进口企业与国内制糖企业利益统筹的糖业分配机制；第五，适时启动目标价格补贴以及可行的补贴方式。

7. 参加"全国棉糖形势分析会"并提交 2018 年上半年我国糖料与食糖市场形势分析研究报告

报告除了分析 2018 年糖料与食糖市场形势之外，重点对 2018 年生产形势估测与一些值得关注的情况。预计种植面积增长 5%，产量约 1 060 万 t。其他几个值得关注的情况：一是 2018 年新的贸易保障措施可能改变进口来源国的情况，有可能由发展中国家向传统进口国转变，警惕非正规进口对保障措施效果的侵蚀和替代；二是国内食糖供给宽松；三是警惕国内制糖产业出现大面积亏损的可能，以及食糖亏损向糖料产业传导影响农民收入，这一点将集中体现在 2018/2019 榨季，急需相应扶持措施（生产者补贴）；四是需要注意土地租金低估对于成本的刚性制约；五是从国际来看，2018/2019 榨季过剩可能较大，过剩量较上榨季下降，但国际糖市危中有"机"：主要出口国糖厂均亏损，国际糖价低于成本价运行长期不可持续，如果巴西继续实施有利于生物燃油的政策，全球糖市的压力将有所降低；六是国内立足食糖保障国内自给为主的战略思路。

此外，2018 年，产业经济研究室还向农业农村部种植业管理司经济作物处提交了《我国食糖市场的发展现状与趋势》的报告，全面开放格局下我国糖料供给保障研究的报告。

第五章　推广技术扶贫攻坚

第一节　滇西南蔗区

滇西边境片区位于云南省境内，包括临沧、德宏、保山、红河、西双版纳、普洱等地区，该贫困区有 56 个县（市、区），国土总面积 19.2 万 km^2，有效灌溉面积占耕地的 45.95%，70% 的耕地为旱地，总人口 1 540 万人，乡村人口 1 342 万人，农民人均纯收入在全国 11 个集中连片特困地区中居第 10 位。

甘蔗产业是滇西南边境贫困区的重要经济支柱产业，2017 年，滇西南边境山区的 19 个国家级贫困县甘蔗种植面积达 310 万亩，主要分布在保山市的施甸、龙陵；普洱市的孟连、澜沧、西盟；红河州的红河、元阳、金平；西双版纳的勐海、勐腊；德宏傣族景颇族自治州的芒市、梁河、盈江、陇川；临沧市的永德、镇康、双江、耿马、沧源等，蔗糖产业产值占滇西南边境贫困县的 20% 以上，部分高达 40% 以上。

根据农业农村部在我国集中连片特殊贫困地区进行农业扶贫的精神和在农业科技扶贫上的安排，近年来，国家糖料产业技术体系将滇西南边境山区的甘蔗产业科技扶持作为体系的工作重点，汇集糖料体系技术力量，依托高产高糖新良种和成熟的甘蔗生产技术，在滇西南地区大规模开展了甘蔗新品种试验示范、甘蔗节本增效轻简技术示范，甘蔗机械化生产试验示范等工作，大力举办甘蔗科技培训班，有力地提高了滇西南甘蔗产业发展水平。

一、大力提供科技支撑，依靠科技进步，培育贫困区的甘蔗产业核心竞争力

糖料产业技术体系针对滇西南地区甘蔗品种退化，甘蔗单产低、品质不高的实际问题，体系的甘蔗育种科技人员筛选出柳城 05-136、柳城 03-182、云蔗 05-51、云蔗 08-1609 等 4 个甘蔗新品种，提供到德宏甘蔗综合试验

站、保山综合试验站、临沧综合试验站和开远甘蔗综合试验站进行集中展示和繁育。"十三五"以来，4 个综合试验站先后向龙陵、孟连、澜沧、西盟、元阳、金平、勐海、勐腊、梁河、盈江、陇川、镇康、双江、耿马、沧源等 15 个县提供 2 500 t 的甘蔗新品种进行推广应用，依托甘蔗新品种的应用，在孟连、澜沧、金平、勐海、耿马、陇川、盈江等 7 个县建立 7 个 200 亩的区域性甘蔗新品种示范区。体系示范的新品种，单产和糖分品质显著提高，其中云蔗 05-51 在滇西南旱地上平均单产达 8.6 t/亩，比当地传统品种提高单产 15% 以上，平均蔗糖分 15.14%，提高 0.77 个百分点；云蔗 08-1609 早期蔗糖分 15.82%（绝对值），糖分高峰期达 20% 以上，早熟高糖特性突出，比当地品种提高糖分 2 个百分点。

边疆民族贫困地区，甘蔗栽培技术落后，单产低，劳动力效益低，糖料产业技术体系针对甘蔗生产劳动强度大、劳动力成本高等问题，在滇西南地区大规模推广了以甘蔗降解除草地膜全膜覆盖技术与甘蔗缓控释肥一次性施肥技术相结合的轻简生产技术。2015 年以来，甘蔗轻简生产技术重点在镇康、双江、耿马、沧源等 4 个贫困县推广到 42 万亩。2017 年，体系科技人员继续扩大推广，甘蔗轻简生产技术从临沧蔗区向普洱的孟连、澜沧、西盟，保山市的龙陵、昌宁，德宏傣族景颇族自治州的芒市、梁河、盈江、陇川以及红河州的金平等国家级贫困区扩大进军，到 2018 年，甘蔗轻简产业技术在国家贫困地区使用突破了 100 万亩，平均每亩增产甘蔗 1.7 t 以上，节约用工 5 个，为边疆民族地区的产业发展提供了强大的科技支撑。

二、推行以机械化为主的现代生产方式，实施贫困县的乡村振兴战略

滇西南贫困区，自然资源相对丰富，人均甘蔗种植面积较大，但劳动力严重不足，近年来，由于甘蔗生产劳动强度大，生产劳动力成本高，已成为影响甘蔗产业竞争力提高和制约产业发展的关键问题。为尽快提高滇西南贫困蔗区的甘蔗机械化水平，近年来，国家糖料产业技术体系的甘蔗栽培与机械化岗位科学家多次带领广东、河北、河南的甘蔗农机制造生产企业到贫困蔗区进行甘蔗机械化应用洽谈，以云南英茂糖业公司为依托，在勐海县、陇川县建立了两个万亩级的甘蔗全程机械化试验示范区，在机犁机耙、机开沟、机种、机培土、机收等环节全程积极推广甘蔗机械化，2017 年促进贫困

蔗区推广机械化田间管理 25 万亩，机械化种植示范 3 万亩，机械化收获 2.28 万亩。同时，在体系岗位科学家的指导下，在云南自主开发出专门针对贫困山区甘蔗生产的小型甘蔗种植机 2CZ-2A 型和 2CZ-2B 型、小型甘蔗中耕机 3ZD7.3 型、宿根铲蔸机等 6 种机型，促进了滇西南贫困地区甘蔗生产由人工向机械化生产的转型升级。2018 年 3 月，国家糖料产业技术体系与中国农机协会、云南省农业科学院联合，首次在云南德宏举办了"全国甘蔗机械化应用展示和技术研讨会"，滇西南蔗区 600 名甘蔗技术人员及甘蔗种植大户参加了机械化应用展示，得到了体系专家的科技指导，对促进民族地区的产业转型升级奠定了良好的基础。

三、举办甘蔗产业科技培训 80 期，提高了贫困地区蔗农的甘蔗科技水平

针对滇西南贫困地区甘蔗科技落后、蔗农生产水平低的重大问题，近五年来，国家糖料产业技术体系以科技培训为重点，以甘蔗新品种应用、甘蔗病虫害防控、甘蔗高效施肥技术等为内容，着力提高贫困蔗农的生产水平。五年来，体系岗位科学家深入基层，先后在施甸、龙陵、孟连、澜沧、红河、元阳、金平、勐海、梁河、盈江、陇川、永德、镇康、双江、耿马、沧源等共举办 80 期甘蔗科学技术培训班，在贫困县累计培训蔗农 10 200 人，印发甘蔗科技种植手册和病虫草害防治手册 3 万余份。

为充分发挥国家糖料产业技术体系综合试验站的科技示范和引领作用，从 2017 年开始，我们集成体系的岗位科学家，以滇西南蔗区的 4 个综合站为点，集成体系育种、栽培、植保、机械等岗位科学家力量，建立了 4 个 200 亩级现代甘蔗产业科技示范区，示范区以高产高糖新品种为基础、以现代生产技术特别是全程机械化技术为手段，以植保技术为保障，将示范区作为区域性的科技扶贫技术示范和培训展示基地，提高了滇西南蔗农的现代甘蔗生产水平。

甘蔗科技支撑产业发展，滇西南蔗糖产业增加了竞争优势。2017 年，全国蔗糖企业绩效对标，滇西南 5 个贫困县的糖厂在综合效益上进入了全国蔗糖企业前 10 名，边疆民族贫困区依靠蔗糖产业逐步走上脱贫道路，"甘蔗种在什么地方，什么地方就脱贫致富"已成为产业脱贫的佳话。据统计，2017 年滇西南地区 19 个贫困县农民种蔗收入达 48 亿元，蔗农种植人均收入在 3 500 元

以上，甘蔗产业已成为滇西南脱贫的主力军。2017 年，甘蔗主产县施甸、勐海、陇川、耿马等县列入脱贫摘帽行列；2018 年，甘蔗主产县勐海县、云县、芒市又相继提出贫困县退出申请，经州（市）初审，省扶贫开发领导小组组织有关部门审查和第三方实地评估，已达到贫困县退出的标准，退出贫困县序列。

我们结合脱贫攻关和乡村振兴战略的实施，在边疆民族地区做好科技支撑工作，重点针对蔗糖产业的持续发展，一是支持滇西南蔗区第五次甘蔗品种改良，以云蔗 05-51、云蔗 08-1609、柳城 05-136、柳城 03-182、桂糖 42 等 5 个品种为主，大规模进行甘蔗新品种推广，让体系育成的新品种成为滇西南蔗区的新一代当家品种。二是协助研发应用甘蔗联合收获机械，促进滇西南蔗区生产水平提高，体系农机研究室和栽培室将与国内收获机生产企业合作，针对滇西南蔗区坡度在 15° 以下的蔗区开发应用小型甘蔗收获机械，建立丘陵山地甘蔗全程机械化示范区，促进边疆民族地区甘蔗生产水平的提高。

四、科企合作落地耿马贫困县，支撑产业发展助力扶贫攻坚

耿马县是云南 91 个集中连片特殊困难县之一，属典型的边远贫困地区、边疆民族地区。甘蔗是耿马县经济发展主要产业和农民增收脱贫的主要经济来源。耿马县是云南种植甘蔗第一大县，建有临沧南华糖业公司所属耿马、华侨、勐永 3 家糖厂，年榨甘蔗 150 余万 t。在国家糖料产业技术体系支持下，2012 年，云南省农业科学院甘蔗研究所（国家糖料黄应昆岗位科学家团队）通过与制糖龙头企业云南洋浦南华公司、临沧南华糖业公司和农药企业云南凯米克公司签订四方科技合作协议，建立甘蔗病虫害防控战略性合作关系，实现产学研结合，引领科技种蔗，为甘蔗产业健康发展保驾护航。

一是调查明确了耿马县临沧南华公司所属耿马、华侨、勐永糖厂蔗区严重影响甘蔗生产的病虫草害种类、防治重点和对象，奠定了切实做好病虫草害有效防控的基础。

二是按"配方筛选、试验示范、药效调查、测产验收、效益分析、残留检测"六步植保防控体系，于 2012 年以来分别在耿马县临沧南华公司所属耿马、华侨、勐永糖厂蔗区开展新型农药试验筛选与防治试验示范，并重点抓好防治中心样板示范田 3 600 亩。通过效果调查及实收称量测产，综合评价筛选

出了 3.6% 杀虫双、8% 毒·辛、70% 噻虫嗪、5% 保苗先锋和 5% 异丙特丁硫磷等高效中低毒农药，对甘蔗主要病虫均具有良好的防效和显著增产增糖效果。与对照相比，亩增蔗 354.71～4 700 kg，增幅 5.57%～80%，甘蔗糖分提高 0.18%～0.86%。针对主要病虫害发生为害特点，总结明确了相应的最佳施药时期及技术、方法，科学制定了甘蔗虫害草害防控用药指导方案，为大面积推广示范工作提供了科学依据。2012—2015 年在切实做好核心示范的同时，以点带面，辐射带动大面积防治 73.14 万亩。通过防治，螟害株率或地下害虫率下降 32.17%，防效达 80% 以上，平均亩挽回甘蔗损失 0.5 t，共挽回甘蔗损失 36.57 万 t，实现农业增收 15 359.4 万元，经济效益、社会效益、生态效益显著，科企合作体系为边远贫困地区、边疆民族地区耿马蔗农增收和扶贫攻坚提供了有效支撑。

第二节　桂中南蔗区

百色市是全国典型的贫困地区之一。甘蔗产业既是百色的传统优势产业，又是促进农业增效、农民增收和财政增长的特色优势产业。近年来，各级党委、政府十分重视抓好甘蔗产业的发展。通过百色综合试验站的建设，为全市甘蔗产业的发展提供了重要的科技支撑，有力地促进了甘蔗产业的发展。

据调查统计，2015/2016 榨季、2016/2017 榨季，全市甘蔗种植面积分别为 91.3 万亩、83.48 万亩，进厂原料蔗分别为 268.03 万 t、218.82 万 t，蔗糖分分别为 13.46%、13.93%，平均收购价格分别为 450 元、506.66 元，产糖量分别为 31.8 万 t、27.29 万 t，糖料蔗总收入为 120 614 万元、110 867 万元，涉蔗农人口 33.72 万人、29.63 万人，蔗农人均种蔗收入分别为 3 577 元、3 742 元，糖业税收分别为 12 900 万元、9 684 万元。2017/2018 榨季，全市甘蔗种植面积为 77.31 万亩，进厂原料蔗 241.23 万 t，蔗糖分 13.06%，平均收购价 521.11元/t，产糖量 27.5 万 t，糖料蔗总收入 132 458.5 万元，蔗农人口 24.91 万人，蔗农人均种蔗收入 5 318.47 元，糖业税收入 1 亿多元。

实践证明，百色甘蔗产业的发展，对于促进农业增效、农民增收和脱贫致富，对于增加地方财政收入，对于加快农村劳动力向二、三产业转移，对于加快民族地区和边疆民族工业的发展，对于工业反哺农业和加快推进农业现代化，对于促进地方经济的可持续健康发展，对于确保国家食糖安全和促进人民的身心健康都具有重要的地位和作用，也具有重要的经济意义、政治意义和战略意义。

第三节　东北片区

按照农业部和体系的要求，我们在 2016 年 1 月对内蒙古扎赉特旗农业局、技术推广部门和家庭农场（专业合作社、种植大户）等进行调研，充分了解和掌握了当地农业发展的具体情况、存在的主要问题和技术需求。扎赉特旗地处黑龙江、吉林和内蒙古的交界处，属农业大旗，农业资源丰富，具有绿色、无污染的显著特点，是全国商品粮基地，被人们誉为"塞外粮仓"。但存在农牧业基础薄弱、粮食生产处于单产不高、总产不稳的状态；病虫草害严重；良种基地不健全；产业化、规模化、机械化水平低；高附加值的农产品加工企业少等多方面问题，造成贫困人口较多，特别是在甜菜种植方面急需"甜菜主要病虫草害的防控技术""甜菜药害的缓解消除技术""提高甜菜苗期成活率方法及膜下滴灌直播、纸筒育苗移栽技术""甜菜科学施肥与诊断施肥技术""小型农机具的筛选与利用技术"以及优良的甜菜品种。为了促使该旗贫困农户脱贫致富，试验站与内蒙古荷马糖业股份有限公司、扎赉特旗农业技术推广中心联合开展扶贫工作。内蒙古荷马糖业股份有限公司和扎赉特旗农业技术推广中心负责农户种植面积的落实，试验站负责技术指导。几年来，主要推广了"甜菜窄行密植滴灌直播栽培技术""甜菜纸筒育苗滴灌综合栽培技术"，通过共同努力取得扶贫攻坚的阶段性胜利。

2016 年在扎赉特旗音德尔镇一心村，扶持贫困户程裕富种植甜菜 40 亩，应用甜菜品种 BETA064、BETA866，免费提供种子和化肥，结果每亩产量达 5 938.1 kg，收获甜菜 237.5 t，毛收入 10.69 万元，纯收入 7 万余元。并对周边农户种植的 10 000 余亩甜菜进行了指导，平均每亩产量达 5 166.9 kg，平均含糖率为 16.7%。实现社会经济效益 4 203.2 万元，其中农民增收 2 925.3 万元，糖厂增效 1 277.9 万元。

2017 年在扎赉特旗乌塔其镇，扶持贫困户刘庆伟种植甜菜 180 亩，应用甜菜品种 H004，为其中 30 亩免费提供种子和化肥，结果产量达 68 066.7 kg/hm²；含糖率为 16.7%，收获甜菜 817 t，毛收入 40 万元，纯收入 16 万余元。并对周边农户种植的 15 000 余亩甜菜进行了技术指导，平均每亩产量达 4 213.6 kg，平均含糖率为 18.7%，实现社会经济效益 1 556.7 万元，其中，农民增收 661.2 万元，糖厂增效 895.5 万元。

2018 年在扎赉特旗音德尔镇巨宝村，扶持贫困户李海龙种植甜菜 30 亩，应用品种 H003，免费提供种子和化肥。经测产产量达 4.5 t/亩，可收甜菜 135 t 左右，如按收购价格 500 元/t 计，毛收入可达 6 万余元，去掉成本，纯收入可达 4 万余元。并对周边农户种植的 9 000 余亩甜菜进行了指导，特别是对种植大户柴卫中进行了全方位整个种植环节的技术指导，该种植户种植甜菜 2 000 亩。

由于红兴隆区域无特困连片区域及国家和地区贫困县，因此之前并无扶贫任务。百色综合试验站自 2018 年起，受糖料产业技术体系东北区委托以及九三综合试验站邀请，百色综合试验站开始对富裕县两户定点贫困户进行科技扶贫。

两户贫困户 2018 年都种了 30 亩左右的甜菜，百色综合试验站人员从甜菜生产的品种、肥料、病虫草害等方面进行了技术指导。目前甜菜保苗率较高、病虫害轻、长势较好，据贫困户自己介绍 2020 年甜菜亩产有望超过 3 t、每亩纯收入在 400 元左右。

第四节　华北片区

华北片区甜菜种植大部分分布在内蒙古的边远贫困地区，涉及 47 个旗县，20 多万农户，2 万多产业人员，甜菜制糖业已成为当地的龙头企业，随着种植业的结构调整，甜菜已成为该地区主要的增产增收作物，为农民脱贫致富奠定了基础。因此，甜菜产业发展对振兴内蒙古乡村和农业农村现代化发展具有重要的理论科学和生产指导意义。

甜菜的茎叶是非常好的饲料，项目实施区是农牧交错带，甜菜的茎叶可为养殖提供饲草，为农村畜牧业的发展起到促进作用，实现农村经济良性循环。同时甜菜废丝可生产干粕，干粕是优质饲料，为养殖业发展提供优质饲料，减少粮食用量，保证饲草料供应。示范推广甜菜纸筒育苗苗床专用肥，使用低毒低残留农药，减少了农药、化肥的施用量，减轻对环境的污染，有利于环境保护。滴灌节约用水量，提高了水分利用率。

根据农业农村部在我国集中连片特殊贫困地区进行农业扶贫的精神和在农业科技扶贫上的安排，近年来，国家糖料产业技术体系将燕山–太行山区的甜菜产业科技扶持作为体系的工作重点，汇集糖料体系技术力量，依托甜菜全程机械化节本增效、提质增效的甜菜生产技术，在华北区大规模开展了甜菜新品种试验示范、甜菜节本增效技术示范，甜菜机械化生产试验示范等工作，大力举办甜菜科技培训班，有力地提高了该区甜菜产业发展水平。

一、开展的主要工作

1. 依靠科技进步和创新为贫困区提供科技支撑，积极培育了燕山–太行山贫困区的甜菜产业核心竞争力

国家糖料产业技术体系针对甜菜产量低、蔗糖分低等问题，开展了 20 个品种筛选试验、36 个品种展示试验和 11 个品种展示试验，11 个品种分别是 MA097、KUHN1277、KWS1176、BETA8840、SV1366、KWS1197、HI0474、KWS2314、HI1059、BETA176、H809，其中，品种 HI0474 产量最高，达到 5.5 t/亩，含糖率最高的品种是 KWS1176，达到 16.8%。

在项目区实施滴灌甜菜提质增效栽培技术示范推广、纸筒育苗甜菜提质增效栽培技术示范推广。滴灌甜菜提质增效栽培技术示范推广核心区在乌兰察布市商都县、兴和县累计推广面积 800 亩，因产量增加农民可增加效益 29.68 万元，企业可增加效益 67.54 万元；示范区在商都县、兴和县推广面积 7 000 亩，因产量增加农民可增加效益 185.5 万元，企业可增加效益 469.7 万元。纸筒育苗甜菜提质增效栽培技术示范推广核心区在乌兰察布市商都县、兴和县累计推广面积 800 亩，因产量增加农民可增加效益 33.92 万元，企业可增加效益 74.49 万元；示范区在商都县、兴和县推广面积 6 000 亩，因产量增加农民可增加效益 159.0 万元，企业可增加效益 368.6 万元。

2. 推行以机械化为主的现代甜菜生产方式，实施燕山–太行山贫困区的乡村振兴战略

针对贫困地区甜菜栽培技术落后，单产低，劳动力效益低，糖料产业技术体系针对甜菜生产劳动强度大、劳动力成本高等问题，在燕山–太行山区大规

模推广了全程机械化栽培技术，2016 年以来，甜菜全程机械化生产技术重点在河北省张北县、乌兰察布市商都县、兴和县等贫困县进行大面积推广。2017年，体系科技人员继续扩大推广，甜菜移栽机、起收机的示范分别在张家口市的张北县、康保县、沽源县、尚义县和乌兰察布市的化德县、商都县、兴和县进行，移栽机械化为 50% 以上，收获机械化率为 75% 以上，推广应用面积为 8 万亩以上，较人工节约成本 200 元/亩，可增加经济效益 1 600 万元。2018 年在项目区甜菜全程机械化综合栽培技术推广面积为 10 万亩以上。产质量指标：产量 4.0 t/亩，含糖率 16% 左右。节本增效指标：节水 30%，节肥15%，节约成本 200 元/亩。技术覆盖度：占推广区域甜菜播种面积的 60%。机械化作业率：达到 80% 以上。

3. 举办甜菜产业科学技术培训 120 余次，提高了贫困地区甜菜种植户的种植水平

针对燕山－太行山贫困地区甜菜科技落后，甜农生产水平低的重大问题，近五年来，国家糖料产业技术体系以科技培训为重点，以甜菜新品种应用、甜菜病虫草害防控、甜菜节本增效施肥和灌水技术等为内容，着力提高贫困区甜菜种植户的生产技术水平。五年来，国家糖料产业技术体系岗位科学家深入基层，先后在张北县、康保县、沽源县、尚义县、商都县、兴和县、化德县、凉城县、林西县、集宁区等共举办 120 余次甜菜关键栽培技术培训和现场指导，在贫困县累计培训甜菜种植户 5 500 人次，发放小册子及宣传页总计 5 800余份。

二、取得的主要成效

1. 滴灌甜菜提质增效栽培技术示范推广

核心区：商都县小海子乡核心示范面积 400 亩，产量为 4.3 t/亩，甜菜含糖率为 16.1%；对照产量为 3.6 t/亩、含糖率 15.6%。兴和县黄土村核心示范面积 400 亩，产量为 4.2 吨/亩，甜菜含糖率 16.1%；对照产量为 3.5 t/亩、含糖率 15.5%。两县因核心区甜菜产量增加，农民可增加收入 29.68 万元，企业可增加效益 67.54 万元。

示范区：商都县示范面积 4000 亩，产量为 3.8 t/亩，甜菜含糖率为16.1%；对照产量为 3.3 t/亩、含糖率 15.5%。兴和县示范面积 3 000 亩，产量为 3.7 t/亩，甜菜含糖率 16.2%；对照产量为 3.3 t/亩、含糖率 15.5%。两县因示范区甜菜产量增加，农民可增加收入 185.5 万元，企业可增加效益 469.7 万元。

2. 纸筒育苗甜菜提质增效栽培技术示范推广

核心区：商都县小海子乡核心示范面积 300 亩，产量为 4.5 t/亩，甜菜蔗糖分 16.2%；对照产量为 3.7 t/亩、含糖率 15.7%。兴和县赛乌素镇七大顷村核心示范面积 500 亩，产量为 4.6 t/亩，甜菜含糖率 16.1%；对照产量为 3.8 t/亩、含糖率 15.5%。两县因核心示范区甜菜产量增加，农民可增加收入 33.92 万元，企业可增加效益 74.49 万元。

示范区：商都县示范田面积 3 000 亩，产量为 4.0 t/亩，甜菜含糖率 16.0%；对照产量为 3.5 t/亩、甜菜含糖率 15.5%。兴和县示范面积 3 000 亩，产量为 4.0 t/亩，甜菜含糖率 16.0%；对照产量 3.5 t/亩、含糖率 15.6%。两县因示范区甜菜产量增加，农民可增加效益 159.0 万元，企业可增加效益 368.6 万元。

3. 甜菜移栽机、起收机的示范

甜菜移栽机、起收机的示范分别在张家口市的张北县、康保县、沽源县、尚义县和乌兰察布市的化德县、商都县、兴和县进行，移栽机械化率为 50% 以上，收获机械化率为 75% 以上，推广应用面积为 8 万亩以上，平均产量达 3.3 t/亩，甜菜含糖率为 15.5% ～ 16.0%。较人工节约成本 200 元/亩，可增加经济效益 1 600 万元。

4. 滴灌甜菜全程机械化综合栽培技术示范与推广

商都县小海子乡核心示范面积 200 亩，产量为 3.8 吨/亩，甜菜含糖率 15.0%。

凉城县核心示范面积 200 亩，产量为 4.46 t/亩，甜菜含糖率为 16.8%。

太仆寺旗核心示范面积 450 亩和对照区，产量为 4.48 t/亩，甜菜含糖率 16.5%；对照区（50 亩）为 3.87 t/亩，含糖率为 16.2%；核心区比对照区甜菜增产 15.84%，糖分增加 0.3 度。

5. 纸筒育苗甜菜全程机械化综合栽培技术示范与推广

商都县小海子乡核心示范面积 150 亩，产量 4.0 t/亩，甜菜含糖率 16.2%。

河北省张北县核心示范面积 500 亩，产量 4.3 t/亩，甜菜含糖率 16.1%。

此外，甜菜的茎叶是非常好的饲料，项目实施区是农牧交错带，因此甜菜的茎叶可为养殖提供饲草，促进了农村畜牧业的发展，对实现农村经济良性循环具有很好的社会效益。

第五节 西北片区

为了保障我国食糖有效供给，国家糖料产业技术体系近几年积极推进我国甜菜种植区域从粮食主产区向冷凉干旱及温热地区转移，以此拓展甜菜种植区域。

1. 高海拔冷凉灌区甜菜稳产增糖栽培模式

在河西走廊海拔 1 700 ～ 2 100 m 的冷凉灌区，选用 LN90910、LS1216 等偏早熟高产高糖品种，将地膜覆盖、机械化播种、合理密植、病虫草害有效防治、实施收获组装集成，产量较川区增加 5% ～ 10%，含糖率提高 0.5 ～ 1 个百分点。同时，甜菜原料产地向高海拔山区转移技术解决了老区甜菜病虫害严重、产量与含糖率逐年下降的难题。

2. 温热区甜菜高产高效综合栽培技术

喀什地区土地总面积为 1 394.79 万 hm²，约占新疆土地总面积的 1/2，是全国最大的少数民族聚居区，是国家"三区三州"深度贫困地区中南疆四地州的一个地区，也是脱贫攻坚的主战场。从 2016 年开始在温热区域（喀什伽师县），体系组织相关岗位科学家开展了甜菜高产高效、节本增效种植模式的示范推广工作，使甜菜产业成为助力新疆南疆少数民族地区脱贫攻坚与产业维稳的重要抓手。以新建的喀什奥都糖厂为切入点，采取"甜菜加工企业＋农户＋科技服务团"的产业订单模式，以提高单产和含糖、推进机械化作业降低成本提高农民收益和产业竞争力、拓展种植区域为目标，示范了机械精量直播、地膜覆盖、膜下滴灌、纸筒育苗等栽培技术模式，同时结合合理密植高产优质品种、控氮和氮肥前移、磷钾调整、增施微肥、后期控水与科学施药一体化的节本增效栽培技术，形成了新疆南疆新糖区甜菜高产高效综合栽培技术。在喀什地区伽师县开展了南疆甜菜新技术示范，示范面积 630 亩，辐射带动 42 300 亩。共召开现场培训、整地、播种、地下害虫防治、中耕除草等培训会及现场会 10 余次，参加人员 3 600 余人次，发放甜菜栽培技术、甜菜栽培旬历、甜菜病虫害防治等技术资料 5 000 余份。目前甜菜收获亩均在 6.5 t，最高的达到 9 t。

伽师县甜菜的成功种植不仅填补了温热区域（喀什地区）甜菜种植的历史空白，也将会成为当地农民脱贫致富、企业增效以及政府产业结构调整的一条重要途径。甜菜种植效益凸显，当地农民由不认识甜菜到目前种植甜菜积极性高涨，当地政府积极引导，从长远规划和布局，2019 年伽师县预计种植甜菜 15 万亩。

第六章 主要成果展示

第一节 滇西南蔗区

十年来，国家糖料（甘蔗）产业技术体系云南片区的岗位科学家和试验站紧密结合，针对云南甘蔗产业发展的重大关键技术问题，开展科技攻关和示范推广应用，取得了一系列重要成果。发表相关学术论文 47 篇，其中 SCI 8 篇。

一、甘蔗种苗温水脱毒处理设备和技术的研究示范

国家糖料产业技术体系甘蔗真菌性病害防控岗位科学家团队针对世界性种传病害（RSD等）危害和防控，为解决甘蔗种苗脱毒，研究实用高效脱毒技术体系，在国家糖料产业技术体系支持下，历经 10 年努力，从温水脱毒处理设备研制和技术研究、生产流程、技术规范、推广应用等层面对温水脱毒技术进行了系统研究和示范，并在以下方面取得了重大突破和技术发明。

①首次成功发明甘蔗种苗温水脱毒处理方法及设备，2009 年获国家发明专利授权，建成温水脱毒处理车间 22 间，年生产脱毒种苗规模达 2 万 t 以上，实现了甘蔗温水脱毒种苗工厂化、规模化和标准化生产。

②首次建立了种传病害宿根矮化病菌 EM、I—ELISA、TBIA、PCR 等检测方法和技术体系；明确了宿根矮化病菌的致病性、分布区域、传播途径和危害情况，为该病有效诊断与防控、脱毒种苗生产与推广应用，提供了科学依据和关键技术支撑。

多年来，在云南蔗区大力开展甘蔗温水脱毒种苗展示示范和生产验证，科学引导蔗农推广种植温水脱毒种苗，切实提高温水脱毒种苗推广普及率。2011—2017 年累计推广温水脱毒种苗 178.9 万亩，平均亩增产甘蔗 0.8 t，共增产甘蔗 143.12 万 t，按每吨蔗价 420 元计算，实现农业增收 60 110.4 万元。获得了显著的经济效益、社会效益和生态效益，为地方经济发展和边疆人民脱贫

致富做出了重大贡献。

二、甘蔗种苗传播病害病原检测与分子鉴定

国家糖料产业技术体系甘蔗真菌性病害防控岗位科学家团队针对甘蔗种传病害诊断检测基础薄弱、主要病原种类及株系（小种）不明等关键问题，以严重为害甘蔗生产的黑穗病、宿根矮化病、病毒病、白叶病等种传病害为研究对象，研究建立基于分子生物学快速检测技术，鉴定明确重点监测病原目标基因，历经十年协同攻关，取得以下创新性成果及重要科学发现：

①系统建立了甘蔗黑穗病、锈病、宿根矮化病、白条病、赤条病、花叶病、黄叶病、杆状病毒病、斐济病和白叶病等 10 种种传病害 13 种病原分子快速检测技术，为甘蔗种传病害的精准有效诊断和防控、脱毒种苗检测及引种检疫提供了关键技术支撑。

②研究探明了甘蔗黑穗病、宿根矮化病、病毒病、白叶病等种传病害病原种类及主要株系（小种）及遗传多样性，对病原进行基因组测序及不同株系比较分析，明确了重点监测病原目标基因，给抗病育种和有效防控种传病害奠定了重要基础。

③首次检测报道了甘蔗条纹花叶病毒、白叶病植原体、高粱坚孢堆黑粉菌，检测发现了甘蔗屈恩柄锈菌、白条黄单胞菌、赤条病菌，为监测预警和有效防控新危险性种传病害提供了重要科学依据。

④检测报道了强致病性花叶病毒分离物（HH-1），分子鉴定明确了HH-1为SrMV的 1 个新分离物；研究明确了中国主产蔗区RSD病菌致病性及分布流行特点，揭示了不同甘蔗品种RSD的感染状况，为我国生产繁殖脱毒种苗和有效防控RSD提供了科学依据。

三、甘蔗地下害虫综合防治技术研究与应用

项目针对甘蔗地下害虫发生危害日趋严重和甘蔗生产上大面积综合防治地下害虫技术问题，在国家糖料产业技术体系的支持下，通过省、州甘蔗科学研究所联合攻关，与蔗糖企业紧密结合，采取"公司＋科研＋农户"的模式，以发生最普遍及危害最严重的蔗龟、蔗头象虫为重点，从地下害虫发生种类、发生规律、预警监测技术、灯光诱杀技术、高效中低毒农药筛选、综合防治技术研究及技术成果推广应用等方面进行了全面深入的系统研究。项目历经 3 年前

期调查研究和 5 年系统深入研究，在以下几方面取得了重大突破和创新：

①在国内首次报道了重要甘蔗害虫细平象（*Trochorhopalus humeralis* Chevrolat）、斑点象（*Diocalandra* SP）。对云南省 5 种甘蔗主要地下害虫：大等鳃金龟（*Exolontha serrulata* Gyllenhal）、突背蔗金龟（*Alissonotum impressicolle* Arrow）、光背蔗金龟（*Alissonotum pauper* Burmeister）、细平象和斑点象进行了系统研究，摸清和掌握了 5 种地下害虫的发生规律、田间种群结构及危害特点，揭示了甘蔗地下害虫猖獗发生的原因，建立了虫情档案，为综合防治措施提供了科学依据。

②研究并提出了甘蔗地下害虫预警监测技术；研究并规模化推广应用频振式杀虫灯诱杀蔗龟成虫技术；试验筛选出了高效、中低毒农药，并确定了相应的最佳施药时期和科学施药技术。

③研究集成了以减少虫源基数的农业防治及物理防治为基础、统一化学防治为重点和抓好关键时期合理用药等综合防治技术措施，在受害蔗区大面积应用，防治效果显著。

④这些研究成果在蔗区累计推广 115 万亩，平均亩挽回甘蔗损失 0.6 t，共挽回甘蔗损失 69 万 t，增加产值 1.7 亿余元，增产糖 8.63 万 t，工业产值增加 3.8 亿余元。合计增加工农业产值 5.6 亿余元，增加税利 3 000 余万元。

四、体系成立以来滇西南蔗区荣获的主要奖项

1. 2011—2013 年全国农牧渔业丰收一等奖 "抗旱甘蔗新品种及配套技术推广应用"

该成果由国家甘蔗产业技术体系云南片区的专家牵头，云南 4 个甘蔗综合试验站和 20 余个县组成项目组，实施抗旱甘蔗新品种及配套技术推广应用，通过 4 年的努力，筛选和选育出粤糖 86-368、云蔗 03-194 等 8 个丰产高糖甘蔗抗旱品种，系统建立了全省甘蔗良种繁育体系，在全省 256 个示范区累计推广抗旱甘蔗良种 434.3 万亩，成果应用使云南甘蔗亩增产 0.7 t，累计增收甘蔗 304 万 t，蔗农增收 12.77 亿元，增糖 38.5 万 t，工业增收 23.1 亿元，增税 1.54 亿元。抗旱甘蔗新品种和配套抗旱技术的大规模生产应用，有力地促进了云南甘蔗产业的发展，2010—2012 年，全省甘蔗农业总产量从 1 543 万 t 增加到 1 996 万 t，平均亩产从 3.37 t 提高到 4.04 t，甘蔗平均含糖率从 14.8% 提高到 15.05%，全省蔗糖分连续 4 年创全国同行业第一，成为在国内甘蔗产区甘

蔗遭受大规模灾害后恢复时间最短，效果最显著的技术项目，主要技术经济指标居国内领先水平。

2. 2015 年获中华农业科技二等奖"我国低纬高原甘蔗产业化关键技术应用"

该成果针对制约我国低纬高原地区甘蔗产业化发展的关键科技问题，一是根据甘蔗的生物学、生态学特性，系统研究了低纬高原地区的甘蔗适宜生态区域和资源环境条件，揭示了低纬高原地区的甘蔗生态适应性，结合低纬高原地区气候、土壤等生态条件，规划布局了 6 个生态蔗区，年种植面积实现 589 万亩。二是针对不同生态区域的特点，建立了低纬高原甘蔗育种体系，选育出高产、高糖甘蔗系列新品种，建立了品种的区域化布局，优化形成了早、中、晚熟品种的合理配置，并实现了规模化应用。三是构建了低纬高原地区的甘蔗种植技术体系，研发形成了独特的冬植和秋植栽培制度、深沟板土、养分综合管理、主要病虫害防控等高产优质综合栽培技术，建立了甘蔗生产全程信息数字化高效管理信息系统，并实现了规模化应用，有效地提高了甘蔗产量和蔗糖分。

通过低纬高原生态蔗区的科技攻关，取得了丰硕成果，育成通过国家级、省级审（鉴）定品种 20 个，获国家发明专利授权 22 项，软件著作权 7 项；制定地方标准 9 项；发表论文 100 余篇，出版专著 8 部。20 年来，低纬高原蔗区面积从 220.4 万亩发展到近 589 万亩，面积扩大了 1.7 倍；蔗糖产量从 81.7 万 t 发展到 253.6 万 t，扩大了 2.1 倍，成为全国第二大蔗糖基地，并辐射带动了与我国相邻的缅甸、老挝沿境地区的甘蔗发展，替代罂粟种植 58 万亩。由于成果的推广应用，低纬高原地区甘蔗含糖率连续 5 年居全国第一，成为我国甘蔗产业发展的典范，创造了国际上在低纬高原地区大规模发展甘蔗产业的成功案例。

3. 2014 年获云南省科学技术进步一等奖"甘蔗抗旱新品种选育及应用"

在国内首次建立了甘蔗家系选择技术体系，研究形成了《甘蔗杂交育种家系评价及选择技术规程》，此技术作为主推技术在全国推广应用，为开展大规模亲本评价和育种研究提供简便实用的技术方法。首创甘蔗侧枝快繁技术，首次开展甘蔗品种 DNA 指纹身份证构建研究，首次对育成甘蔗品种申请品种权保护，在世界上首次将甘蔗家系选择技术应用于抗旱亲本的评价。通过研究育成抗旱甘蔗品种 12 个，获"2012 年云南十大科技进展"1 项，获专利授权 2 项，出版专著 3 部，发表研究论文 31 篇。2010—2012 年在云南累计推广面积 245.9

万亩，应用范围覆盖云南 70% 的旱地蔗区，在全国率先打破了新台糖系列品种一统天下的格局，全省出糖率连续多年全国第一，取得了显著的社会经济效益。

4. 2018 年获云南省科学技术进步二等奖"云南甘蔗亲本创新及其杂交花穗规模化生产关键技术研究应用"

云南是割手密资源最丰富的地区，项目从甘蔗育种遗传基础狭窄但大量资源难以利用的现状等入手，创制并筛选出了一批含优良割手密资源新型亲本，突破了内陆甘蔗开花杂交关键技术，实现了割手密资源的批量利用。系统评价了海拔 76 ～ 2 380 m 不同生态类型割手密 35 份，创制出一批新型云瑞亲本，为下一步种质资源的规模化应用提供了关键技术支撑。创建了稳定、高效的内陆型甘蔗杂交花穗生产技术体系，2010—2015 累计生产杂交花穗 3 280 穗，对外提供利用 1 862 穗，覆盖全国主要甘蔗育种单位，普遍反映含云南野生血缘新型杂交花穗后代有效茎多、产量高、抗逆性强、宿根性好、育种效果好，已成为我国乃至世界培育突破性甘蔗品种的主要亲本来源，将为我国乃至世界蔗糖产业发展做出新的贡献。

5. 2016 年云南省技术发明三等奖"甘蔗轻简生产技术创新"

该成果在国家甘蔗产业技术体系项目的支持下，自 2008 年以来，根据我国甘蔗轻简生产的科技需要，系统研究了蔗区（土壤）水分变化规律和甘蔗全生育期营养需求规律，形成了蔗区土壤水分变化的"墒期理论"和甘蔗养分需要的"一促一攻"理论，抓住甘蔗生产的水分、养分两个关键环节，研究形成以甘蔗降解除草地膜全覆盖的保水轻简技术和甘蔗控缓肥一次性施肥的轻简营养管理技术，在全国率先形成了以轻简水肥管理为主的甘蔗轻简生产技术体系。该项目一是在国内首次系统研究提示高原蔗区"夏秋纳雨丰墒期、冬季蒸散失墒期、春旱贫墒期"的土壤水分变化规律，研究开发出针对初冬春失墒贫墒期的光降解除草地膜，形成以全膜覆盖为主的轻简保水技术。二是在国内首次系统研究出甘蔗磷钾促苗、氮素促茎的甘蔗养分需肥规律和"一促一攻"甘蔗施肥理论，利用现代生产工艺，在全国率先研究开发出了以磷钾（肥）为外壳，氮肥为内核的肥中肥甘蔗缓控释肥工艺专利技术，不仅实现了氮、磷、钾三种主要养分肥料的结合，形成了三元复混肥，更主要实现了氮、磷、钾的分期释放，甘蔗控释肥为主的一次性施肥技术。三是根据甘蔗轻简高效的科技需要，以甘蔗降解除草地膜全膜、甘蔗控缓施肥一次性施肥技术相结合，在全国率先形成了现代甘蔗轻简生产关键技术。该成果为甘蔗轻简技术的关键环节，获国家授权发明专利 9 项，出版专著 2 本，发表论文 14 篇；项目成果示范应用 120 万亩，增产甘蔗 156 t，实现农业增收 6.25 亿元；亩节省用工 3 个，节省劳力 360 万元，节本增效 18 000 万元。项目成果有力提高了产业竞争力，引领了产业健康发展，为保障国家食糖安全，保障边疆民族地区经济支柱产业健康发展做出了重要贡献。

6. 甘蔗种苗温水脱毒处理设备和技术的研究示范

为解决甘蔗种苗脱毒的规模化、标准化生产问题，国家糖料产业技术体系甘蔗真菌性病害防控岗位科学家团队，研发了温水脱毒处理设备，并建立宿根矮化病菌检测方法和技术体系，制定了《甘蔗温水脱毒种苗生产技术规程》，形成了甘蔗温水脱毒种苗生产技术成果，并在云南蔗区制糖企业推广应用。2011—2017 年累计推广温水脱毒种苗 178.9 万亩，平均亩增产甘蔗 0.8 t，共增产甘蔗 143.12 万 t，按吨蔗价 420 元计，实现农业增收 6.01 亿元。"甘蔗温水脱毒种苗生产技术"示范应用效果直观明显，被农业部列为 2011—2016 年"甘蔗健康种苗推广示范项目"加快推广，2014 年、2015 年连续两年入选农业部主推技术，2015 年在 CCTV 7 "农广天地"栏目首次播出。2012 年获中国产学研合作创新成果奖，2013 年获云南省技术发明二等奖，2014 年获第八届"发明创业奖·人物奖"。

7. 甘蔗地下害虫综合防治技术研究与应用

项目针对云南蔗区地下害虫发生危害严重的问题，在国家糖料产业技术体系支持下，通过省、州甘蔗科学研究所联合攻关，与蔗糖企业紧密结合，采取"公司+科研+农户"模式，并根据蔗区害虫种类及气候特点，集成应用预警监测、灯光诱杀、高效中低毒农药等技术，并形成适合当地生态特点的地下害虫防治技术规程并推广应用。

第二节　桂中南蔗区

一、甘蔗新品种推广工作取得标志性成果

2009 年以来，国家糖料（甘蔗）产业技术体系百色综合试验站根据蔗区甘蔗生产的需要，大力引进、试验、示范甘蔗新品种，在体系岗位科学家的指

导和帮助下，持续开展国家及自治区级甘蔗新品种区域试验、甘蔗新品种集成技术示范与展示，实施国家星火计划项目"甘蔗试管苗生产简化技术与应用"、院市合作项目"早熟高产高糖甘蔗新品种桂糖42示范、繁育与推广""强宿根性丰产高糖甘蔗新品种桂糖31选育与应用"等甘蔗新品种专项科研项目的实施工作。通过试验示范平台，组织甘蔗新品种观摩培训50期（次），培训基层农业技术员、蔗糖生产办公室、糖厂技术管理人员、"双高基地"业主、甘蔗专业户、甘蔗重点户等6 124人次；特别是2013年以来，我们采用"科研院所（综合试验站）＋基层农技推广部门＋公司"的合作推广模式，在本站引进甘蔗新品种共122个，在示范县示范推广甘蔗优良新品种23个，推广甘蔗优良新品种累计达到121.204万亩，实现甘蔗增产78.78万t，新增收入7.53亿元，新增利润11.95亿元，新增税收0.98亿元，甘蔗新品种推广工作取得了标志性成果。

二、桂西蔗区甘蔗肥药一次性施用技术示范与推广项目取得标志性成果

2013年以来，国家糖料产业技术体系百色综合试验站根据产业调研结果和蔗区生产管理实际，积极探索甘蔗一次性施肥及配套栽培技术，并立项实施"桂西蔗区甘蔗肥药一次性施用技术示范与推广"项目，在体系岗位科学家的指导和帮助下，先后开展甘蔗一次性施肥肥效对比试验、先施肥法、先摆种法、宿根蔗施肥法和机械种植法四种模式的甘蔗一次性施肥试验、示范等工作，取得了标志性成果。几年来，我们采用"科研院所（综合试验站）＋基层农技推广部门＋公司"的合作推广模式，在示范县推广甘蔗一次性施肥配套栽培技术累计105.4万亩，经专家验收，甘蔗产量比对照区（5.823 t）增加15.5%；蔗糖分比对照区（15.07%）提高0.14%（绝对值）。实现甘蔗增产95.13万t，增收节支13.05亿元，新增利润11.01亿元，新增税收1.1亿元。

三、甘蔗一次性使用长效低毒农药防治甘蔗螟虫技术研究取得阶段性成果

2013年以来，国家糖料产业技术体系百色综合试验站根据蔗区甘蔗螟虫发生特点和生产管理实际，积极探索甘蔗一次性使用长效低毒农药防治甘蔗螟虫技术，并立项实施"百色市甘蔗白螟综合防控关键技术研究与示范""百

色市甘蔗白螟综合防控关键技术研究与示范"等项目，在体系岗位科学家的指导和帮助下，先后开展甘蔗一次性用药药效对比试验、开展赤眼蜂防治甘蔗螟虫示范等工作，取得了阶段性成果。几年来，我们采用"科研院所（综合试验站）＋基层农技推广部门＋公司"的合作推广模式，在示范县推广一次性使用吡虫啉颗粒剂、棵棵无损等长效低毒农药和"蔗得金""盛戈"等药肥防治甘蔗螟虫，累计防治面积196.7万亩。防治示范区平均螟害株率比对照区降低12.54%（绝对值），平均断尾株率降低3.39%（绝对值），平均螟害节率降低2.81%（绝对值），甘蔗产量比对照区（5.823 t）增加15.5%，蔗糖分比对照区（15.07%）提高0.14%（绝对值）。

四、甘蔗螟虫监测预警协作网及预警服务

自体系成立以来，为加快甘蔗螟虫监测预警工作的自动化和信息化，甘蔗地上部虫害防控岗位团队自主构建了基于有效积温法的甘蔗螟虫（包括条螟、二点螟、白螟、黄螟）发生期预测数学模型，同时通过合作协议与广西蔗区的主要制糖企业合作，在广西主要生态蔗区设立固定的诱蛾监测点，形成了覆盖广西主要生态蔗区的"甘蔗螟虫监测预警协作网"。2009—2017年累计为协作单位发布甘蔗螟虫预测信息191期，预测信息的内容通过制糖企业的信息发布平台以手机短信、电子邮件、QQ、微信等形式推送到蔗农手机上。据统计，接受甘蔗螟虫测报信息的蔗农超过35万户，测报信息服务的蔗区面积每年超过500万亩，累计超过5 000万亩次。由于准确的虫情测报，不仅明显提高了防治效果，同时有效推动了蔗区的统防统治工作，全面提升蔗区的防治水平，因此，诱蛾监测工作已成为广西蔗区制糖企业农务工作的日常工作之一。

五、体系成立以来桂中南蔗区荣获的主要奖项

1. 甘蔗螟虫性诱剂防治技术与推广应用

在国家糖料产业技术体系的支持下，甘蔗虫害防控岗位科研团队优化筛选出高效的甘蔗螟虫性诱剂配方，分别研制出适用于"迷向法"和"诱捕法"的性诱剂应用剂型及其配套应用设备，并通过多年多生态区域的示范验证，分别形成较完善的性诱剂迷向法和诱捕法的田间应用操作规程。2009—2018年，累计示范防治20万亩次以上，辐射带动制糖企业推广防治200万亩次以上，获得良好的经济效益、社会效益和生态效益。在螟虫精准测报的指导下，经过

优化及组装配套的性诱剂防治技术获得制糖企业和政府部门的广泛认可使用。性诱剂防治甘蔗螟虫技术，获得 2010 年全国农牧渔业丰收奖、农业技术推广三等奖和 2015 年中华农业科技三等奖。

2. 甘蔗高毒农药替代产品研发与推广应用

本成果利用室内生物测定和农药混配联合作用测定技术、害虫定向靶标位点毒杀技术以及孙云沛数学模型评价方法，先后对包括有机磷类、沙蚕毒素类和新烟碱类杀虫剂等在内的 50 余种农药材料及 300 余个混配配方进行室内生测试验和筛选，从中筛选出多个低毒、高效杀虫剂药剂及配方。其中，5% 杀单·毒死蜱颗粒剂（蔗来茎）于 2005 年获得农药临时登记并产业化，2011 年获农药正式登记。该产品成为蔗区高毒农药重要替代产品，2.0% 吡虫啉（SP003）颗粒剂于 2017 年获农业部农药鉴定所登记。同时利用现代加工工艺技术研制出两种分别具有缓释功能和具有渗透缓释功能的颗粒剂剂型。甘蔗高毒农药替代产品研发与推广应用，获 2013 年中华农业科技三等奖。

3. 强宿根性丰产高糖甘蔗新品种桂糖 31 选育与应用

2014—2016 年，国家糖料产业技术体系百色综合试验站配合广西农业科学院甘蔗研究所实施"强宿根性丰产高糖甘蔗新品种桂糖 31 选育与应用"项目，先后开展桂糖 31 不同种植密度试验、桂糖 31 不同施肥水平试验、桂糖 31 良种繁育与示范等工作，同时，采用"科研院所（综合试验站）+基层农技推广部门+公司"的合作推广模式，在右江区、田阳、田东、平果、田林、德保等县（市、区）推广桂糖 31 品种累计 15.39 万亩，新增销售额 21 619 万元，新增利润 8 786.66 万元，新增税收 2 810.48 万元，节支减耗 2 207.07 万元。

4."丰产高糖宿根性强甘蔗新品种桂糖 32 选育与应用"项目

2012—2015 年，国家糖料产业技术体系百色综合试验站配合广西农业科学院甘蔗研究所实施"丰产高糖宿根性强甘蔗新品种桂糖 32 选育与应用"项目。该项目利用"粤糖 91−976×ROC1"杂交组合，得到了优良性状互补的基因型，育成了优良甘蔗新品种桂糖 32。百色综合试验站先后开展桂糖 32 不同种植密度试验、桂糖 32 不同施肥水平试验、桂糖 32 良种繁育与示范等工作，同时，采用"科研院所（综合试验站）+基层农技推广部门+公司"的合作推广模式，在右江区、田阳、田东、平果、田林等县（区）推广桂糖 32 品种累计 13.967 万亩，新增销售额 11 540.57 万元，新增利润 7 363.64 万元，新增税收 768.47 万元，节支减耗 1 288.79 万元。

5. "桂西地区'双高'甘蔗示范、繁育与产业化推广"项目获院、市科学技术进步奖

2009—2012 年，国家甘蔗产业技术体系百色综合试验站立项实施"桂西地区'双高'甘蔗示范、繁育与产业化推广"项目，共引进 23 个桂糖系列"双高"甘蔗优良品种进行新植和宿根高产示范种植和筛选，面积 10 亩。项目实施期间，广西区农业厅组织专家组进行了两次田间测产验收，验收结果：平均蔗茎亩产量达 11.26 t，含糖率达 15.29%，每亩含糖量达 1.718 t，蔗茎亩产最高达 14.059 t。其中 2010/2011 年度蔗茎平均亩产为 11.003 t，平均含糖量为 1.682 t/亩，桂糖 02−2239 蔗茎亩产最高达 12.85 t，桂糖 30 亩含糖量最高达 1.973 t；2011/2012 年度蔗茎平均亩产为 11.518 t，平均含糖量为 1.755 t/亩，桂糖 02−1156 蔗茎产量、含糖量最高，分别达 14.059 t/亩、2.263 t/亩。同时，还完成甘蔗良种繁育 209 亩，生产桂糖 30、桂糖 31、桂辐 98−296 和桂糖 03−2287 等四个品种甘蔗种茎 1 491.34 t，总产值 139.94 万元，利润 69.38 万元；完成粤糖 00−236、桂糖 31 和桂糖 03−2287 等"双高"甘蔗新品种推广面积达 5.547 万亩。据统计，平均蔗茎亩产 6.726 t，含糖率 15.963%，亩含糖量为 1.063 t，总产值 1.8 亿元。除亩投资化肥、农药、种植和砍收甘蔗请工等成本 2 300 元，总成本 1.275 8 亿元外，农民增收 5 243 万元。

第三节　粤西琼北蔗区

一、研发形成琼北蔗区甘蔗病虫害综合防控模式 1 套

根据琼北蔗区存在主要病害的类型和发生情况，采取以甘蔗脱毒种苗为种茎结合甘蔗黑穗病菌生防制剂的施用来防控甘蔗病毒病、细菌病、黑穗病的发生。根据琼北蔗区甘蔗主要害虫条螟、二点螟、蔗根土天牛和蔗根象的年消长动态规律，研发了琼北蔗区甘蔗虫害防控措施：新植蔗用杀虫药剂对蔗种进行浸泡处理，种植时将针对螟虫和地下害虫的高效低毒环保型杀虫剂（杀虫双和辛硫磷）与肥料混匀沟施，宿根蔗在破垄松根时结合施肥同时施入杀虫双和辛硫磷，新植蔗和宿根蔗均在中耕培土时施用上述杀虫剂。此外，还结合灯光诱杀、性诱剂诱杀、定期释放赤眼蜂等措施来防治甘蔗害虫。该病虫害综合防控

模式与对照相比，防治效果达 80%以上，甘蔗产量提高 10%。

二、研制出高粱花叶病毒诊断试剂盒

高粱花叶病毒（*Sorghum mosaic virus*，SrMV）是世界上分布最广的侵染甘蔗的病毒之一，对甘蔗产业危害很大。我们根据SrMV外壳蛋白CP基因序列合成一对引物，以海南（SrMV-HN）染病植株总RNA为材料，采用RT-PCR方法将CP基因与质粒pET32a连接，构建了融合蛋白原核表达载体，然后转化大肠杆菌[Rosetta（DE3）]，经IPTG诱导后，SDS-PAGE检测出一条约36kD的融合蛋白表达谱带，其主要以可溶性蛋白形式存在。通过优化诱导条件：IPTG终浓度为 0.1 mmol/L，诱导时间为 4 h，诱导温度 30℃，用 Ni^{2+}-NTA琼脂糖亲和层析纯化融合蛋白，免疫家兔制备出抗血清。通过酶联法（ID-ELISA）测定制备的SrMV CP抗血清工作浓度为 1:1 000，Western blotting检测结果表明，抗血清与SrMV-HN诱导表达的CP蛋白能发生特异性反应。在此基础上开发出高粱花叶病毒诊断试剂盒，该试剂盒具有效价高、灵敏度好、特异性强等特点，可应用于田间样品的SrMV诊断检测。

三、研发出甘蔗2种病毒的RAP检测方法

重组酶聚合酶扩增（recombinase polymerase amplification，RPA）技术是一种新兴的核酸恒温扩增技术，该技术利用重组酶和单链结合蛋白代替传统PCR的热循环过程，在常温下协同实现引物与模板的特异结合。本课题组基于逆转录-RPA（Reverse transcription-RPA，RT-RPA）技术建立了甘蔗黄叶病毒（*sugarcane yellow leaf virus*，SCYLV）和甘蔗条纹花叶病毒（*sugarcane streak mosaic virus*，SCSMV）的检测方法。其中，SCYLV-RT-RPA方法在39℃孵育 30 min即可完成反应，特异性好，可靠性高，灵敏度比普通RT-PCR低 10 倍。SCSMV-RT-RPA方法在38℃孵育 40 min即可完成反应，特异性好，可靠性高，灵敏度比普通RT-PCR高 100 倍。

四、甘蔗黑穗病菌生防制剂的研制

甘蔗黑穗病是严重影响甘蔗产量和质量的主要病害之一，传统的防治方法都由于存在许多客观条件而很难实施，而生物防治作为植物病害防治的重要组成部分，被认为是最具有发展潜力的防治方法。研究组依据生态学原理，以甘

蔗黑穗病菌为靶标，利用从采集的土壤样品分离到的1 291株细菌，通过对峙培养实验，经过初筛、复筛，最终得到1株对甘蔗黑穗病菌有较好抑制作用的菌株HAS。通过培养条件优化，盆栽及大田小区试验，明确了生防菌株HAS对甘蔗黑穗病发生的防治效果，确定了该生防制剂的生产配方及使用方法。同时又结合甘蔗生产上的实用技术"脱毒健康种苗"，从原种苗假植开始使用该生防制剂，有效地防治了甘蔗黑穗病的发生，同时延长了甘蔗宿根年限。通过生防菌株HAS作用机理研究，获得1个新的抗菌蛋白，该蛋白编码基因的体外表达产物对甘蔗生产中的多种真菌病原菌具有一定程度的抑制作用，这为进一步利用基因工程手段培育抗甘蔗真菌病害种质的培育提供了抗原材料。

五、建立甘蔗高效快速转基因技术体系，获得一批抗除草剂、抗病、抗虫转基因株系

①以我国甘蔗主栽品种为研究对象，通过对甘蔗胚性愈伤组织诱导、农杆菌转化条件及转化体筛选等过程进行优化，建立了甘蔗农杆菌介导高效遗传转化及Bar/Basta和PMI/Mannose筛选体系，该体系具有转化效率高、转化基因型广、转化体稳定性好并可实现多基因同时转化等特点，解决了甘蔗遗传转化效率低、转基因稳定性差、可转化基因型有限等难题。

②通过分子设计育种，利用已明确功能的抗病、抗虫、抗旱及抗除草剂基因分别构建内质网定位蛋白序列引导 *MsDef1*、*MtDef4* 和 *KP4* 基因植物表达载体，Cry1Ac-2A-gna融合基因植物表达载体，CP4-EPSPS-Cry1Ab基因植物表达载体，甘蔗根特异表达启动子驱动1-SST基因植物表达载体，利用农杆菌介导转化及Bar/Basta或PMI/Mannose筛选体系培育出抗黑穗病和抗除草剂（草铵膦）、抗螟虫蚜虫和抗除草剂、抗螟虫和抗除草剂及抗旱和抗除草剂甘蔗转基因株系，并完成这些材料共9个基因的转基因甘蔗安全性评价的中间试验。

六、体系成立以来粤西琼北蔗区育成主要甘蔗新品种

1. 粤糖 03-373

粤糖03-373是广东省生物工程研究所（广州甘蔗糖业研究所）选育而成的甘蔗优良品种。以粤糖92-1287为母本、粤糖93-159为父本通过有性杂交选育而成。粤糖03-373为中至中大茎品种，节间圆筒形，无芽沟；蔗攀遮光

部分浅黄色，露光部分浅黄绿色；蜡粉带明显，蔗茎均匀，无气根。芽体中等、卵形，基部离叶痕，顶端不达生长带；根点 2～3 行，排列不规则。叶片长、宽中等，心叶直立，株型较好；I：1-鞘遮光部分浅黄色，露光部分青绿色；易脱叶，57 号毛群不发达；内叶耳较长、呈枪形，外叶耳呈三角形。粤糖 03-373 萌芽较好，分蘖力强，前期生长略慢、中后期生长较快，不早衰，植株中高，有效茎数多，较粗生耐旱，抗风、抗病虫害能力较强，宿根性好。多年多点试验结果表明，粤糖 03-373 蔗茎产量为 104.03 t/hm^2，分别比 ROC16 和 ROC22 增产 15.2% 和 0.5%；11 月至翌年 1 月平均含糖率为 15.16%，分别比 ROC16 和 ROC22 提高 0.39 个和 0.45 个百分点；含糖量为 15.67 t/hm^2，分别比 ROC16 和 ROC22 增加含糖率 17.9% 和 2.6%。

2. 粤糖 03-393

粤糖 03-393 是广东省生物工程研究所（广州甘蔗糖业研究所）选育而成的甘蔗优良品种，以粤糖 92-1287 为母本，粤糖 93-159 为父本杂交选育而成。该品种植株直立、株型紧凑，中大茎至大茎，节间圆筒形，无芽沟，芽体中等、卵形、基部近叶痕，顶黄色，蜡粉带明显，无气根，蔗茎均匀，茎形美观，根点 2～3 行，不规则排列，叶色淡青绿色，叶片长度较长，宽度中等，叶中脉较发达，新叶直立，叶姿好，叶鞘遮光部分浅黄色，露光部分浅绿色，易脱叶，57 号毛群不发达，内叶耳枪形，外叶耳缺如。粤糖 03-393 蔗茎产量、含糖量分别为 105.726 t/hm^2 和 17.147 t/hm^2，比 ROC22 增产 12.7%，增加蔗糖分为 21.6%。11 月至翌年 1 月甘蔗平均含糖率为 16.3%，比 ROC22 提高 1.21 个百分点。粤糖 03-393 蔗茎产量、含糖量和甘蔗含糖率均比 ROC22 稳定，高糖、稳产性能比 ROC22 好，品种受环境因素效应影响较小，适应性较广。

3. 粤糖 02-305

粤糖 02-305 是广东省生物工程研究所（广州甘蔗糖业研究所）选育而成的甘蔗优良品种，其亲系为粤农 73-204×HoCP92-624。该品种萌芽好，分蘖力强，全期生长较快，植株较高，中大茎至大茎，蔗茎均匀，有效茎数多，易脱叶，无气根；较粗生耐旱，抗风力较强，不易风折和倒伏；宿根蔗发株早而且多，可保留 2 年宿根。本品种人工接种检验结果，对黑穗病的抗性级别为 1 级，抗性反应型为高抗；对花叶病的抗性级别为 3 级，抗性反应型为中抗；株高伤害率和产量损失率均小于 30%，抗旱性强；大田自然感染观察结果，未见严重病害发生。本品种中早熟、高产高糖，历年新植、宿根试验结果平均，蔗茎产量较对照增产 3.7%～10.5%，含糖量较对照增加 0.2%～6.7%，11 月至翌年 1 月平均甘蔗蔗糖分为 14.20%，较对照低 0.47～0.49 个百分点。本品种适宜我国南方蔗区肥水条件中等或中等以上的旱坡地、水旱田（地）推广种植。

4. 粤糖 05-267

粤糖 05-267 是广东省生物工程研究所（广州甘蔗糖业研究所）选育而成的甘蔗优良品种，其亲系为粤糖 92-1287×粤糖 93-159。该品种萌芽快而整齐，出苗率中等，分蘖较早，分蘖力较强，全生长期生长稳健，后期不早衰，有效茎数多；中至中大茎，蔗茎均匀，有效茎数多，易脱叶，无气根；宿根性强，宿根蔗发株早而多，可保留 1～2 年宿根。属中熟品种。本品种经农业农村部甘蔗及制品质量监督检验测试中心检验结果，对黑穗病的抗性级别为 5 级，抗性反应型为中抗；对花叶病的抗性级别为 3 级，抗性反应型为中抗。大田自然感染观察结果，未见有严重病害发生。粤糖 05-267 中熟、高糖、丰产，适合制糖企业 12 月至次年 3 月采收，11—12 月平均甘蔗蔗糖分为 13.71%，1—3 月平均甘蔗蔗糖分为 15.10%，全期平均甘蔗蔗糖分为 14.51%。本品种适宜我国南方台风影响小的蔗区肥水条件中等或中等以上的旱坡地、水旱田（地）推广种植。

5. 粤糖 06-233

粤糖 06-233 是广东省生物工程研究所（广州甘蔗糖业研究所）选育而成的甘蔗优良品种，亲本为粤糖 93-213×粤糖 93-159。该品种品种中大茎，无 57 号毛群，极易脱叶。萌芽快而整齐，出苗率较高，分蘖早，分蘖力较强，全生长期生长稳健，后期尾力足，有效茎数多；中至中大茎，蔗茎均匀，有效茎数多，易脱叶，无气根；宿根性好，宿根蔗发株早且较整齐，适合机械化栽培，具有直立、耐压性强、宿根性好、抗逆性强、适合宽行距栽培等优良性状。粤糖 06-233 经我国华南蔗区广西、云南、广东、福建、海南 5 省（区）14 个试点种植结果汇总：平均蔗茎产量 107.82 t/hm²，比对照ROC22 增产 1.55%；平均蔗糖产量 15.71 t/hm²，比对照ROC22 增产 4.54%。11 月至翌年 1 月平均甘蔗蔗糖分为 13.86%，12 月至翌年 2 月平均甘蔗蔗糖分为 14.61%，1—3 月平均甘蔗蔗糖分为 14.98%，全期平均甘蔗蔗糖分为 14.27%，比ROC22 增加 0.27 个百分点。宿根性强，宿根季平均蔗茎产量为 102.38 t/hm²，比对照ROC22 增产 3.20%，平均蔗糖产量为 14.62 t/hm²，比对照ROC22 增产 4.44%。对黑穗病的抗性级别为 2 级，抗性反应型为抗；对花叶病的抗性级别为 4 级，抗性反应型为感病。

6. 粤糖 07-516

粤糖 07-516 是广东省生物工程研究所（广州甘蔗糖业研究所）选育而成的甘蔗优良品种，其亲系为粤糖 00-236× 桂糖 96-211。该品种萌芽快而整齐，出苗率较高，分蘖早，分蘖力较强，群体长势旺，全生长期生长稳健，后期尾力足，有效茎数多；较粗生耐旱，较抗倒伏，病虫害少；中至中大茎，蔗茎均匀，有效茎数多，易脱叶，无气根；宿根性强，宿根蔗发株早而多，可保留 1 ～ 2 年宿根，属早中熟品种。本品种经农业农村部甘蔗及制品质量监督检验测试中心检验结果，对黑穗病的抗性级别为 2 级，抗性反应型为抗；对花叶病的抗性级别为 3 级，抗性反应型为中抗。属早中熟品种。大田自然感染观察结果，未见有严重病害发生。本品种早中熟、高糖、稳产，适合制糖企业 12 月至翌年 3 月采收，11 月至翌年 1 月平均甘蔗蔗糖分为 14.30%，12 月至翌年 2 月平均甘蔗蔗糖分为 14.86%，1—3 月平均甘蔗蔗糖分为 15.00%，全期平均甘蔗蔗糖分为 14.59%，比 ROC22 增加 0.59 个百分点。本品种适宜我国南方蔗区肥水条件中等或中等以上的旱坡地、水旱田（地）推广种植。

7. 粤糖 07-913

粤糖 07-913 是由广东省生物工程研究所（广州甘蔗糖业研究所）湛江甘蔗研究中心新选育出的甘蔗优良品种。其亲系是 HoCP95-988× 粤糖 97-76。该品系萌芽率较高，分蘖较早较多、分蘖力较强，全生长期生长稳健，后期尾力足，不早衰，中大茎，茎径均匀，节间长，极易脱叶，有效茎数较多。宿根蔗发株早且较整齐，宿根性能较好，可保留 2 ～ 3 年宿根。2015—2016 年参加广东省甘蔗新品种区试，平均蔗茎产量为 8 065 kg/亩，比新台糖 22（CK）增产 16%。平均亩含糖量为 1 248 kg，比新台糖 22（CK）增糖 19%。11 月至翌年 1 月蔗糖分平均为 15.43%，比新台糖 22（CK）高 0.41 个百分点。

8. 粤糖 08-172

粤糖 08-172 系广东省生物工程研究所（广州甘蔗糖业研究所）新育成的甘蔗新品种，母本是粤糖 91-976，父本是 ROC23。形态特征为：中大茎，植株生长直立，节间长，细腰形，无芽沟，蔗茎遮光部分浅黄白色，露光部分紫黄色，蜡粉层厚，蜡粉带不明显，茎径均匀，无水裂、无气根，实心。芽体较小，圆形，基部离叶痕，顶端过生长带，根点 2 ～ 3 行，排列不规则。芽翼较宽，芽翼着生于芽的上部。萌芽孔位于芽的顶端。叶色青绿，叶片较长、宽度中等，心叶直立，叶姿企直。叶鞘遮光部分浅黄色，露光部分浅绿色。易脱叶，57号毛群不发达。内叶耳披针形，外叶耳缺如。2015—2016年参加省区试，平均蔗茎产量8 746 kg/亩，比新台糖22（CK）增产25%。平均含糖量每亩为1 358 kg，比新台糖22（CK）增糖29%，增糖达极显著水平。11月至翌年1月平均蔗糖分为15.47%，比新台糖22号（CK）高0.45个百分点。

9. 中糖1号

该品种由中国热带农业科学院热带生物技术研究所选育。属中熟高产品种，中至大茎，节间为圆筒形；植株叶色浓绿，叶片长，植株高大，生长直立，全生长期生长稳健；分蘖率高，宿根发株多，宿根性极好；生长较快，有效茎多，产量高，易脱叶；单位面积产糖量高；中抗黑穗病。在海南临高试验中，一新两宿三年平均亩产蔗量，中糖1号比对照新台糖22增产22.13%，其中宿根一季和二季蔗茎产量每亩分别为8.63 t和8.58 t，分别比新台糖22增产33.23%和30.45%；中糖1号一新两宿的蔗糖分比对照低0.16个百分点，平均亩产糖量比对照增糖21.1%，其中宿根一季和二季产糖量每亩均为1.08 t，分别比对照增糖25.00%和28.60%。

七、体系成立以来粤西琼北蔗区荣获的主要奖项

1. 粤糖03-393等配套栽培技术示范推广

以甘蔗品种粤糖03-393、粤糖00-236及粤糖99-66为载体，集成包括健康种苗、营养诊断、配方施肥、节水抗旱、化学调控及营养调控软件平台等单项技术措施，形成粤糖系列新品种配套的高产、高糖综合栽培技术模式。采用"公司＋科研＋基地＋农户"的成果推广模式，建立核心示范区，组建推广队伍，推动粤糖系列新品种及其配套栽培技术在广东、广西、云南、海南等主产蔗区的应用，平均每亩增产甘蔗0.55 t，提高蔗糖分0.52%（绝对值）。项目的实施有力地带动了我国主产区甘蔗产量和糖分的提高，减少了肥料等投入，提高了甘蔗种植效益，调动了农民发展甘蔗的生产积极性，具有显著的经济效益、社会效益和生态效益。技术成果获2011—2013年全国农牧渔业丰收奖二等奖。

2. 丰产优质粤糖系列甘蔗品种选育及节本增效栽培技术应用

针对当前制约我国甘蔗产业健康、可持续发展的最根本问题，建立了养分

高效筛选评价指标及方法，利用聚合育种技术对甘蔗亲本进行评价，提高选择效率，缩短育种周期，筛选培育适合蔗区种植的营养高效、丰产优质粤糖甘蔗品种；建立了高效脱菌脱毒种苗快繁技术方法，发明甘蔗宿根矮化病菌的PCR快速检测方法，加速了粤糖甘蔗品种的选育推广；建立了甘蔗施肥指标体系与蔗区土壤养分状况分级评价，创制甘蔗"糖蜜酒精残液定量回田＋一次施肥＋降解除草地膜覆盖"的轻简节本钾肥替代技术，使技术覆盖区甘蔗单产从 5 t/亩提高到 5.5 t/亩，出糖率由 10% 提高到 12%，减少化学肥施用 20%，提高肥料利用率 10%。技术成果获 2016 年度神农中华农业科技三等奖。

3. 甘蔗钾高效利用与替代技术创新集成应用

首次在甘蔗上建立钾高效筛选评价指标及方法，筛选出钾营养特异种质12 份，定向选育钾高效品种 3 个；建立甘蔗钾施肥指标与蔗区土壤养分状况分级评价体系，研发出专用肥配方 2 个；创立了甘蔗轻简节本钾肥替代技术，以糖蜜酒精残液为主要原料研制了甘蔗专用有机－无机液体肥，实现钾、氮等养分的循环利用，解决废弃液污染环境的问题，并有效替代部分矿物钾；以钾高效基因型甘蔗品种为核心，以甘蔗专用肥、糖蜜酒精残液循环利用、大豆间种及功能有机肥为技术措施，创新集成甘蔗钾高效利用与替代技术，增产增收显著。成果在广东、广西等地广泛推广应用，取得了显著的经济效益和社会效益。技术成果获 2016 年度广东省科学技术进步三等奖。

4. 甘蔗高产高糖品种轻简低耗栽培关键技术研发与应用

探明广东甘蔗主栽及主推品种营养代谢规律和广东蔗区土壤养分状况，揭示了南方强酸性土壤养分供应特点及甘蔗需肥规律，提出了甘蔗"大配方、小调整"的施肥技术。综合应用糖蜜酒精废液定量还田、光降解除草地膜覆盖栽培等技术，解决了糖厂主要有机废液直排对环境的不良影响，同时节省了肥料、劳力投入，解决了蔗田"白色污染"问题。集成甘蔗品种及轻简低耗栽培技术，并依托国家甘蔗产业技术体系，加强与高校、企业协作，加速技术成果转化。技术在广东、广西等蔗区大面积推广应用，比传统生产模式增产 5%，节约成本10%，增加效益 15%。技术成果获 2014 年度广东省科学技术进步三等奖。

5. 甘蔗高效育种技术创新与高产高糖品种选育及应用

甘蔗是我国最主要的糖料作物，蔗糖占我国食糖总产量的 90% 左右。通过高产高糖品种的选育和应用，提高单位面积的产糖量是解决我国食糖供给不足的重要途径。本项目对甘蔗育种关键技术进行了系统研究，取得以下结果：

应用分子标记等方法系统揭示了我国甘蔗主要育种骨干亲本的遗传多样性及不同育种系统亲本间的遗传关系，为高效聚合不同亲本间的优异基因、创新种质和培育优良品种奠定了重要的理论基础；揭示我国割手密的遗传多样性地理分布特点及遗传多样性中心，构建核心种质，明确我国割手密在育种上的应用潜力；根据甘蔗生物学特点，建立基于农艺性状与分子标记辅助选择相结合的高效育种技术体系；育成粤糖 03-393、粤糖 05-267、福农 38 等 4 个高产高糖新品种，建立了品种配套的健康种苗繁育与高效栽培技术，累计应用 330 万亩，为蔗农和制糖企业创收 25.2 亿元，社会效益和经济效益极为显著。

6. 甘蔗健康种苗技术体系的研究与应用

该成果 2009 年通过海南省组织的科技成果鉴定，2009 年获得海南省科学技术进步二等奖。本成果针对引发甘蔗品种退化的甘蔗宿根矮化病和甘蔗花叶病等主要病原菌，解除由这些病害造成的甘蔗品种退化严重和良种繁育效率低的问题，从甘蔗茎段的综合脱毒、无突变快繁、病原快速检测、田间扩繁等方面进行系统研究，建立了甘蔗生化脱毒健康种苗生产栽培技术体系。甘蔗生化脱毒健康种苗分蘖率高、成茎率高、生长速度快、宿根发株率高是甘蔗生化脱毒健康种苗增产的主要因素。种植甘蔗生化脱毒健康种苗可以提高蔗茎产量 30% 以上，提高蔗糖分含量 1 个百分点，节约用种量 60% 以上。多项技术属首次研发提出，总体居国际先进水平。

7. 甘蔗健康种苗规模化繁育与应用

该成果 2014 年获得海南省科技成果转化二等奖。本成果是"甘蔗健康种苗技术体系的研究与应用"的"中试"和推广应用。在系统研究工厂化繁育健康种苗关键技术的同时，研究其规模化生产的成本控制、生产规范及应用模式，形成了一套完整的技术体系。本成果提出了 9 个技术规范和管理制度；获授权发明专利 2 项；出版 DVD 光盘 3 套；"甘蔗脱毒健康种苗"获第十四届中国国际高新技术成果交易会优秀产品奖。在海南、广西、云南等甘蔗主产区培训技术骨干 2 500 多人次；培育健康种苗 650 万株，建设 16 个健康种苗繁育示范基地，累计推广应用 49.72 万亩，新增甘蔗种植收入 3.35 亿元，农民新增纯收入 2.35 亿元，取得了显著的社会效益和经济效益。

8. 甘蔗良种繁育关键技术及产业化应用

该成果 2016 年获得中国产学研合作创新成果优秀奖。本成果围绕甘蔗良种繁育关键技术，进行了甘蔗脱毒种苗培育技术、良种田间繁育技术以及产业化应用等系统研究，构建了甘蔗良种繁育技术体系，探索出了产学研结合的产业化应用模式。多项技术属首次研发提出，成果总体居国际先进水平。本成果获授权国家专利 8 项，其中发明专利 3 项，实用新型专利 5 项；为种业企业编制脱毒种苗繁育的技术规范及质量标准 9 个；发表研究论文 13 篇；拍摄、出版 DVD 光盘 3 套。先后举办培训班、现场观摩会 260 期、16 500 人次参加学习；累计推广应用 49.72 万亩，新增甘蔗产值 3.35 亿元，农民新增纯收入 2.35 亿元，取得了显著的社会经济效益。

第四节　东北片区

一、分子标记技术

针对我国甜菜分子标记数量不足、种类有限的问题，以标记开发为研究重点；结合高通量测序技术与生物信息学技术进行标记的开发，标记类型以简单序列重复（simple sequence repeat，SSR）标记为主。

建立了含公共数据库序列 8 万余条、自主测序序列 5 万余条的甜菜序列库；从中挖掘出 SSR 标记位点 1 万余个并整理成标记库；筛选出优质标记引物 100 余对，候选 SSR 标记 55 个，并将候选标记定位至甜菜基因组中；利用 F2 遗传群体与集团分离分析法（bulked segregation analysis，BSA）筛选出了 2 个育性相关标记。

二、基因资源挖掘方面

针对甜菜序列信息及注释信息缺乏的问题，获取序列并进行注释，以备基因资源挖掘。

通过高通量测序获得了 5 万余条甜菜 EST 序列，与公共数据库相比，新增 EST 序列 3 万余条；注释了序列的功能分类、表达模式、基因组定位等信息，并整理成序列库备用；该序列库与标记库有一定对应关系，因此，尤其适用于结合分子标记进行基因资源挖掘的研究。

三、转基因技术

应用转基因技术提高甜菜含糖量的研究。以甜菜蔗糖磷酸合酶（SPS）基因作为研究对象，研究蔗糖磷酸合酶基因在甜菜组织中的特异性表达情况和在甜菜不同组织中酶的活性，通过甜菜再生培养体系及遗传转化体系，将甜菜蔗糖磷酸合酶（SPS）基因导入甜菜之中，探讨甜菜蔗糖磷酸合酶基因对甜菜蔗糖分的影响，为转基因技术提高甜菜蔗糖分奠定一定基础。2014 年获得 *BvSPS1* 转基因植株进行采种，收获了 5 个株系种子，5 个株系种子是以二倍体亲本（N41-2）-3 转化。经过田间样品涂抹，5 个株系均为基因导入材料。经过田间一年生品比试验，转基因株系材料其产量、蔗糖分均较对照降低。

四、体系成立以来东北片区育成的主要甜菜新品种

1. 甜单 305

甜单 305 为三倍体甜菜单胚杂交组合，是由单胚细胞质雄性不育系 TB9-CMS 为母本，以四倍体多胚绿胚轴品系甜 426G 为父本按 4∶1 比例杂交而成。2008 年 4 月被黑龙江省农作物品种审定委员会审定命名为推广品种。

幼苗期胚轴颜色为绿色。繁茂期叶片为绿色、舌形，叶丛斜立。叶柄较细，叶片中等，块根为楔形，根头较小，根沟浅，根皮白色，根肉白色。在适宜种植区生育日数为 150 d 左右，需 ≥10℃ 有效积温 3 100℃ 左右。单胚种子形状扁平，干球千粒重为 15～17 g。甜单 305 在黑龙江省生产示范试验中表现突出，在根产量、含糖率、产糖量 3 个指标上均超过了对照品种，平均根产量 47 760.2 kg/hm^2，含糖率为 17.06%，产糖量为 8 116.2 kg/hm^2。

适宜推广区域：哈尔滨、齐齐哈尔、牡丹江等甜菜产区。

2. 甜研 311

甜研 311 是标准型多粒多倍体杂交种。是以多粒四倍体品系 TP-3 为母本，父本为 4 个多粒二倍体品系（DP08、DP02、DP03 和 DP04），父母本按 1∶3 比例栽植，自由授粉，配制成杂交组合 HTP02，于 2009 年 4 月通过黑龙江省农作物品种审定委员会审定命名（黑审糖 2009005）。

幼苗期胚轴颜色为红、绿混合色。繁茂期叶片为宽舌形，叶片颜色绿色，叶丛斜立，株高 50 cm。叶柄较粗，叶片数 30～35 片；块根为圆锥形，根头较小，根沟较浅，根皮白色，根肉白色。

该品种丰产性较强，蔗糖分高，适应性广，抗褐斑病、耐根腐病。在黑龙江省区域试验中，平均根产量为 39 576.2 kg/hm²，比对照品种甜研 309 糖分提高 11.9%，平均含糖率为 16.8%，比对照品种甜研 309 糖分提高 0.5 度，平均产糖量为 6 725.4 kg/hm²，比对照品种甜研 309 提高 15.9%。适宜推广区域：黑龙江的牡丹江、齐齐哈尔、大庆、哈尔滨等地区。

3. 甜研 312

甜研 312 杂交组合是以母本 4N03408× 父本 2N03210 按行比 3:1 比例配制杂交而成，父母本种子混收，生产上利用其杂种一代优势。该杂交组合特色是父母本均利用杂交一代，突出双交种方式的杂种优势。该品种达到了高糖、丰产、抗病的育种目标，2010 年初通过黑龙江省农作物品种审定委员会审定命名为推广品种。

甜研 312 品种特性是生长势强，适应性广，抗褐斑病，耐根腐病，块根丰产性较稳定，蔗糖分较高。幼苗期胚轴颜色为红色和绿色混合型。根形为楔形，根皮光滑白色，根肉浅黄色，根沟较浅，青头小，根形整齐，易于切削，适于机械化收获。叶丛斜立，叶色浅绿，叶片较大呈舌形。株型紧凑，适宜密植。属于中晚熟类型，生长期为 150 ～ 170 d。需要≥10℃的积温在 2 400℃以上。该品种达到了高糖、丰产、抗病的育种目标，平均根产量 43 014.0 kg/hm²，平均含糖率为 17.7%，平均产糖量为 7 621.6 kg/hm²。

适宜种植区域：黑龙江、内蒙古、新疆等甜菜主产区。

4. 甜研 208

甜研 208 是多粒二倍体杂交种。是以多粒二倍体品系 DP23 为母本，父本为 DP24 多粒二倍体品系，父母本按 1:2 比例栽植，自由授粉，配制成杂交组合 DH084。于 2013 年 1 月通过黑龙江省农作物品种审定委员会审定命名（黑审糖 2013004）。

该品种繁茂期叶片为舌形、叶片颜色绿色，叶丛斜立。叶柄粗细中等、较长；块根为圆锥形，根头小，根沟浅，根皮白色，根肉白色。

该品种丰产性较强，含糖高，抗褐斑病、耐根腐病和丛根病。在黑龙江省区域试验中，平均根产量为 52 966 kg/hm²，比 4 个对照品种（甜研 309、巴士森、KWS0143、HI0466）平均值增产 0.6%；含糖率为 17.5%，比 4 个对照品种平均值提高 1.1%。在生产试验中，平均根产量为 55 041.2 kg/hm²，比 4 个对照品种平均值增产 8.0%；含糖率为 17.1%，比 4 个对照品种糖分平均值提高 0.9 度。适宜种植区域：牡丹江、齐齐哈尔、哈尔滨、佳木斯甜菜产区。

5. 航甜单 0919

杂交组合航甜单 0919 为二倍体甜菜单胚杂交组合，是由航天诱变甜菜单胚保持系 HT8-86 而获得的突变单胚细胞质雄性不育系 TH8-85 CMS 为母本，以航天诱变处理的二倍体多胚品系 TH5-207 为父本按 4:1 比例杂交而成。2014 年通过黑龙江省农作物品种审定委员会审定命名。

幼苗期胚轴颜色为绿色，繁茂期叶片为舌形、叶片颜色绿色，叶丛斜立。根形为楔形，根头较小，根沟较浅，根皮白色，根肉白色。属于中晚熟类型，生长期为 150～170 d。单胚种子形状扁平，干种球千粒重为 16～18 g。平均根产量为 50 434.8 kg/hm²，含糖率为 17.0%，产糖量为 8 463.2 kg/hm²。

6. HDTY02

HDTY02 是二倍体单胚雄性不育系杂交种。是以新型细胞质二倍体单胚雄性不育系 Dms2-1 为母本，以 WJZ02 多胚二倍体授粉系为父本，父母本按 1:3 比例配制成单胚杂交组合 HDTY02。于 2014 年 2 月通过黑龙江省农作物品种审定委员会审定命名。

该品种繁茂期叶片为舌形、叶片颜色绿色，叶丛斜立，叶柄粗细中等；块根圆锥形，根头小，根沟浅，根皮白色，根肉白色。

该品种丰产性较强，含糖高，抗褐斑病，耐根腐病。在黑龙江省区域试验中，平均根产量 53 087.7/hm²，比 4 个对照品种（甜研 309、巴士森、KWS0143、HI0466）均值增产 4.9%；平均含糖率为 17.4%，比 4 个对照品种糖分均值提高 0.9 度。在生产试验中，平均根产量 49 160.3 kg/hm²，比 4 个对照品种均值增产 10.8%；含糖率为 17.4%，比 4 个对照品种糖分均值提高 1.2 度。适宜种植区域：哈尔滨、齐齐哈尔、绥化、佳木斯、牡丹江甜菜产区。

第五节　华北片区

一、莱姆佳甜菜专用肥研制与推广

2014 年通过黑龙江省农业委员会组织有关专家进行的鉴评，该甜菜专用肥是项目组根据甜菜主产区自然气候条件和主栽区的土壤类型特点，历经 4 年的盆栽、田间小区试验、大面积示范等生产实践过程而研制的成型技术产品，营养全面、配方组合合理，产品的物化性状稳定，经田间现场测定，与当地习惯施肥（其他复合肥或磷酸二铵、尿素和硫酸钾混配等）比较，施用莱姆佳甜菜专用肥平均增加甜菜块根产量42%，增加块根糖分0.32度。莱姆佳甜菜专用肥的推广应用，彻底改变了甜菜生产上施肥种类混乱、施用量盲目的不利局面，标志着甜菜专用肥技术产品的重大进步，达到了国内同类研究的领先水平。

二、中甜系列甜菜苗床专用肥

中甜系列甜菜纸筒育苗苗床专用肥包括中甜1号和中甜3号两个品种，是在"十五"期间甜菜纸筒育苗苗床专用肥研究的基础上逐渐调整和改进形成的技术产品，中甜1号为纯无机型，中甜3号为有机－无机复混型。该系列产品是在20余年的甜菜营养与施肥技术研究的基础上，通过室内盆栽、室外苗床、小区与大面积示范、物理和化学分析相结合的方法，从土壤学、肥料学、栽培学和植保学等多学科对甜菜苗床期营养元素用量比例、杀菌剂、活化剂等诸方面进行了较详细深入的研究，最终筛选出高效、广谱、低成本、物化性状稳定的一种甜菜纸筒育苗苗床专用肥。

三、一种促进甜菜幼苗健壮生长的制剂及其使用方法

为了延长冷凉地区甜菜生育期和提高甜菜田间保苗率，在冷凉、干旱和盐碱地区甜菜栽培通常采用纸筒育苗移栽的方法，在育苗期间，为防止幼苗徒长，培育壮苗，通常采用化学控制的方法。但所用的壮苗剂存在高温下抑制生长作用不稳定，幼苗生长不整齐。以健壮幼苗的表型特征为依据，研究促进幼苗光合特性和延缓地上部生长的化控措施，研制出一种促进甜菜幼苗健壮生长的制剂，于2016年申请国家发明专利。近三年在生产上试验示范15 000亩，苗床幼苗整齐度、硬度和叶绿素含量均表现出高于对照产品，且壮苗效果稳定，为移栽保苗奠定了良好基础。

四、提高甜菜产质量的化控技术

通过研究甜菜块根增长和糖分积累的生理和分子机制，以甜菜块根增长和糖分积累的代谢基础为依据，利用代谢通路中的信号物质和营养物质组配促进

块根增长、促进光合产物形成与运输的化学调控制剂，在甜菜块根对数增长期到来之前和糖分积累期进行叶面喷施。经筛选，研制成功在叶丛快速生长初期喷施增加产量和在糖分积累初期喷施增加含糖的化控剂，于 2016 年申请国家发明专利。近三年在生产上试验示范 3 200 亩，平均增产 5% ～ 11%，提高糖分 0.5 ～ 1.3 度。

五、筛选防治甜菜褐斑病有效药剂及使用技术

通过田间药效试验对甜菜褐斑病防效较好杀菌剂的间隔期和使用剂量进行多点评价，优化使用技术。开展了田间甜菜褐斑病防效小区试验，防治甜菜褐斑病较好的药剂杜邦福星、世高和吡唑醚菌酯（凯润）。杀菌剂不同喷药间隔期对甜菜褐斑病的田间防治初步结论：苯醚甲环唑应选 14 d 喷药间隔期防治效果较好。苯醚甲环唑对甜菜褐斑病防治效果较好，7 月中旬至下旬田间发病初期开始防治，只需喷施 2 次。呼兰小区试验结果表明 10% 苯醚甲环唑水分散粒剂、25% 氟硅唑水乳剂和 25% 三苯基乙酸锡可湿性粉剂防治甜菜褐斑病间隔期为 2 ～ 3 周。通常年份，甜菜褐斑病较重地区喷药时间为：第一次为 7 月中下旬，第二次为 8 月上旬，第三次为 8 月下旬。

六、完善甜菜褐斑病菌的快速PCR检测技术，可以对褐斑病做出早期诊断

由于病原菌甜菜尾孢菌（*Cercospora beticola*）菌落形态、分生孢子形态变异大，田间初期症状难判定，后期症状典型时往往会错过最佳防治适期。为快速准确诊断甜菜褐斑病，建立完善的甜菜褐斑病菌的快速分子检测技术。为筛选适宜的甜菜尾孢菌特异分子检测技术，课题组对已报道的 3 种分子方法进行了比较，结果表明，由于尾孢属病原菌的肌动蛋白基因（*actin* gene）和 rRNA-genes 的 ITS 区同源性均较高，因而 ITS 及肌动蛋白（actin）引物不能特异性检测 *C. beticola*，而利用特异引物 Cebe2 可以特异性地检测 *C. beticola*，甚至可以检测出单一病斑的病原菌。同时，利用特异引物 Cebe2 对采集到的我国主要甜菜产区 137 个病样进行了检测，其中有 119 个样本检测到了 *C.beticola*。利用特异引物 Cebe2 的 PCR 检测技术体系为 *C. beticola* 鉴定和病害发生的早期诊断提供了非常有效的方法，为及早展开药剂控制提供了参考。

七、我国甜菜立枯病病原菌种类分布和致病性研究

2010—2018 年围绕甜菜立枯病病样的采集与分离、病原镰刀菌和丝核菌的种类鉴定、致病性试验方面开展了相关研究。从黑龙江、吉林、辽宁、内蒙古、河北、甘肃、山西和新疆等 8 个甜菜主要种植地区采集甜菜立枯病病样 212 份，共分离到镰刀菌 237 株，丝核菌 292 株。通过形态学与分子生物学相结合将分离得到的 237 个镰刀菌分离物鉴定为 9 个种：尖孢镰刀菌（优势）、木贼镰刀菌（优势）、*F. tricinctum/F. acuminatum*复合种（优势）、再育镰刀菌、茄病镰刀菌、芬芳镰刀菌、*F. brachygibbosum*、轮枝样镰刀菌和接骨木镰刀菌。首次分离得到*F. tricinctum/F. acuminatum*复合种、*F. redolens*、*F. brachygibbosum*和*F. proliferatum*。将分离到的 292 个丝核菌分离物鉴定为 15 个种、融合群或亚群，包括：AG–1–1B、AG–1–1C、AG–2–1、AG–2–2IIIB、AG–3、AG–4HGI、AG–4HGII、AG–4HGIII、AG–5、AG–11、*Waitea circinata* var. *circinata*、*W. circinata* var. *zeae*、AG–A、AG–C、AG–K，其中AG–4 为优势融合群，AG–1，AG–2–1，AG–2–2IIIB，AG–3 和AG–5 引起甜菜苗期病害为国内首次，AG–C、AG–K、AG–11 和 *W. circinata* var. *circinata*为国际上首次报道可以引起甜菜立枯病，明确了甜菜立枯病病原菌对甜菜幼苗的致病性。

八、对华北区大面积发生的甜菜纸筒育苗苗期叶部未知病害进行准确诊断鉴定

在张北发生约 2 万亩，商都、前旗和林西均发生。糖厂技术人员认为是苗期褐斑病，我们初步认为是真菌病害，并进行了初步调查和分离鉴定。对糖厂内品种筛选试验进行了现场调研并采集样品用于分离鉴定病原菌。提取甜菜苗期叶部病害样和分离的病原菌株菌丝DNA，根据形态，利用真菌检测的通用引物ITS1 及ITS4 检测结果得到一条单一条带，全长 541bp，NCBI 比对结果为：无论是直接提取病叶DNA测序还是分离的病原菌提取菌落DNA测序得到的序列相同，同时进行病原菌回接试验证明确实能引起甜菜苗期叶部病害。因此，从张北和林西采集的甜菜苗期叶部病害病原菌为链格孢菌，而不是甜菜尾孢菌，为有效控制此类病害提供理论指导。

九、我国甜菜根腐病病原菌种类分布和致病性研究

2009—2017年主要围绕甜菜根腐病病样的采集与分离、病原镰刀菌和丝核菌的种类鉴定、致病性试验方面开展了相关研究。在2009—2017年从我国的黑龙江、吉林、辽宁、内蒙古、河北、甘肃、山西、新疆和北京等9个甜菜主要种植地区采集甜菜根腐病病样231份，共分离得到镰刀菌551株，丝核菌415株。从甜菜根腐病病样上分离得到551株镰刀菌，经过形态学与分子生物学相结合的方法鉴定属于11个种类。其中尖孢镰刀菌、木贼镰刀菌和茄病镰刀菌为优势病原菌；其他8种镰刀菌分别为：再育镰刀菌、三线镰刀菌、芬芳镰刀菌、海枣镰刀菌、轮枝样镰刀菌、禾谷镰刀菌、*F. nygamai*和黄色镰刀菌，其中，甜菜根腐病原黄色镰刀菌为国内首次报道，再育镰刀菌、三线镰刀菌、芬芳镰刀菌、海枣镰刀菌、*F. nygamai*为国际首次报道。甜菜根腐病病原丝核菌种类鉴定：从甜菜根腐病样品分离到415个丝核菌分离物，经鉴定为8个融合群及亚群，包括：AG-2-2IIIB（184株）、AG-2-2IV（22株）、AG-3（1株）、AG-4HGI（160株）、AG-4HGII（25株）、AG-4HGIII（14株）、AG-A（5株）和AG-K（4株），其中AG-2-2IIIB和AG-k为优势融合群。

十、甜菜丛根病病原分子变异与致病性分化研究

甜菜坏死黄脉病毒（BNYVV）是甜菜丛根病的病原，在世界各甜菜产区广泛发生。丛根病的防治主要依赖抗性甜菜品种，然而欧美一些国家已经出现了BNYVV抗性突破（RB）变种。BNYVV p25蛋白第67～70位氨基酸（tetrad）是BNYVV基因组中变异最大的区域，可能与病毒的RB特性有关。为明确我国BNYVV群体的发生及流行特点，采用RT-PCR技术对我国各甜菜产区采集的甜菜及土壤样品进行了BNVVV检测，对我国BNYVV的遗传变异及群体遗传结构进行了分析。采用RT-PCR技术，对2009-2014年从我国7省（自治区）采集的51份甜菜样品和33份土壤样品进行了BNYVV检测，分别有7份甜菜样品和16份土壤样品检测结果呈阳性。对其中15个阳性样品的CP、RNA3、RNA4及RNA5全长序列进行测定。序列分析结果表明，一些分离物是不同类型或含有不同p25 tetrad的变种的混合侵染。本研究中共发现了12种tetrad基序，其中4种为世界首次报道。所获初步研究结果为进一步监测BNYVV抗性突变株、深入研究BNYVV致病性机制以及抗（耐）性甜菜品种

的鉴定、筛选以及品种布局提供重要的参考依据。

十一、专家合作开展甜菜育种材料的收集和抗病性鉴定

2011—2017年连续对内蒙古农业科学院重病田和大田（轻病田）种植100余个甜菜品种累计2万余份样品进行BNYVV检测，初步明确了抗丛根病甜菜主栽品种，为育种和选择栽培品种防治丛根病害提供了参考。

十二、获得对苗期立枯病控制有效的药剂和处理技术

比较几种用于土壤处理的杀菌剂对甜菜苗期病害的控制效果，筛选出适合甜菜苗床土处理的杀菌剂。结果表明对立枯菌孢子接种的试验平均病株率最低的是采用68%精甲霜灵锰锌+45%咪鲜胺进行土壤处理，最高的是采用50%福美双进行土壤处理。对镰刀菌孢子接种的试验平均病株率最低的是采用70%噁霉灵+45%咪鲜胺进行土壤处理。获得了杀菌剂F-2013、S-2013、W-2013以及B和M对立枯病和根腐病病原菌具有很好的抑制作用，为防治病害打下了基础。

十三、甜菜病虫害综合治理技术试验示范

提出了华北区及东北区甜菜病虫害防控技术方案，分别发送到各综合实验站，参与对东北区和西北区质保技术方案进行修订，参与建立相应的甜菜机械化节本增效综合栽培模式集成与示范，并定期调研和指导综合试验站的示范工作（152人次）。培训试验站团队成员、技术骨干、糖厂领导、技术经理和农务员，种植大户累计2 626人次，累计发放简明识别手册2 400余册，还重点开展了无人机喷雾防治甜菜病害和抗重茬微生态制剂防治甜菜重（迎）茬引起的甜菜根腐病病害试验示范。起草《甜菜生产中后期重要病虫害防控指导意见》和《国家甜菜产业技术体系关于甜菜孢囊线虫相关情况和应对技术方案》等应急性任务。

十四、体系成立以来华北片区育成的甜菜主要新品种

1. 内2499

甜菜单胚丰产型品种内2499，是2010年内蒙古自治区农牧业科学院特色作物研究所选育并审定命名的单粒丰产型二倍体雄性不育杂交种。该品种具有

丰产、优质、抗病性强、适宜机械化作业等特性。在自治区生产试验中，该品种的平均亩产为 4 420 kg/亩，蔗糖分为 17.67%，产糖量为 781.01 kg/亩。具有抗丛根病特性。该品种对土壤肥力及环境条件要求不严，适应性广，选择地力中等以上的非重茬地播种即可。采用露地直播、膜下滴管及纸筒育苗移栽的播种方式均可。栽植密度每亩 6 000 株为宜，生长期内做好水分管理，做好整个生育期内病虫草害综合防控，做到早发现、早预警、早防控。

2. 内 28102

内 28102 是 2011 年内蒙古自治区农牧业科学院特色作物所育成并审定命名的甜菜单粒丰产型雄性不育杂交新品种。该品种苗期及叶丛繁茂期植株生长旺盛，叶丛斜立，叶柄长，叶片盾形，叶色深绿；块根圆锥形，根肉白色，根沟浅，产质量水平较高。在自治区区域试验两年平均亩产量 4 633.00 kg，平均蔗糖分为 15.94%，平均亩产糖量 738.5 kg，且表现出较好的耐丛根病性。经过两年自治区甜菜新品种区域试验、生产试验，各项数据均达到单粒丰产型、标准型甜菜新品种标准，并通过内蒙古自治区农作物品种审定委员会审定。该品种抗褐斑病，对丛根病具有一定的抗性，满足了内蒙古、华北地区及我国其他种植区的生产需要，可提高农民和糖厂的经济效益。

3. 内 28128

内 28128 是由内蒙古自治区农牧业科学院特色作物所于 2012 年育成并审定命名的甜菜单粒丰产型单粒雄性不育杂交品种。该品种苗期及叶丛繁茂期植株生长旺盛，叶丛直立，叶柄短，叶片犁铧形，叶色绿；块根纺锤形，根肉白色，根沟浅，产质量水平较高。经过 2010 年与 2011 年自治区区域试验，两年平均亩产量 4 526.7 kg，平均蔗糖分为 15.58%，平均亩产糖量 707.01 kg。该品种对根腐病、褐斑病、黄化病毒病及立枯病表现出一定的抗性，且有较好的耐丛根病性。具有较好的适应性、稳定性，达到单粒标准型品种标准并通过内蒙古自治区农作物品种审定委员会审定。内 28128 每亩保苗 5 000～6 000 株为宜。播种时每亩施种肥磷酸二铵 10 kg，定苗后每亩施追肥尿素 7.5 kg，同时喷施钾肥及微肥产质量水平更好。出苗后及时防虫，生育期管理措施得当，选地势平坦、中等肥力以上的土地即可。该品种为推广甜菜纸筒育苗、精量播种、节水灌溉、机械化管理，为实现对甜菜丛根病的综合防治打下了良好的基础，补充了内蒙古、华北地区及我国其他种植区的甜菜生产的需要。

4. 内 2963

内 2963 是 2014 年内蒙古自治区农牧业科学院特色作物研究所选育并审定命名的甜菜单粒二倍体雄性不育杂交种。两年区域试验平均亩产量为 4 731.2 kg，较对照增产 18.28%，平均含糖率为 15.78%，比对照糖分低 0.12 度，平均亩产糖量 746.58 kg，较对照增加 17.38%。该品种适合在内蒙古自治区甜菜生产区推广种植，具有全区普遍性。

5. NT39106

NT39106 是 2016 年内蒙古自治区农牧业科学院特色作物研究所选育并审定命名的甜菜单粒雄性不育杂交新品种。该品种具有丰产、优质、抗病性强、适宜机械化作业等特性。该品种苗期及叶丛繁茂期植株生长旺盛，叶丛直立，叶柄中，叶片犁铧形，叶色绿，块根楔形，根肉白色，根沟中等。功能叶片寿命长，性状稳定，产质量水平较高。该品种两年区域试验平均亩产 4 435 kg，与对照相比增加 18.16%；平均含糖率为 15.80%，与对照相比增加糖分 0.29 度。生产试验平均亩产 4 905.24 kg，与对照比较增产 23.54%，平均含糖率为 16.99%，与对照比较糖分提高 0.53 度。该品种适宜在内蒙古自治区甜菜种植区种植。

6. 农大甜研 6 号

2012 年通过内蒙古自治区品种审定委员会审定。甜菜多倍体多粒杂交种。平均单产 4.69 t/亩，平均含糖率为 16.18%。丰产性状好，较耐丛根病。

7. 农大甜研 7 号

2012 年通过内蒙古自治区品种审定委员会审定。甜菜二倍体多粒杂交种。平均单产 4.07 t/亩，平均含糖率为 16.78%。含糖高而稳定，较抗褐斑病、根腐病。

十五、体系成立以来华北片区荣获的主要奖项

甜菜优质、高效纸筒育苗移栽模式化栽培技术推广获内蒙古自治区农牧业丰收奖二等奖。

项目以自有成果国家发明专利"一种有机无机甜菜纸筒育苗苗床专用肥"以及已申报专利的"甜菜高效专用复合肥""甜菜打秧切顶机""甜菜起收机"，颁布的地方标准和纸筒育苗、滴灌、病虫草害防控为核心技术，集成了甜菜优质、高效纸筒育苗移栽模式。为此，体系成立领导小组和执行小组，制定方案，组织培训、现场观摩等手段，提高农民的种植水平，建立核心示范，以

点带面向周边辐射。三年平均亩产 3847.68 kg，比对照增加 631.67 kg，提高了 19.64%；亩成本降低 34 元，亩效益增加 384.58 元；推广面积 157.7 万亩，总经济效益 38 068.41 万元。甜菜茎叶 728.6 万 t，废丝生产干粕 46 万 t，为畜牧业提供饲料，缓解了草场压力，促进了农村畜牧业发展，实现农村经济的良性循环。

该项目区在边、老、贫困地区的甜菜产业发展，为当地经济提供了强有力的技术支撑，成为精准扶贫的支柱产业，帮助农民脱贫致富，实现农民增收企业增效。通过该项目的推广实施，制糖行业逆势而上，一枝独秀，新建 3 家糖厂，成为重要的糖料基地。

十六、体系成立以来华北片区主推甜菜栽培技术标准

1.《直播甜菜高产优质高效栽培技术规程》

直播是最早应用于甜菜栽培的种植方式，随着甜菜规模化、集约化、机械化种植程度的提高，以及农膜污染和农村劳动力的大量转移，甜菜直播的优势逐渐凸显，相比于其他种植方式，青头明显减少，甜菜根腐病显著减轻，发病率可降低 5% 以上，能达到显著的节本增效目的。近年来我国甜菜直播栽培是向精量化、省力化、低成本的方向发展，是大幅度提高经济效益的有效途径。本标准适用于早春土壤升温较快，具备灌水条件的地区，包括内蒙古扎兰屯、乌兰浩特和西辽河灌区等地的甜菜生产。规定了甜菜生产的田间管理、病虫草害防治、灾害防御和补救的有关定义、作业要求、作业质量及收获与贮藏等的操作规程。

2.《覆膜甜菜高产优质高效栽培技术规程》

为了规范内蒙古冷凉干旱区覆膜甜菜高产优质管理的各项栽培技术和农艺措施，覆膜甜菜以高产优质管理为目标，根据甜菜生长发育规律、水肥需求规律，进行了合理的田间管理和监测，经过大量试验验证和数据分析，制定了本项技术规程。该项技术规程包含了前言、适用范围、规范性引用文件、术语和定义、关键栽培技术、田间管理、病虫草害防治和田间收获及残膜回收等主要内容。主要栽培技术指标来源于内蒙古农牧业科学院在丰镇市和凉城县等地开展的试验示范研究成果。其间，开展了甜菜直播栽培、覆膜甜菜栽培、膜下滴灌纸筒甜菜栽培等方面的综合栽培技术研究，明确了覆膜甜菜的覆膜播种、田间管理、病虫害防治和收获贮藏等关键技术指标。

3.《甜菜纸筒育苗技术规程》

甜菜纸筒育苗技术自从 20 世纪 80 年代初引入我国后，已在华北产区得到迅速推广，特别是在我国气候冷凉、有效积温不足、降水量少、病虫害较重的地区推广甜菜纸筒育苗技术。一般情况下，纸筒育苗移栽甜菜比直播增产30%～40%，提高糖分 0.2～1 度，是大幅度提高经济效益的有效途径，为加大技术的推广应用，保证技术实施的规范化和高效化，特制定本标准。适用于内蒙古中部阴山丘陵、东部林西和赤峰等平川丘陵干旱区及河北坝上张北等冷凉干旱地区的甜菜生产。规定了甜菜纸筒育苗的育苗前准备、育苗时间、育苗床土的配制、装土与墩土、播种、覆土、浇水、扣棚、苗床管理（温湿度管理和喷施壮苗剂）的技术参数和规程及壮苗标准。

4.《纸筒育苗移栽甜菜高产优质高效栽培技术规程》

本标准规定了甜菜栽培生产中甜菜纸筒育苗、移栽、病虫草害防治及收获等的操作规程。本标准适用于内蒙古冷凉旱作区甜菜生产农田。纸筒育苗移栽甜菜根据甜菜纸筒育苗苗床管理、移栽前管理及生育期生长发育规律，水肥需求规律，进行了合理的田间管理和监测，经过大量试验验证和数据分析，制定了本项技术规程。该项技术规程包含前言、适用范围、规范性引用文件、术语和定义、关键栽培技术、田间管理、病虫草害防治和田间收获等主要内容。纸筒育苗甜菜不仅能改善苗情，还能相对增加甜菜的积温，延长甜菜的生育期，提高了光合效率，利于干物质和糖分的积累，增加了单位面积产量，对生产高产优质高效甜菜和为农民增产增糖具有重要的生产和现实意义。

5.《膜下滴灌纸筒甜菜栽培技术规程》

在甜菜生产发展上，受高寒、干旱少雨自然生态环境影响，农田灌溉水资源匮乏，甜菜生长期间供水得不到保障，成为产质量难以提高的原因之一。近年华北甜菜产区将膜下滴灌技术与纸筒育苗技术成功结合，形成了膜下滴灌纸筒甜菜栽培技术，它是冷凉干旱地区提高甜菜保苗率、延长生育期、高产优质、节水增效、改善土壤状况的有效措施，生产实践表明，该技术具有较好的经济效益和社会效益。为加快技术的推广应用，保证技术实施的规范化和高效化，特制定本标准。本标准适用于内蒙古中部阴山丘陵、东部林西和赤峰等平川丘陵干旱区及河北坝上张北等干旱冷凉地区的甜菜生产。本标准规定了膜下滴灌纸筒甜菜的品种类型、选地和整地、施肥、纸筒育苗、移栽、苗期管理、叶丛快速生长期、块根及糖分增长期和糖分积累期各阶段管理措施，以及病虫草害防治、灾害防御和补救措施。

6.《甜菜全程机械化生产技术规程》

甜菜全程机械化作业发展潜力较大，能够提高作业效率，一次性实现从整地、播种、田间管理到收获全过程机械化，不仅有利于农艺措施的实施，减轻劳动强度，还大幅度提高劳动生产效率。在国家甜菜产业技术体系项目的支持下，开展了深入细致的甜菜全程机械化生产的管理研究工作，制定了《甜菜全程机械化生产技术规程》，用于指导、统一规范甜菜纸筒育苗生产。适用于内蒙古乌兰察布市、赤峰市、兴安盟等甜菜主要种植区域种植。规定了甜菜播种、田间管理及收获技术，甜菜从整地至收获全过程的机械化选型及配套技术。

7.《内蒙古半干旱区甜菜纸筒育苗机械化栽培技术规程》

为规范纸筒育苗甜菜机械化生产的技术水平与管理水平，提高我国甜菜的产量和品质，特制定《内蒙古半干旱区甜菜纸筒育苗机械化栽培技术规程》，用于指导、统一规范甜菜纸筒育苗机械化生产。该项技术规程包含了前言、适用范围、规范性引用文件、术语和定义、关键栽培技术、田间管理、病虫草害防治、机械收获、贮藏与运输等主要内容。

随着劳动力资源紧张，土地流转加快，华北区甜菜种植逐步向规模化和集约化方向转变，甜菜种植户数逐年减少，种植面积呈现逐年增加趋势，且甜菜纸筒育苗种植方式在华北区占80%以上，因此，发展纸筒育苗甜菜机械化种植势在必行。

8.《甜菜地膜覆盖栽培技术规程》

地膜覆盖栽培技术在各地甜菜生产中广泛应用，对提高甜菜产量起到一定作用，但在关键技术环节还存在一些误区，没有完全达到地膜覆盖栽培技术丰产、优质的生产目标。为此，新疆农业科学院经济作物研究所经过3年28组单项试验、48个点片的生产调研，记载数据27 600余个，拍摄照片2 450余张，形成调研总结报告资料64份，于2015年制定了地方标准《甜菜地膜覆盖栽培技术规程》。

地膜覆盖种植甜菜的优势：①保苗率高。地膜甜菜保苗率可达95%，较露地直播提高13%～22%。②产量高。地膜促使地温增加，保墒良好，产量较露地直播提高32.0%～41.6%。③效益高。地膜甜菜亩效益约在2 300元，种植比效益较高。

9.《甜菜优质丰产平作膜下滴灌栽培技术规程》

膜下滴灌栽培技术对提高甜菜保苗率和水肥利用效率，增加甜菜产量起到一定的促进作用，但在关键技术环节还存在一些误区，没有完全达到膜下滴灌栽培技术节水、高产、高效的生产目标。为此，新疆农业科学院经济作物研究所经过 3 年 13 组单项试验、32 个点片的生产调研，于 2014 年制定地方标准《甜菜优质丰产平作膜下滴灌栽培技术规程》，并进行了示范推广，取得了良好的效果。

膜下滴灌栽培的技术优势：①节约灌水。膜下滴灌较大田沟灌节水 40%～49%。②效益高。膜下滴灌甜菜亩节水效益约在 25～35 元。③保苗率高。膜下滴灌干播湿出保苗率可达 95% 以上，出苗快且苗齐苗壮。④播期可控性强。可有效躲避苗期虫害和倒春寒冻害。

10.《甜菜全程机械化高产、高效栽培技术规程》

随着农业生产机械化水平的不断发展，各地甜菜生产播种、中耕、病虫害防治及收获过程使用的机械类型较多，对提高甜菜生产作业效率起到一定作用，但也存在因机械使用不当造成的作业质量不高、收获损失较大等现象，机械化生产高效率、节本增效的优势没有完全体现出来。因此，新疆农业科学院经济作物研究所联合西北区 4 个综合试验站对 20 个主产县市进行了调研，总结筛选出 4 套播种机型，3 套收获机型，并对这 7 种机型通过作业效率、收获质量、产量损耗、综合评价等主要技术参数进行评价与筛选，根据不同机型在生产上的应用情况调研及评价与筛选形成调研报告 16 份，于 2015 年制定了地方标准《甜菜全程机械化高产、高效栽培技术规程》。

第六节　西北片区

一、育种技术

1. 分子标记技术

"十三五"以来，开展甜菜分子标记辅助育种的初步研究工作。目前已完成甜菜品种鉴定的分子标记的引物筛选工作，对筛选出的 50 份骨干亲本材料进行历年数据的汇总整理确定阶段，用甜菜 SSR、ISSR 分子标记，对甜菜不同类型核心种质 40～50 份进行测定，建立适合甜菜产量和品质相关性状的选种方法。

2. 利用甜菜多胚保持系对单胚雄性不育系及保持系同步快速改良技术研究

利用国内育成或从国外引进的单胚雄性不育系及 O 型系作为改良对象，以我国自育的高糖抗病多胚 O 型系作轮回父本，同时对单胚两系进行回交改良，以导入高糖、抗病基因，同步完成细胞核置换。对后代进行鉴定、淘汰和选择，使单胚两系的含糖率和抗病性得到同步提高，从而育成丰产、高糖、抗病等各种类型的优良单胚雄性不育系及 O 型系。

3. 利用二环系技术对甜菜单胚雄性不育系的改良和制种研究

采用玉米自交系的二环系选育技术，对甜菜雄性不育系的经济性状进行强化和改良，包括两种方法：一是以甲不育系与乙保持系杂交后，再以甲不育系与多胚授粉系杂交制种；二是以 2 个以上保持系相互杂交后，优选出经济性状及配合力更好的单胚保持系，然后连续回交育成同型单胚不育系。

4. 利用一年生雄性不育系快速准确鉴定二年生保持系的技术研究

利用从国外引进的一年生多胚型不育系与国内的一年生多胚品系成对杂交，筛选出适应我国生态特点的国产一年生雄性不育系和保持系。利用一年生雄性不育系作测验种与二年生单胚品系或多胚自交系成对杂交，鉴定选择二年生 O 型系。

二、标志性成果

1. 苯甲·福美双甜菜悬浮种衣剂

2014 年 8 月 26 日，由甘肃省科技厅组织，武威市科技局主持，邀请有关专家组成鉴定委员会，对武威春飞作物科技有限公司和石河子农业科学研究院共同承担完成的 5 g/L 苯甲·福美双甜菜悬浮种衣剂的研制项目进行了科技成果鉴定。本剂型作为一种悬浮种衣剂，且有效成分采用新型杀菌剂苯醚甲环唑（0.3%）与传统保护性杀菌剂福美双（0.2%）复配首次应用在甜菜种子包衣上，对甜菜苗期立枯病的防效达 76.1%，病情指数为 0.7，产量比对照增加 8.3%，蔗糖分比对照增加 0.7%，亩产糖量比对照增加了 13.9%。推广应用情况：2012—2014 年黄羊糖厂示范面积 13 000 亩、张掖糖厂示范面积 10 000 亩、石河子甜菜研究所示范面积 25 000 亩、宁夏甜菜研究所示范面积 40 000 亩，合计示范推广使用面积达 88 000 亩，经济效益显著。

2. 自育甜菜遗传单粒新品种

近几年，随着甜菜丸衣种在新疆糖区的大面积使用，我岗着手致力于甜菜丸衣技术的研究与生产。目前，已利用研究出的成熟丸衣配方加工自育甜菜遗传单粒新品种——STD0903 丸粒种 400 个单位，STm1335、STm1225 丸粒种 200 个单位，累计示范推广 5 000 余亩。

三、体系成立以来西北片区育成的甜菜主要新品种

1. 新甜 18

为石河子农业科学研究院自主选育的丰产、优质、抗病、耐盐碱二倍体遗传单粒雄性不育杂交种是由异质单粒雄性不育系 MS39602A 为母本，多粒二倍体授粉系 SN9807 为父系，按 4∶1 比例杂交而成。2008 年 2 月通过新疆维吾尔自治区品种审定委员会审定命名。

该品种出苗快，易保苗，生长势强，叶片功能期长；根体光滑，根头小，根沟浅，根形整齐，易切削，工艺性状好，后期收获、加工处理成本低；抗（耐）甜菜丛根病、根腐病和白粉病；耐盐碱性强，适宜土壤瘠薄及盐碱地块种植。在自治区两年区域试验中，以多粒种 KWS2409 为对照，亩产量为 5 477.1 kg，增产 3.87%；含糖率为 15.205%，与对照持平；亩产糖量为 934.6 kg，增产 3.7%。已累计在南北疆种植推广 7.8 万亩。

2. STD0903

为石河子农业科学研究院自主选育的标准偏丰产、遗传单粒雄性不育一倍体甜菜杂交种，是由单粒雄性不育系 MS9602 为母本，多粒二倍体授粉系 ST春 881 为父系，按 3∶1 比例杂交而成。2014 年 10 月通过新疆维吾尔自治区农作物品种审定委员会认定命名。

该品种出苗快，易保苗，生长势强，整齐度好，株高中等，叶丛直立，叶片小、犁铧型，叶色浅绿；块根圆锥形，根头小，根皮白色，根冠小，根沟较浅，根体光滑，工艺性状好，非常适宜全程机械化播种和收获。在自治区两年区域试验中，平均亩产 5 420.4 kg，较对照 KWS2409 增产 16.5%；平均含糖率为 14.32%，较对照增加 0.22%；平均亩产糖量 776.2 kg，较对照增产 18.3%；已累计在南北疆种植推广 14.14 万亩。

3. SS1532

该品种是由石河子农业科学研究院和新疆宏景农业科技有限公司联合登记

的新品种，其为遗传单粒雄性不育二倍体杂交种，以单粒雄性不育系 MSFD4 为母本，多粒二倍体授粉系 SNHI-11 为父系，按 3∶1 比例杂交而成。2017 年 12 月通过新疆维吾尔自治区农作物品种审定委员会登记命名。

该品种出苗快，易保苗，生长势强，整齐度好，株高较矮，叶丛直立，叶片小、叶片犁铧形，叶色浅绿；块根楔形，根头小，根皮白色，根冠小，根沟较浅，根体光滑。经测产，亩产 6 371.2 kg，较对照 KWS2409 增产 17.7%；含糖率为 14.75%，较对照糖分增加 0.2 度；已累计在南北疆种植推广 1.5 万亩。

4. 新甜 22（XJT9904）

新甜 22 是新疆农业科学院经济作物研究所选育的多粒丰产偏高糖抗耐病甜菜新品种。以多粒雄性不育系 JT209A 为母本，以多粒二倍体丰产型耐根腐病自交系 WZ8 和二倍体高糖型抗病自交系 M39-8 为父本配制组合而成。2013 年 10 月通过新疆农作物品种登记委员会认定。登记编号：新农登（2013）第 05 号，新登甜 2013 年 05 号。

新甜 22 在 2011—2012 年新疆甜菜品种区试中，块根产量较对照 KWS2409 增产 6.3%，增产差异达显著水平；糖分较对照提高 1.03 度。耐甜菜丛根病，病指为 42.27。抗甜菜根腐病，平均发病率为 2.82%。耐甜菜褐斑病，病情指数为 46.70。生产试验块根产量较对照增产 7.5%，糖分较对照提高 1.41 度。适宜种植密度每亩为 6 000 ～ 6 500 株。

5. XJT9905

XJT9905 是新疆农业科学院经济作物研究所选育的多粒丰产偏高糖抗耐病甜菜新品种。以多粒丰产耐根病自交系 R41-2 为母本，多粒高糖抗病二倍体自交系 M21-4 为父本，以 4∶1 比例配制组合，单收母本种子。2014 年 10 月通过新疆农作物品种登记委员会认定。登记编号：新农登（2014）第 05 号，新登甜 2014 年 05 号。

该品种出苗快，易保苗，生长势强，整齐度好，株高中等。叶丛直立，叶色绿，叶缘中波，叶片犁铧形。块根圆锥形，根冠小，根沟浅，根体光滑，根肉白色。表现丰产，平均亩产 5 300 kg。含糖率较高，在各地平均含糖率为 14.96%。中抗甜菜丛根病、抗根腐病。二年生种株抽薹结实率高，株型紧凑，结实部位适中，结实密度大。选择 4 年以上没种过甜菜的地块，前茬以麦类、豆类、油菜等作物为佳，土壤肥力中等以上，地势平坦，灌排条件较好的沙壤土或轻黏土；基肥每亩施 2 ～ 3 t 有机肥。磷肥、钾肥作基肥深施或结合翻耕整地施入，磷酸二铵 15 ～ 20 kg/亩、复合钾肥 10 kg/亩；适期早播：南疆以 3 月中旬至 4 月上旬，北疆以 3 月底至 4 月上旬为宜。适宜密植，每亩保苗 6 000 ～ 6 500 株为宜。

6. XJT9907

XJT9907 是新疆农业科学院经济作物研究所选育的单粒雄不育丰产中糖抗耐病甜菜新品种。以单粒雄不育系 JTD201A 为母本，以多粒高糖、丰产、耐丛根病、耐褐斑病二倍体自交系 M39-8-4 为父本，以 4∶1 比例配制组合，单收母本种子。2015 年 10 月通过新疆农作物品种登记委员会认定。登记编号新农登（2015）第 05 号，新登甜 2015 年 05 号。按照农业农村部公布的《非主要农业品种登记办法》，2018 年 9 月完成认定登记，登记编号：GPD 甜菜（2018）650087。

该品种出苗快，苗期生长迅速，生长势强，整齐度好，株高中等。叶丛直立，叶色绿，叶片犁铧形。块根根冠中等，根沟浅，根体光滑，根肉白色，抗根腐病，耐褐斑病。属单粒雄不育丰产抗病甜菜品种。二年生种株抽薹结实率高，株型紧凑，结实部位适中，结实密度较高，种子千粒重 10 ～ 12 g，一般亩产块根 5 000 ～ 6 000 kg，含糖率为 14.50% ～ 15.50%。适期早播：南疆以 3 月中旬至 4 月上旬，北疆以 3 月底至 4 月上旬为宜。适宜密植，每亩保苗 6 000 ～ 6 500 株为宜。

7. 新甜 14

新甜 14 是新疆农业科学院经济作物研究所选育的多粒中晚熟偏高糖抗（耐）丛根病、褐斑病甜菜新品种。2003 年 2 月通过新疆农作物品种登记委员会审定，审记编号：新农审字（2003）第 018 号，新审甜 2003 年 018 号。2018 年 5 月通过全国农技中心非主要农作物品种登记系统认定，登记编号：GPD 甜菜（2018）650080。

该品种出苗快，易保苗，生长势强，整齐度好，株高中等。叶丛直立，叶色绿，叶缘中波，叶片犁铧形。块根圆锥形，根冠小，根沟浅，根体光滑，根肉白色。表现丰产，平均亩产 4 824 kg。含糖率高，在各地平均含糖为 16.66%。生育期为 176 d 左右。抗（耐）甜菜丛根病、褐斑病、白粉病。二年生种株抽薹结实率高，株型紧凑，结实部位适中，结实密度大，种子千粒重 19 ～ 22 g。适期早播：南疆以 3 月中旬至 4 月上旬，北疆以 3 月底至 4 月上旬为宜。适宜密植，每亩保苗 5 000 ～ 5 500 株为宜。

8. 新甜 15

新甜 15 是新疆农业科学院经济作物研究所选育的多粒多倍体中晚熟丰产高糖类型抗（耐）褐斑病甜菜杂交种。2003 年 2 月通过新疆农作物品种登记委员会审定，审记编号：新农审字（2003）第 019 号，新审甜 2003 年 019 号。2018 年 5 月通过全国农技中心非主要农作物品种登记系统审定：新甜 15，登记编号：GPD 甜菜（2018）650081。

该品种幼苗顶土能力强，抗旱及抗盐碱能力强，出苗快且整齐，保苗率高、生长势强，叶色绿，块根为圆锥形，根冠较小。根沟较浅，根体光滑，生育期 170 ～ 180 d，属中晚熟高糖类型品种。一般产量 3 400 ～ 5 300 kg/亩，含糖率为 15.0% ～ 17.4%，褐斑病病级为 1 ～ 2 级。二年生种株抽薹结实率高，株型紧凑，结实部位适中，结实密度大，种子千粒重 18 ～ 20 g，毛种子发芽率 75% 以上，生产种纯度达 99% 以上。

9. XJT9908

XJT9908 是新疆农业科学院经济作物研究所选育的多粒丰产型抗（耐）病甜菜新品种。以 JT203A 为母本，以多粒高糖、丰产、耐丛根病、耐褐斑病二倍体自交系 R1–2–2 为授粉系按 4:1 比例配制组合，单收母本种子。按照农业农村部公布的《非主要农业品种登记办法》，2018 年 9 月完成认定，登记编号：GPD 甜菜（2018）650088。

该品种出苗快，苗期生长迅速，生长势强，整齐度好，株高中等。叶丛直立，叶色绿，叶片心形。块根根冠小，根沟浅，根体光滑，根肉白色，抗根腐病，耐褐斑病。二年生种株抽薹结实率高，株型紧凑，结实部位适中，结实密度中等，种子千粒重 18 ～ 20 g，一般亩产块根 5 000 ～ 5 100 kg。含糖率为 15.10% ～ 15.45%。适期早播：南疆以 3 月中旬至 4 月上旬，北疆以 3 月底至 4 月上旬为宜。适宜密植，每亩收获株数 5 500 ～ 6 000 为宜。

10. XJT9909

XJT9909 是新疆农业科学院经济作物研究所选育的多粒丰产型抗（耐）病甜菜新品种。以 JT204A 为母本，以多粒高糖抗病二倍体自交系 RN02 为父本，以 4:1 比例配制组合，单收母本种子。按照农业农村部公布的《非主要农业品种登记办法》，2018 年 9 月完成认定，登记编号：GPD 甜菜（2018）650089。

该品种出苗快，苗期生长迅速，生长势强，整齐度好，株高中等。叶丛直立，叶色绿，叶片心形。块根根冠小，根沟浅，根体光滑，根肉白色，抗根腐病，耐褐斑病。二年生种株抽薹结实率高，株型紧凑，结实部位适中，结实密度大，种子千粒重 20～22 g，一般亩产块根 5 000～6 000 kg，含糖率为15.14%～15.29%。适期早播：南疆以 3 月中旬至 4 月上旬，北疆以 3 月底至4 月上旬为宜。适宜密植，每亩保苗 5 500～6 300 株为宜。

11. XJT9911

XJT9911 是新疆农业科学院经济作物研究所选育的多粒丰产型抗（耐）病甜菜新品种。多胚，丰产型（E）。以 BR321 为母本，以多粒丰产抗病二倍体品系 KM84 为父本，以 4:1 比例配制组合，从母本上单收种子。按照农业农村部公布的《非主要农业品种登记办法》，2018 年 9 月完成认定，登记编号：GPD 甜菜（2018）650090。

该品种出苗快，苗期生长迅速，生长势强，整齐度好，株高中等。叶丛直立，叶色绿，叶片心形。块根根冠小，根沟浅，根体光滑，根肉白色，抗根腐病，耐褐斑病。二年生种株抽薹结实率高，株型紧凑，结实部位适中，结实密度大，种子千粒重 20～23 g，一般亩产块根 5 200～6 200 kg。含糖率为 13.30%～18.21%。适期早播：南疆以 3 月中旬至 4 月上旬，北疆以 3 月底至 4 月上旬为宜。适宜密植，每亩保苗 5 500～6 500 株为宜。一般亩产块根5 200～6 200 kg，含糖率为 13.30%～18.21%。

12. ZT-6

ZT-6 以 006ms-83 为母本、抗 4 为父本组配的杂交种，2015 通过甘肃省认定（甘认甜菜 2015003）。全生育期 175 d 左右，苗期生长势强，成苗率高，叶片盾形，叶色深绿，叶丛直立，株高 55 cm 左右，根叶比例协调。块根为圆锥形，根体光滑，根沟浅，青顶小，易切削。高抗丛根病、根腐病，中抗褐斑病、白粉病。2012—2013 年生产试验，平均亩产为 6 729.8 kg，含糖率为15.8%。适宜在河西走廊及西北同类型甜菜产区种植。

四、体系成立以来西北片区主推甜菜栽培技术标准

1.《甜菜主要病虫害绿色防控技术规程》

在多年研究与试验示范的基础上，根据新疆甜菜主要病虫害的发生与危害特点，总结集成前期阶段性研究成果和已有成果，结合生产实际编制并发布了新疆维吾尔自治区地方标准《甜菜主要病虫害绿色防控技术规程》（DB65/T 3990-2017）。本标准规定了甜菜立枯病、甜菜根腐病、甜菜褐斑病、甜菜白

粉病、甜菜丛根病、甜菜象甲类、地老虎类、甘蓝夜蛾、旋幽夜蛾、叶螨等主要病虫害种类和主要病虫害绿色防治技术，介绍了主要病虫害的危害症状、形态识别、发病条件、危害特点、发生规律等。2017 年，国家糖料产业技术体系对新疆甜菜生产中含糖率偏低、效益较差的现状，通过集成灌水、施肥、生长调控、耕作管理、病虫草害防控、品种等方面系列专项技术，形成了"甜菜节本稳产增糖栽培技术集成模式"，并在奇台县西地镇进行了 100 亩的"甜菜节本稳产增糖栽培技术集成模式"示范应用。根据示范病虫草害实际监测结果及本标准规定的防控技术的实施，示范田病虫害得到了有效控制。2017 年 9 月 27 日由新疆维吾尔自治区农业厅牵头，组织相关科研院所、制糖企业和政府管理部门共同组成专家组对该示范田进行了现场实测，模式示范田平均块根单产 6.142 t/亩，平均块根含糖率为 18.9%，当地习惯对照田平均块根单产 5.620 t/亩，平均块根含糖率为 15.96%，示范田比对照田增产 9.29%，增加糖分 2.94 度。

2.《甜菜地膜覆盖栽培技术规程》

地膜覆盖栽培技术在各地甜菜生产中广泛应用，对提高甜菜产量起到一定作用，但在关键技术环节还存在一些误区，没有完全达到地膜覆盖栽培技术丰产、优质的生产目标。因此，新疆农业科学院经济作物研究所经过 3 年 28 组单项试验、48 个点片的生产调研，记载数据 27 600 余个，拍摄照片 2 450 余张，形成调研总结报告资料 64 份，于 2015 年制定了地方标准《甜菜地膜覆盖栽培技术规程》。

地膜覆盖种植甜菜的优势：①保苗率高。地膜甜菜保苗率可达 95%，较露地直播提高 13% ~ 22%。②产量高。地膜促使地温增加，保墒良好，产量较露地直播提高 32.0% ~ 41.6%。③效益高。地膜甜菜亩效益约为 2 300 元，种植比效益较高。

3.《甜菜优质丰产平作膜下滴灌栽培技术规程》

膜下滴灌栽培技术对提高甜菜保苗率和水肥利用效率，增加甜菜产量起到一定的促进作用，但在关键技术环节还存在一些误区，没有完全达到膜下滴灌栽培技术节水、高产、高效的生产目标。因此，新疆农业科学院经济作物研究所经过 3 年 13 组单项试验、32 个点片的生产调研，于 2014 年制定地方标准《甜菜优质丰产平作膜下滴灌栽培技术规程》，并进行了示范推广，取得良好的效果。

膜下滴灌栽培的技术优势：①节约灌水。膜下滴灌较大田沟灌节水

40% ~ 49%。②效益高。膜下滴灌甜菜亩节水效益约 25 ~ 35 元。③保苗率高。膜下滴灌干播湿出保苗率可达 95% 以上，出苗快且苗齐苗壮。④播期可控性强。可有效躲避苗期虫害和倒春寒冻害。

4.《甜菜全程机械化高产、高效栽培技术规程》

随着农业生产机械化水平的不断发展，各地甜菜生产播种、中耕、病虫害防治及收获过程使用的机械类型较多，对提高甜菜生产作业效率起到一定作用，但也存在因机械使用不当造成的作业质量不高、收获损失较大等现象，机械化生产高效率、节本增效的优势没有完全体现出来。因此，新疆农业科学院经济作物研究所联合西北区 4 个综合试验站对 20 个主产县市进行了调研，总结筛选出 4 套播种机型，3 套收获机型，并对这 7 种机型通过作业效率、收获质量、产量损耗、综合评价等主要技术参数进行评价与筛选，根据不同机型在生产上的应用情况调研及评价与筛选形成调研报告 16 份，于 2015 年制定了地方标准《甜菜全程机械化高产、高效栽培技术规程》。

下 编
体系认识与工作感悟

科技促进甜蜜事业快速发展

白　晨

糖料产业技术体系首席科学家　内蒙古自治区农牧业科学院

一、食糖产业概况

食糖与粮、棉、油同属涉及国计民生的大宗农产品，它既是人民生活的必需品，也是我国农产品加工业特别是食品和医药行业及下游产业的重要基础原料和国家重要的战略物资，是人类重要的能量来源。我国是世界第三大食糖生产国和第二大食糖消费国，是世界上为数不多既产甘蔗糖也产甜菜糖的国家之一。

2008/2009 到 2015/2016 八个榨季的全球食糖生产量基本维持在 1.65 亿 t 至 1.70 亿 t。而世界食糖消费量呈刚性增长态势，在 2008/2009 至 2015/2016 八个榨季食糖年消费量从 1.52 亿 t 增长到 1.71 亿 t，年均增长率为 1.76%。全球食糖供需趋势基本处于紧平衡，丰年略有余，灾年略不足。

我国甘蔗生产主要分布在南方的广西、云南、广东、海南等地，甜菜生产主要集中于北方的黑龙江、内蒙古、新疆、河北、甘肃等地，形成南甘蔗北甜菜的食糖生产格局。近年国内食糖年生产量基本稳定在 900 万～1 000 万 t，其中，甘蔗糖 800 万～900 万 t、甜菜糖 100 万 t，消费量基本保持在 1 500 万 t 以上，年缺口在 500 万 t 左右。国际上把食糖消费水平作为衡量一个国家民众生活水平高低的指标之一。随着人民生活水平的提高，我国食糖消费量将进一步增长，缺口将进一步增大。因此，要确保我国食糖有效供给，应立足本国解决，把糖罐子端在自己的手上。

我国食糖产量，甘蔗糖、甜菜糖分别自 2008/2009 年度的 1 152.99 万 t、90.13 万 t 变到 2017/2018 年度的 916.04 万 t、114.97 万 t，甘蔗糖产量下降了 20.55%，甜菜糖产量增长了 27.56%。

根据目前我国食糖业供需、生产现状，保障我国甘蔗产业的稳定发展，加快甜菜产业的发展振兴，对促进我国糖料产业发展，确保我国食糖有效供给至关重要，是实现到 2020 年确保我国食糖自给水平达到 75% 目标的基础。

二、体系建设与发展中取得的经验与体会

国家甘蔗产业技术体系和甜菜产业技术体系自 2008 年启动建设以来（2017 年国家甘蔗体系和甜菜体系合并为"国家糖料产业技术体系"），逐渐形成了科技创新整体合力，将育种、植保、病虫草害防控、机械化和加工技术统筹起来，实现了甘蔗和甜菜科技的全国"一盘棋"。近十年来，糖料产业技术体系围绕我国甘蔗、甜菜品种的遗传与改良，综合栽培技术模式的构建，病虫草害防控技术和糖料生产机械化，蔗糖深加工，产地转移等进行了广泛的研究应用，促进了我国糖料产业的科技进步。

1. 体系建设对稳定队伍、贴近生产、协同发力起到极大作用

糖料产业技术体系的建设对于稳定糖料产业人才队伍，开展产业技术创新，促进产业发展起到了极为重要的作用。由于甘蔗、甜菜属于小作物，长期以来没有得到国家及地方各级科技管理部门的重视，没有获得稳定的科研投入，科研经费投入少。同时由于甘蔗、甜菜研究周期长，需投入费用大，造成科研队伍流失严重，青黄不接，研究基础薄弱。

体系启动以来，体系经费的稳定支持，解决了科技人员的后顾之忧，稳定了一支年富力强、具有开创精神的科研队伍。尤其是一些年轻的硕士、博士通过国家糖料产业技术体系的持续支持，逐渐成为糖料作物科研的中坚力量，为保障糖料产业的可持续发展注入了新的活力。体系建设以来围绕着甘蔗、甜菜制糖产业形成了种质资源收集利用、新品种选育、生物技术、耕作栽培、植物保护、糖料综合利用、生产机械化、质量监督检验、产业经济等技术团队 300多人。科研基础、科研水平、人才队伍大幅提升，保护了弱小产业科研工作的持续推进。

2. 体系建设是科研组织管理模式的重大创新

国家糖料产业技术体系是按照糖料产业发展的内在规律以糖料产业链为主线，设立若干个功能研究室和综合试验站形成的稳定的科研队伍。首席科学家、岗位科学家均来自产业内较有实力的科研院所、大专院校，综合试验站站长多来自基层科研及推广单位，形成多元化的研究力量，专业化分工协作。体系建设从育种、栽培、植保、机械化等几个方面组建研究室，同时采取分区管

理模式，对整个糖料产业链、不同生态产区发展都起到重要支撑作用。

研究课题围绕糖料产业可持续稳定发展设立，来自糖料产业可持续发展需求，来自糖料生产中存在的具体问题，研究目标明确。针对不同生态区域生产中存在的不同问题，重合全国各科研院所和高校从事糖料研究的顶级科学家，作为一个整体共同有针对性地开展联合攻关，解决糖料生产中的各种技术问题，建立了体系内不同领域科学家的协作机制，促进了不同专业间的融合。使各方优势力量瞄准产业需求、精准施策、协同发力，提高了各学科专家解决生产实际问题的意识和能力，有利于糖料产业技术集成创新。体系的建设把践行"把论文写在大地上"的准则变成自觉自愿的行动。

3. 取长补短发挥集团优势，联合支撑产业发展

国家糖料产业技术体系形成了以首席科学家为引领，岗位科学家团队为核心、综合试验站为基础三位一体的格局，同时吸纳、带动广大糖料作物技术人员参与的科研模式。体系内科研人员定期相互交流，避免了各自为政、重复研究、资金项目碎片化的问题，真正整合了全国科技资源，合理配置科技资源，在资金上给予长期稳定的支持，提高了工作效率。

国家糖料产业技术体系集中了领域内各专业优秀的科研、推广专家，作为一个整体共同开展糖料作物的研究工作，解决糖料生产中的各种技术问题，同时充分调动团队成员的积极性和创造性，使大家都能够围绕体系的任务进行创造性的工作，既有利于体系任务的完成也为培养体系的后备力量打下良好基础。通过体系建设集中科技研发资源与生产实际紧密结合，做到统筹安排，统一行动，避免了科研与生产脱节，解决糖料生产中的实际技术问题。

研究成果通过综合试验站试验、示范进行推广应用，加速了成果转化效率，快速应用于生产，解决生产中的实际问题。对提升国家糖料科技创新能力、增强糖料综合生产能力和制糖产业市场竞争力具有重要作用。

糖料单产，甘蔗自 2008 年的每亩 4.02 t 增至 2016 年的每亩 4.12 t，甜菜自 2010 年每亩 2.6 t 增至 2016 年的每亩 3.68 t，自 2010/2011 年度至 2016/2017 年度甘蔗、甜菜工业单产分别增长了 11.35% 和 41.54%，科技投入和科技贡献的作用凸显。

4. 体系建设使糖料产业在固边安民、调节结构、脱贫致富中的作用凸显，真正体现出小作物、大贡献

由于糖料作物分布在我国的南北边区，其为加工体系最为完善、加工链条最为完整的重要农作物，不仅在保障我国食糖战略物资安全方面发挥重要作用，而且在稳定边疆、固边安民、调节作物种植结构、促进糖料产区农民脱贫致富中发挥着农业稳定器的作用，体系建设十年来，体系全体专家及团队成员在农业部科教司领导和首席科学家的领导下，创新产业技术、解决产业难题、培训产业农民、推广实用技术、降低生产成本、提高产业效益，为农民增收、企业增效、农村增绿做出了积极贡献。

5. 为糖料产业发展提供了强有力的技术支撑

2017年全国农业科技进步贡献率已达到57.5%，个别地区已达66.2%。自2009年甘蔗、甜菜产业技术体系启动至2017年二者合并成糖料产业技术体系，在糖料作物的品种选育、植物保护、水肥管理、糖料综合利用、生产机械化、种子加工以及食糖产业经济中进行了大量的研究工作，取得了一批重要研究成果并在糖料作物主产区推广应用，既体现技术创新，又与生产实践、产业发展相结合，为糖料作物的丰产增收提供了技术支持。全要素生产率的测算表明，甘蔗和甜菜产出中，分别有62.85%和59.84%可以由技术效率解释，科技贡献对于糖料产业尤其是甜菜产业提升显著。

体系组建以来，针对我国甘蔗产业的关键科技问题，以甘蔗新品种筛选和蔗区品种多系布局为重点，扩大甘蔗育种规模，创新了育种技术，我国的甘蔗育种组合数从原来的不足500个提高了2 000个以上。甘蔗全程机械化技术是提高我国甘蔗糖料竞争力的关键技术，十年来，糖料体系以农机制造关键技术研发和农机农艺融合应用结合，提出以中大型甘蔗机械化应用为主的两广（广西、广东）模式技术，以中小型为主的西南（云南）模式技术，2017年全国主产蔗区甘蔗机械化率达46%。

甜菜近几年，特别是内蒙古自治区由于种植基地向冷凉地区转移，研发推广了机械化膜下滴灌和纸筒育苗移栽等丰产高糖栽培技术，解决了多年来春旱出全苗难的问题，延长了生育期，保证了密度，促进了光、热、水的有效利用，甜菜单产、蔗糖分大幅提升，同时机械化作业快速推进，大幅减轻了农民劳动强度，农民与企业得到了实惠，甜菜制糖近年在全国制糖业整体下滑不景气的背景下，逆势上扬、强势发展。

6. 为政府决策提供咨询建议

总结糖料产业发展经验，跟踪糖料生产、食糖市场的发展变化，系统梳理糖料产业发展的经验与存在的问题，分析国际食糖市场形势与主要产糖国政策变动，及时将产业重大变化向国务院、农业农村部、发展改革委员会、商业部等相关部委糖料、食糖主管部门以及糖料食糖主产区政府决策提供意见和建议。

7. 带动了地方区域经济发展

糖料制糖产业主要集中在广西、云南、广东、海南、新疆、内蒙古、黑龙江等省份，多为贫困地区，服务于 4 000 万糖农，甘蔗、甜菜制糖业均为地方支柱产业，通过国家糖料产业技术体系建设，紧密结合当地实际，通过示范推广先进的甘蔗、甜菜种植技术，发展糖料作物种植，为制糖企业提供充足的原料，提高制糖企业竞争力，促进了地方区域经济发展，为边疆民族地区依靠糖料产业脱贫起了关键的作用。

三、体系建设以来取得的突破性成果

糖料产业技术体系建设以来，紧紧围绕供给侧结构性改革和绿色发展理念，强化丰产高糖高效与双减节水控膜技术研发，重点以提高我国食糖产业的综合竞争力为目标：以提高单产含糖推进机械化降低成本，提高资源要素利用率和产出率，提升管理水平和更新设备，提高加工工艺，延长产业链拓展副产物收益空间为抓手，最终实现降低吨糖成本，提高食糖产业综合竞争力这一目标。

糖料产业技术体系针对近年来我国甘蔗产区品种改良缓慢，老品种已大规模出现退化趋势，病虫害发生严重，宿根年限变短，蔗糖分下降；以人工为主的甘蔗生产方式效益低，成本高，竞争力弱；甜菜产区适宜机械化作业品种匮乏，灌溉、施肥、病虫草害防控等栽培技术间农艺措施与机械化作业间不很匹配，水肥药利用率、产出率、生产效率较低，先进的理念和先进的栽培技术应用不到位等问题，重点围绕不同生态区甘蔗、甜菜新品种筛选选育；甘蔗种植、中耕和收获机械引进；甘蔗全程机械化条件下种植行距、施肥方式和病虫草害防控技术；甘蔗控缓施肥技术；甘蔗除草降解地膜应用；全膜覆盖一次性种植技术；延长甘蔗宿根年限等轻简化种植和节本增效技术的研究与应用；结合双高基地建设；中低产田改造；推进机械化作业与良种和健康种苗及丰产高糖高效栽培技术研发与示范。甜菜西北产区以稳产提糖为目标，采取高糖品种应用，结合推进机械化作业、膜下滴灌控氮和后期氮肥前移、磷钾调整、控水，特别是后期控水与科学施药的一体化节本增效机械化丰产高糖综合栽培模式集成与示范。甜菜华北产区以稳糖提产、东北产区以提产提糖为目标，采取推进机械化作业、丰产高糖品种应用、地膜覆盖、纸筒育苗移栽、科学密植，结合膜下滴灌合理分配灌水与科学施肥和施药的一体化全程机械化综合栽培模式集成与示范。通过体系人员的辛勤工作，在各个研究领域均取得了显著的成绩。

案例1：甘蔗新品种选育和示范应用，2017年，体系育成的柳城05-136、桂糖42、桂糖46、云蔗05-51、云蔗08-1609、粤糖60、海蔗22、福农41等新品种在我国蔗区推广应用面积达35%以上，利用选育出的新品种，在桂中南结合双高基地建设，推进机械化作业，高效施肥、节水灌溉、绿色防控与组培快繁健康种苗技术进行新品种更新，使甘蔗单产提高近1 t，糖分提高0.5～0.8度；在滇西南结合全膜覆盖轻简栽培与温水脱毒健康种苗技术，使甘蔗单产提高近1.7 t，糖分提高0.8度。

案例2：在粤西北甘蔗主产区推广应用性诱剂为核心的甘蔗螟虫系统控制技术。示范区与常规防治区相比，甘蔗螟害株率下降28.74%～35.66%，螟害节率下降31.74%～33.33%，甘蔗增产8.73%～15.49%，蔗糖分提高0.33%～0.42%，农药用量减少30.6%～32.8%。

案例3：按照化肥、农药双减，蔗田废弃物综合利用的思路，研究发明甘蔗脱毒健康种苗应用、全膜覆盖一次性施肥和蔗叶还田保护性栽培的甘蔗绿色丰产生产技术。其中以甘蔗茎尖组织培养和温水脱毒相结合的甘蔗健康种苗技术，实现全过程甘蔗良种健康化；以甘蔗全膜覆盖一次性施肥施药生产技术，减少甘蔗化药用量20%以上，每亩节约用工5个以上，亩增产甘蔗1.7 t以上；与宿根甘蔗机械低铲蔸结合的蔗叶粉碎还田技术，还田4年后蔗地有机质提高1%以上，实现宿根年限延长2～3年，降低甘蔗种植成本30%以上。

案例4：2017年在西北甜菜产区结合诊断施肥技术、肥料增效技术、因需灌水技术及生长调控技术，形成了一套完整的甜菜节本稳产增糖栽培技术模式。在新疆奇台县示范田，与相同地块、相同品种的当地栽培管理方式比较，实现每亩节水100 m³，节肥60 kg，减少投入210元，增产0.6 t，增加糖分2度以上。

案例5：在华北甜菜产区以纸筒育苗和全程机械化为核心，结合节水、减肥、减药，推进滴灌和机械化作业，重点推进了滴灌甜菜节本增效综合栽培技术模式，在内蒙古乌兰察布市示范田节水30%，节肥10%～15%，亩成本降低 200 元，产量提高 0.3 ～ 0.4 t，糖分提高 0.5 度。

通过滴灌技术实现节水与肥药双减；增施生物有机肥，减少化肥用量；绿色防控实现减药；推进纸筒育苗移栽、收获等机械化作业，降低劳动强度，节约成本；提高甜菜产区的综合生产能力，实现农民增收和企业增效，确保甜菜产业的绿色、环保、健康和可持续发展，实现了甜菜产区提产增糖、节本增效的目的。

国家糖料产业技术体系建设启动以来，通过推进糖料高产、高糖、高效配套栽培模式的推广应用，优良新品种的更新换代，品种优化布局，优化耕作方式和种植方式，以及机械化作业的不断推进，水平的不断提高，实现了产量、品质和效益的不断提高，有效地促进了新技术、新品种的合理使用，提高了农民科学种田的水平，大大提升了糖料产业的综合竞争能力，为糖料产业的发展提供强有力的技术支撑作用。

辛苦并快乐，十年多收获

张跃彬

甘蔗抗逆栽培岗位科学家　云南省农业科学院

　　甘蔗是云南主要的经济作物。1991 年，本人从华南农业大学毕业分配到云南省农业科学院的甘蔗研究所从事甘蔗栽培技术研究工作。记得刚到单位时，恰逢我们栽培研究室上报的"旱地甘蔗丰产栽培技术研究"被列为云南省"八五"科技攻关项目，当时经费 20 万元，这是栽培研究室成立 20 多年来唯一被列入的省级攻关项目，全室人员欢欣鼓舞。随后的 5 年间，我跟随侯良宪老师根据云南旱地甘蔗冬春少雨干旱的关键问题，研究形成了甘蔗槽植栽培技术和穴植栽培技术，从技术上解决了云南长期以来旱地甘蔗单产低、效益差的重大难题。

　　但是随后的 10 年间（1997—2007 年），栽培研究和科研团队又回到打游击时代，基本没有科研项目，办公室鲜有人在。在这期间，我经常给省政府，甚至省主要领导写信，多次反映甘蔗栽培技术研究和推广应用在蔗糖产业上的重要意义。2000 年，云南省决定对甘蔗支持重大科技推广项目，由于我的多次反映，省政府专门在重大项目中强调栽培技术要作为重点内容来做，并给予了相应的经费支持，但是，在只重视品种、轻视栽培的年代里，我们争取来的栽培科研经费往往被单位支出用于开展甘蔗品种选育了，栽培技术人员就像一群"流浪的孤儿"，东拼西凑筹集经费，凭着农业科技工作者的内心责任和热情，开展着相应的科研和基层服务工作。

　　2008 年，国家现代农业产业技术体系启动，本人有幸成为体系中的一员，近 20 年栽培的坚守，终于换来了科研的坦途，想想多年来栽培科研人员的艰辛，对国家产业技术体系的感恩之情无以言表。

　　进入国家甘蔗产业技术体系后，由于我当时已担任了云南省农业科学院甘蔗所的所长，于是我暗下决心要做两件事情：一是依托体系的资源，开展大联合、大合作，将全国雄厚的科技力量引到云南边疆民族蔗区来，支持我们蔗糖的发展；二是在栽培领域上，要突破生产物化成果进而实现甘蔗栽培技术的创新。

把握科技发展主脉络，跳出云南小圈子，在全国大格局里谋求云南甘蔗糖业的发展，十年来，我始终以"一盘棋"理念来践行"云蔗"科技发展路径，为更好地发挥云南热区和沿边两大优势，加强协同创新。在我的努力下，云南省农业科学院甘蔗研究所与全国同行科研单位开展大联合、大协作，先后与中国农业科学院甘蔗研究中心、广西农业科学院甘蔗研究所等单位结成科研联盟体；建立全国甘蔗科技成果开发平台，与云南、广西、广东等省内外的50余家蔗糖龙头企业开展合作。同时，在省内牵头成立云南甘蔗产业创新联盟，汇聚全省科研力量，支撑"云蔗"发展。全国甘蔗科技汇集成云南边疆民族蔗区发展的澎湃动力，十年间，在国家产业技术体系和全国兄弟单位、专家的支持下，云南甘蔗品种改良取得了显著的成绩，甘蔗科学进步明显加快，粤糖、桂糖、桂柳、福农等省区的甘蔗新品种在云南种植面积达200万亩，同时在体系支持下，云蔗品种也不断推出云蔗05-51、云蔗08-1609等高产高糖新品种，全省迅速形成了以云蔗新品种、省外新品种和新台糖品种三分天下的格局，早中晚熟品种形成了3:4:4的科学搭配，全省出糖率显著提高，达到12.98%的全国历史最好纪录。全省出糖率连续位居全国第一，接近世界先进水平。

甘蔗栽培技术研究作为我的专业，多年来我梦寐以求的事情就是在生产物资和物化技术上进行突破，进而支撑形成一套新的栽培技术，2008年以来，进入国家产业技术体系后，体系实行由专家根据生产需求自主开展研究的新型模式使我多年来一直想做的工作得以开展。2009年以来，我带领科研团队系统研究了蔗区土壤水分变化规律和甘蔗全生育期营养需求规律，决定抓住甘蔗生产的水分、养分两个关键环节，以甘蔗降解除草地膜全覆盖和甘蔗控缓肥两个物化技术为突破口来开展甘蔗栽培技术的革新。三年间，我和我的团队成员跑山东、下广东了解最新地膜和复合肥料的生产工艺和设施设备；跑省有关部门，申请支持建立甘蔗产业工程技术研究中心作为甘蔗生产物化成果的中试研发基地。通过三年的努力，我们团队终于研究开发出适宜甘蔗生产的大幅光热降解地膜，宽度2米，甘蔗下种进行全覆盖，不仅有效地保蓄了土壤水分，还实现了防除杂草的功能，先后获得国家发明专利6件，成为云南科技创新新产品。在光热降解地膜研发的基础上，为实现甘蔗下种栽培覆膜后，不再进行中期的施肥管理，我们又与企业合作，成功地研究出了甘蔗控缓释肥，甘蔗控缓释肥根据"一促一攻"甘蔗施肥理论，利用现代生产工艺，以磷钾（肥）为外壳，氮肥为内核，形成了肥中肥的缓控释肥工艺专利技术，在甘蔗生产的前期，外壳的磷钾肥溶解释放，伸进甘蔗生根和苗期生长，在中期，氮肥（尿素）暴露后，集中释放，促进甘蔗大伸长，实现产量的大幅度提升。

近年来，以甘蔗降解除草地膜全膜覆盖、甘蔗控缓施肥一次施肥技术结合的轻简抗旱丰产技术，得到迅速的推广应用，2011年我们开始在全省蔗区试验，2012年开展示范，仅仅5年，就迅速成为全省推广面积最大的甘蔗科学技术，2018年，全省应用面积达180余万亩，所用之处，甘蔗每亩增产1.7 t以上，每亩节约用工5个以上，真正实现了一次性栽培，中期不需要任何管理，后期收获的轻简技术。在云南，甘蔗轻简技术有力地提高了蔗糖产业的竞争力，为保障国家食糖安全、保障边疆民族地区经济支柱产业的健康发展做出了重要贡献。

十年来，为了甘蔗产业的发展，为了自己的科研梦想，多少次奔波在边疆民族蔗区进行试验示范，多少次在全国各地寻找科技帮助，从当年的青年小伙到今天的中年人，十年磨一剑，终于做成了几件自己想做的事情，内心感到很欣慰。现在我的科研团壮大了，自己从研究实习员成为二级研究员，获得了政府给予的很多荣誉，2014年荣获了云南省突出贡献的专业技术人员称号，2016年获得云南省先进工作者称号，2018年又被推荐享受国务院特殊津贴。没有国家产业技术体系的支持，就没有我的今天；曾经一度后悔踏入甘蔗栽培技术研究领域，现在可以很骄傲地说，我就是做甘蔗栽培的，云南边疆民族地区的甘蔗产业没有我们栽培技术的强大供给就没有今天的发展。

集中力量办大事

黄应昆

甘蔗真菌性病害防控岗位科学家　云南省农业科学院

现代农业产业技术体系是我国现代农业发展的科技支撑，国家糖料产业技术体系建设是为解决我国糖料产业发展科技支撑的重大问题，围绕产业发展的需求和目标，建立一个集研发、推广和生产应用于一体的新型项目运行和管理平台，整合和培养一支科技队伍，开展产业发展共性技术和关键技术研究、集成和示范，对提升科技创新能力，增强糖料产业的可持续发展能力和市场竞争力具有重要作用。

经过十年的体系建设工作，基本解决了以往科研、推广和生产脱节的现状，整合各方资源和力量，为省、州（市）、县糖料的科研、农技、企业等部门之间搭建了合作交流工作平台，切实推进了"科、教、农、政、企"的紧密结合，建立直接面向生产的科技研发和技术服务团队，把科研成果直接投放到最基层的综合站，直接检验其效果，使科技创新、成果转化应用及科技服务能力和整体实力大幅度提高，对推进糖料产业的科学发展具有重要的支撑和推动作用。

体系的建立和运行，围绕全国"一盘棋"，统一思路，上下联动，协同攻关、注重转化、强化服务，提升了企业技术创新的认识，加快了科技成果转化和先进实用技术的推广应用，提高了糖农的综合素质和科学种植水平，为糖料产业的科学发展提供了智力支持，科技支撑产业发展的作用逐步显现，政府、企业和社会的认可度不断提高。

体系建设是一个系统工程，也是一种新的项目组织、运行和管理形式，需要各方面的重视和持续支持，才能得以不断发展。随着体系的不断加强和完善，其研发、推广和生产服务能力和作用将不断显现，且可源源不断地为产业发展提供不竭动力，充分发挥科技对糖料产业发展的引领、支撑和服务作用。

体系建设带动了单位科技资源纵横交流和配合协作，促进了人才培养和团队建设，提升了科研创新能力，增强了团结合作精神和科技服务及技术支撑能力；活跃了单位学术活动，推动了学术活动与科技创新相结合，激发了科技人员的创新热情，促进了科技发展。

十年耕耘，十年成长

蔡　青

开远综合试验站站长　云南省农业科学院

繁忙的工作中，时间总是过得很快。转眼之间加入体系工作已十年。

2009 年 1 月，甘蔗产业技术体系启动会在福州召开，开启了集全国各科研单位、大学、生产部门和基层推广站等优势力量于一体，实施全国甘蔗研发推广从生产到消费、从研发到市场各个环节紧密衔接并服务国家目标的现代农业产业技术体系建设任务。作为开远综合试验站其中一员，历经十年辛勤工作，在甘蔗高产、高糖、多抗新品种筛选评价及综合技术集成示范与推广，以及甘蔗种质资源收集保存及提供利用等方面做出了积极努力与贡献。

开远地处滇东南，在体系总体规划和统一部署下，试验站承担了甘蔗新品种在滇南蔗区生态适应性评价筛选与推广应用任务，并结合自身特点，以国家甘蔗种质资源圃为依托，为体系及全国甘蔗育种及相关学科研究提供资源利用。十年来，试验站以开远为核心，选择了辐射滇南 4 个州市涉及 5 个少数民族地区的 5 个县为示范县，建立了 11 个示范基地，为本区域产业发展提供了新品种和良种良法集成的技术支持。2008—2017 年承担了 5 轮共 46 个新品种的集成试验和表证示范试验，所有品种经开远站评价后，累计筛选出 25 个优良品种到辐射县进行示范。其中，云蔗 99-91、云蔗 03-194、云蔗 03-258、云蔗 05-51、云蔗 08-1609、粤糖 60、柳城 05-136 等品种在生产上得到了大面积推广，在 11 个示范基地核心示范 2 万亩，生产技术辐射面积 20 万亩。在栽培和植保岗位科学家的指导下，先后开展了甘蔗温水脱毒技术、高效中低毒农药技术、旱地甘蔗全膜覆盖节水栽培、测土配方与蔗叶还田技术、绿色轻简栽培等多项实用新技术示范，每个辐射县各形成了一套高效低耗轻简生产技术模式。同时，承担完成了国家区试共 7 轮 72 个品种的评价试验，共筛选出 21 个优良品种。其中，云蔗 99-91、云蔗 03-194、粤甘 26（粤糖 60）、柳城 03-1137、云蔗 06-407、福农 39、云蔗 05-51、柳城 05-136、德蔗 03-83、福农 40、海蔗 22 在生产上得到大面积应用，其余品种作为高产、高糖杂交亲本材料加以利用。

开远试验站依托云南省农业科学院甘蔗研究所，是国家甘蔗种质资源圃依托单位。为此，研发中心根据本站研究条件和人才优势，部署试验站承担收集保存体系优良新品种、鉴定优异资源并提供利用，以及属种间远缘杂交等部分前瞻性研究。2008—2017 年，共向体系岗位科学家提供资源 1 197 份次，包括品种 789 份、栽培原种 163 份、野生资源 245 份。为福建农林大学甘蔗综合研究所、福建农林大学基因组与生物技术研究中心、广西农业科学院甘蔗研究所、中国热带农业科学院、云南农业大学、农业部植物新品种测试（广州）分中心、中国热带农业科学院湛江实验站、广西大学等单位实施体系研发任务、国家科技支撑计划、国家基金等各级各类项目提供了资源材料和信息服务。同时，创制出 26 份含珍贵野生种（斑茅、割手密、大茎野生种）血缘的优异创新种质供体系育种选配利用。

十年来，通过体系工作，试验站在科技创新、推广应用、基层培训能力及人才培养等方面均得到同步发展和提升，共发表相关论文 21 篇，培训农技人员 5 254 人次、蔗农 22 247 人次，发放宣传资料 58 645 份。团队成员中，站长从副研究员晋升研究员，核心成员 2 人晋升研究员、4 人晋升副研究员，1 人获云南省中青年学术技术带头人称号、2 人获云南省中青年学术技术带头人和技术创新后备人才，团队整体素质得到较大提高。

现代农业产业技术体系是提升国家、区域创新能力和农业科技自主创新能力，为现代农业和社会主义新农村建设提供强大科技支撑的国家重大举措。开远综合试验站荣幸加入其中，在推动我国甘蔗产业发展中积极完成了任务，并获得了自身发展。十年耕耘、十年成长，开远试验站通过不断总结、厘清思路、找准定位，将试验站主体任务与种质资源基础性工作有机结合，取得了明显成效。通过体系平台，让从事基础和应用基础研究的科研人员特别是年青科技工作者，有机会深入生产一线，面向企业、面向蔗农，从资源收集保存圃、鉴定评价实验室，到品种筛选试验地、推广示范第一线，在完成体系任务的过程中也获得了个人事业的良好发展。如今，试验站全体团队成员深知试验站这份荣誉与责任兼具的使命，将在今后的工作中更加积极奋进，为我国糖业发展做出应有的贡献！

甜蜜事业，依托科研

吴才文

甘蔗种质资源收集与评价岗位科学家　云南省农业科学院

糖料产业技术体系启动以来，全国主要育种单位间开展大联合和大合作，历时 10 年攻关，建立了集甘蔗开花杂交、家系评价、早期（宿根性、抗病性和抗寒性）选择于一体的甘蔗多目标聚合育种技术体系，育成了一批抗性优良、适应性强的新品种，促进了蔗糖产业持续稳定的发展。

云南是全国第二大甘蔗产区，与广西同为国家战略糖料生产保护区。云南历史上曾是全国甘蔗糖分较低的省份，在 2005 年以前，云南全省甘蔗蔗糖分较广西低 0.5%～0.8%，致使制糖成本比广西高 8% 以上。体系启动以后，通过体系育种专家的联合攻关，加大甘蔗新品种选育的力度，蔗区大规模推广应用云蔗 89-151、云蔗 99-91、云蔗 03-194、云蔗 05-51、柳城 05-136、粤糖 93-159、粤糖 00-236 等新一代甘蔗新品种，使云南省甘蔗新品种面积达到了全省甘蔗种植总面积的 90% 以上，使云南蔗区早、中、晚熟甘蔗品种比例由 1:4:5 转变成 3:4:3 的合理状态。十年来，甘蔗品种的规模化改良，使全省蔗糖分和出糖率大幅度提升，从 2008 年至 2017 年，云南省连续十年甘蔗出糖率处于全国最高水平，其中 2009/2010 榨季全省出糖率为 12.98% 的全国历史最高纪录，达到世界先进国家发达国家水平。十年间，云南甘蔗较高的出糖率使云南省生产 1 吨食糖只需要 7.5 吨的甘蔗原料，云南甘蔗的高出糖率弥补了云南省原料和食糖运输距离远、蔗区条件差的劣势，使云南制糖企业的生产成本显著降低，蔗糖产业在国内的竞争力名列前茅。

依托积极的政策，推动科研与生产

张永港

德宏综合试验站站长　德宏傣族景颇族自治州甘蔗科学研究所

　　我是一名基层科研与示范推广的科技工作者，同时也是一个具有四十多年历史（1972 年建所）的地州级科研站所的负责人。任现职 18 年来，经历和见证了不同科技体制下的科技试验示范推广工作。2011 年聘为体系综合试验站站长，参加体系工作八年来，回想过去，思绪此起彼伏，感慨万千，展望未来，晴空万里，一片光明。

　　作为一名支撑地方经济半壁江山的传统支柱产业的专业研究推广机构负责人，既要考虑广大蔗农生产中存在的问题，又要不断地就品种和技术进行试验研究、推陈出新，引领产业持续稳定健康发展。而地方财政只能解决人员工资，换句话说，只有养兵的钱，没有打仗的钱，空有一身武器，没有子弹。在这样的情况下，只有到相关部门跑项目、要经费。多次努力，结果总是事与愿违。或者偶然有个小项目，实施过程中却把更多的时间和精力用在迎接检查和应付验收上，也就不可能解决更多的实际问题。过去只要听说哪个部门有新品种，哪个地方有新技术，就千方百计找关系、托熟人帮忙协调联系，带上土特产不远千里登门拜访，别人总是以"正在试验示范阶段，不便介绍"为由进行保密婉拒，结果总是乘兴而去，败兴而归。偶尔"偷"到一两个芽还不知道品种名称，回来后只能冠以某某引几号，结果造成生产中同一品种出现几个版本，扰乱了生产秩序。

　　过去基层示范推广工作，县市相关推广部门想做就做，不愿做我们也没有办法。因为部门之间一是没有隶属关系，二是没有经费支持，三是他不依靠你支付工资，所以，为了把新品种、新技术尽快在生产中进行示范推广应用，就只有到处说好话，请求支持工作。否则，新品种、新技术很难在生产上得到推广应用。过去在科研试验示范过程中，遇到技术难题束手无策，相关专家请不起，很难得到专家学者的指导和帮助，往往以试验示范失败而告终。回首往事，百感交集，其中艰辛付出历历在目。

现在，通过体系建设，科研推广经费得到了稳定支持。不必到处跑项目、要经费。可以抽出更多的时间和精力研究解决生产中存在的问题和广大蔗农的技术需求。

通过体系建设，为基层科研推广部门搭建了一个平台，通过平台只要国内出现的新品种、新技术和信息，第一时间即可到达试验站进行试验示范熟化，避免了过去各部门多渠道盲目引种，造成资金浪费和品种多、乱、杂的现象。

通过体系平台，架起了科研部门与基层示范县推广部门的沟通桥梁，把示范县技术骨干人员纳入试验站团队中进行要求和管理，加之少量的经费支持，通过示范基地建设，新品种、新技术得到及时的示范推广应用（如果能适当增加支持经费，效果将会更好）。

通过体系平台建设，为基层科技工作者搭建了向行业内外专家、学者交流学习的平台，为解决科研生产中的技术难题提供了便捷通道。2011年试验站为了提高旱地甘蔗单位面积经济效益以调动广大蔗农种蔗的积极性，在旱地蔗套种油葵示范过程中，当油葵开花结籽时，出现了茎部腐烂断头症状，当时不知是什么病，束手无策，一筹莫展，最后把问题放到管理平台的BBS讨论区进行请教，很快有许多专家回帖支招，按照专家指导的措施和方法进行防治，问题很快得到了解决，整个试验示范获得了圆满成功，为提高旱地甘蔗单位面积经济效益提供了很好的间套种模式。

通过体系建设，为基层科研部门完善了设备和科研手段，提升了研发能力，锻炼了队伍，提升了素质，增强了服务广大蔗农的意识和能力。

感谢体系建设的设计者，感谢体系工作的管理者对我的信任和厚爱，让我参与体系工作，为我提供更加广阔的施展才华的空间和平台。在今后的工作中，我将带领团队成员心往一处想，劲往一处使，沉下身，静下心，凝心聚力，攻坚克难，高标准、严要求，完成体系各项工作任务，为蔗糖产业持续稳定健康发展做出新的更大贡献。

农业产业技术体系，特征鲜明意义重大

贺贵柏

百色综合试验站站长　百色市农业科学研究所

1. 必须准确把握现代农业产业技术体系的整体性特征

加快构建现代农业产业技术体系是加快推进农业现代化的一项带有全局性、根本性、历史性的任务。

十年的探索与实践证明，现代农业产业技术体系具有鲜明的创新性、战略性、基础性、前瞻性、应急性和协同性等特征。

2. 必须认真总结和深刻把握现代农业产业技术体系建设的重大意义

十年的探索与实践证明：现代农业产业技术体系的建设取得了丰硕的成果，发生了历史性变革，积累了丰富的经验，为我国加快推进农业农村现代化进程提供了有力支撑。

现代农业产业技术体系的建设，对于加快推进农业科技进步与创新；对于加快推动现代农业产业优化升级与农业农村经济适应市场需求变化；对于培养高素质农民、加快推进农业科技成果的转化与应用；对于加强农业科研与生产的结合、创新服务模式与转变农业生产方式；对于加快推动现代农业产业融合发展、高水平推进农业农村现代化，都具有重要的现实意义和深远的历史意义。

相互协作，攻坚克难

许莉萍

甘蔗育种技术与方法岗位科学家　福建农林大学

本人自 2008 年进入体系至今，2008—2010 年在甘蔗植保岗位，2011 年至今先后在"甘蔗分子育种"和"育种技术与方法"岗位，并兼任育种研究室主任。就育种室的工作来说，甘蔗是五星繁殖作物，其产量表现与环境的互作效应大，由于岗位科学家分别来自甘蔗栽培不同生态区的福建、广西、广东、云南、海南，使得在不同生态区对杂交亲本与组合进行联合评价成为可能，从而有利于筛选出优异的亲本与杂交组合，供杂交利用，提高了杂交分离群体的质量，从而提高育种效率。同时，由于综合试验站分布在甘蔗主产区的不同生态点，并与甘蔗加工企业密切合作，在产区与企业密切结合的技术示范与展示工作，使得体系岗位科学家研发的技术成果能通过综合试验站的窗口及时得到展示，极大加快了企业认识技术成果的进程，这点对甘蔗尤为重要，因为甘蔗只是加工蔗糖的原料，并非最终的消费产品。由于综合试验站位于甘蔗产区的不同生态区，各产区在生产上存在的技术需求有相同的，也有不同的，这为岗位科学家研究任务的制定提供了多样化需求的基础，也为技术成果的研发与测试提供了条件。如甘蔗抗病育种是甘蔗品种改良永恒的主题，但是，不同产区、不同时期的主要病害可能有明显的不同。例如：黑穗病是甘蔗最大产区——广西最主要的病害，但不是云南蔗区的主要病害，云南蔗区的叶部真菌性病害是主要的病害，因此，分布在不同生态点的综合试验站，为抗病育种品种抗病谱的测试和抗病性技术研发中个体与群体表型抗病性鉴定提供了不可或缺的条件。因此，体系的建设使得这些需要不同生态区作为支撑的技术研发工作有了支撑条件，聚焦产业技术需求的技术研发选题才有了实施的条件，而基于产业技术需求选题而拓展的应用基础研究工作，也就更有生命力。因此，育种研究室所选育的新品种已经在产区得到大面积应用，改变了甘蔗产业主栽品种单一的问题，新台糖 22 等新台糖系列品种的占比从 95% 以上下降到现在的 45% 左右，育种技术的研发和育种应用基础研究跻身国际先进水平。团队年轻的骨干快速成长，博士、硕士研究生培养质量大幅提高，本人连续 5 次被评为依托单位——福建农林大学科技创新先进个人/优秀研究生导师，同时也是福建农林大学校学术委员会委员、校学术道德专委会委员、作物科学学院教授委员会委员、博导团队负责人。

产业体系——青年人才成长的阶梯

齐永文

甘蔗高糖聚合品种改良岗位科学家　广东省生物工程研究所

本人 2007 年从中国农业大学博士毕业，来到了广东省生物工程研究所工作，加入了甘蔗遗传育种团队。工作之初，面临着项目少、经费少的难题，对于未来科研方向比较迷茫，不知道该如何选择。幸运的是，国家甘蔗产业技术体系从 2008 年启动，我作为原甘蔗产业技术体系高糖聚合育种岗位科学家邓海华研究员的助手，从一开始就全程参与了本项目的大部分工作。而今，经过十年历练，本人也从最初的团队成员成长为岗位科学家，从普通研究人员获得研究员职称资格，科研工作取得了一系列成果。回顾以往，我感觉最幸运的是，在科研工作之初遇到了成长的阶梯——国家甘蔗产业技术体系。正是由于国家甘蔗产业技术体系的稳定支持，我们的许多育种研究工作才能得到稳定开展，我也更加坚信了培育优良品种为产业发展服务的目标。而且，在承担该项目研究的过程中，我有机会与国内著名的甘蔗专家共同探讨甘蔗育种技术方法，设计育种试验方案。在各位专家的带领与指导下，我对甘蔗育种科研有了新的认识，科研思路更加明确，工作也更有动力。在体系成立的十年里，本人作为主要完成人育成了 12 个优良品种，获得省级科学技术进步三等奖 1 项（排名第一）、省农业技术推广奖 2 项（均排名第一）以及其他科技奖励 3 项。本人所完成的每一项工作、取得每一项业绩都与体系的支持息息相关。

在过去的十年里，本岗位引进 6 名博士、硕士研究生，1 名青年人员获得研究员职称，12 名青年研究人员获得副高级职称，3 名人员获得中级研究员职称。国家糖料产业技术体系为糖业的发展稳定了一支队伍，培养了一批优异的人才，尤其为青年人才指明了道路，是青年人才成长过程中名副其实的阶梯。

体系建设十年，甘蔗农机大飞越

刘庆庭

甘蔗耕种机械化岗位科学家　华南农业大学

体系建设十年，充分展示了农业部在体系顶层设计上的大智慧和大发展战略观。十年的体系建设，使得甘蔗生产全程机械化技术取得全方位突破，甘蔗生产机械化走出长期停滞阶段，步入快速发展的转折期。

十年的体系建设，稳定并凝练了一支甘蔗生产机械化研究和实践的科研队伍。甘蔗是重要的糖料作物，战略地位不容忽视。体系成立前全国从事甘蔗生产机械研究的有华南农业大学、广西农业机械研究院、广西大学、中国农业机械化科学研究院等单位，各单位根据所申请到的课题进行甘蔗生产机械的研究与开发。但是，在甘蔗生产机械化领域从事研究与实践的只有华南农业大学一家。体系成立后，机械化研究室从指导甘蔗产业发展、服务产业的角度出发，融合华南农业大学、广西农业机械研究院和福建农林大学的力量，联合云南甘蔗科学研究所、产业经济研究室等力量，对甘蔗生产机械化进行系统的调研和研究，提出适合我国的大中小规模生产机械化模式的划分，并进行实践，对我国甘蔗生产机械化的发展起到了一定的指导作用。

十年的体系建设，形成并实践了以产业需求为导向、凝练关键技术、研发核心装备的科研技术路线。体系成立前，我国各单位进行科学研究的主要导向是发文章；体系成立后，机械化研究室以产业需求为导向，凝练产业亟须解决的关键技术，组织3位岗位科学家的研发团队并联合中国农业机械化科学研究院等体系外团队进行联合攻关，取得了一批为产业解决了关键技术问题的科研成果，有效推动了甘蔗生产机械化技术的发展。如在甘蔗播种环节，针对我国普遍使用的切种式甘蔗种植机存在的辅助用工多、容易出现漏播等问题，刘庆庭团队在蔗种喂入技术上取得突破，并研制出每台收割机可以节约两个辅助人工的切种式甘蔗种植机；针对巴西等国采用的单芽段播种方式的高效、低耗等优点，刘庆庭团队在单芽段播种技术上取得突破，并研制出单芽段甘蔗种植机。在整秆式甘蔗收获技术方面，针对剥叶工序普遍存在的效率低等问题，刘庆庭团队在甘蔗匀铺输送技术上取得突破，该技术已服务于神誉重工等收割机厂家。在切段式甘蔗收获技术方面，刘庆庭团队针对目前国际上通用的切段刀辊后置式物流通道存在的问题，提出切段刀辊中置式概念，并攻克相关关键技术，研制出切段刀辊中置式甘蔗收割机。莫建霖团队研发的两款切段式甘蔗收割机也通过了推广鉴定。这些关键技术的突破，是以产业需求为导向带来的成果。

十年的体系建设，形成了甘蔗生产农机、农艺融合的机制和平台。体系成立前，农机、农艺领域的科研人员各自为战，造成农学家培育的品种和开发的栽培模式不适合机械化生产方式等问题。体系成立后，形成了农机、农艺融合机制，促进了农机、农艺融合实践的发展。体系成为农学家与农机专家交流的平台，机械化研究室成为农机、农艺融合的平台。机械化研究室张华教授成为甘蔗生产农机、农艺融合领域的专家。张华教授在适合机械化生产的宽行距栽培模式方面的研究成果与实践，得到了全国同行的认可。

回顾体系建设十年，我们深深体会到，体系是我国农业科研体制的创新，体系凝聚了农业生产各环节的科学家服务于产业的发展，体系建设十年也是甘蔗产业技术整体跨越式进步的十年。

资源优化整合，成果遍地开花

杨本鹏

儋州综合试验站站长　中国热带农业科学院热带生物技术研究所

甘蔗产业技术体系主要是针对目前我国甘蔗生产上的主要问题展开工作。在全国各个主要蔗区设立综合试验站进行大面积的生产试验示范。设立不同分工的研究室，建立甘蔗产业发展的基础性、公益性技术平台，配合完成甘蔗生产中涉及的各项基础性资源调查与数据信息整理分析研究。通过甘蔗产业技术体系平台育成的优良甘蔗新品种可以在全国各主产蔗区参与区域试验，实验结果可以更好地指导各个蔗区选择适宜当地生产条件的优良品种，综合试验站的集成示范提高了甘蔗新品种在当地的接受度，促进了甘蔗品种向多样化和自主化方向发展。特别是国家取消了对非主要农作物品种的强制审定，甘蔗产业技术体系所筛选示范认可的适合各个优势产区种植的高产优质甘蔗新品种更具权威性和代表性。并且，通过体系平台甘蔗科研力量系统整合，各研究室和综合试验站联合进行甘蔗种质资源、病虫害资源、气候气象资源、土壤资源的全面系统调查分析，在产业体系平台上实现了基础研究数据信息共享，为各项栽培措施、种植制度和技术、病虫害防控技术的研发提供全面的数据信息支持，极大地提高了科研工作效率，也方便了科技成果的推广应用，促进了甘蔗产业健康发展。

体系平台建设铸就育种工作者的春天

吴则东

甜菜高品质品种改良岗位科学家　中国农业科学院甜菜研究所

2008—2010 年推广甜研 307 品种面积大约 8 万亩，2011—2018 年累计推广甜研 312 品种 50 余万亩，甜单 304 推广示范 2 000 余亩。种植推广地区主要分布在黑龙江省齐齐哈尔市周边各县、吉林省洮南等地。甜菜多倍体杂交种甜研 312 的育种技术创新与推广于 2014 年获中国农业科学院科技成果二等奖以及黑龙江省政府科学技术进步三等奖。

甜菜新品种推广主要采取如下措施：

①举办国产甜菜品种高产栽培技术培训班 3 次。2011—2013 年由中国农业科学院甜菜研究所和齐齐哈尔市鹤城种业公司共同举办"国产甜菜品种种植技术培训与经验交流会"，由东北区育种岗位科学家王华忠与齐齐哈尔鹤城种业经理高耀春共同主持，培训人员近百人。发放品种简介及照片等 600 份。

②建立甜菜种植示范基地 5 个，召开国产甜菜品种示范观摩会 3 次。东北区育种岗位科学家王华忠与齐齐哈尔市鹤城种业有限公司协作建立国产甜菜品种示范基地 11 000 余亩。现场测产测糖，甜研 312 甜菜根产量每亩 3.5 ～ 4.0 吨，含糖率为 16.3% ～ 17%。甜单 304 机械化直播地块的根产量可达每亩 3 吨，纸筒育苗移栽地块可达每亩 4 吨以上，含糖率为 15.5% ～ 16.5%。

2011—2013 年的每年 8—9 月，在齐齐哈尔市周边富裕县、龙江县召开现场观摩会，参观国产品种大面积示范田。在此期间甜研 312 品种大约推广 40 余万亩。2014—2015 年累计推广 8 万亩，2016—2018 年累计推广 2 万亩。即甜研 312 已在黑龙江省、吉林省部分地区累计种植推广 50 余万亩。甜单 304 示范推广 2 000 余亩。

感言：甜菜新品种推广示范需要大力宣传，需要多设置示范点，需要多召开现场观摩会，需要繁殖高质量的种子。新品种育成需要优良品系大量选择、提纯、鉴定。甜菜产业技术体系建设项目经费充足，为优良品种宣传示范观摩以及优良品系选育提供了经费方面的大力支持。如果没有甜菜产业技术体系建设项目，甜菜多倍体杂交种甜研 312 育种技术的创新与推广，2014 年获中国农业科学院科技成果二等奖及黑龙江省政府科学技术进步三等奖，就绝对没有可能。

深入生产一线，做好体系的每一件事

孙佰臣

九三综合试验站站长　黑龙江省农垦总局九三农业科学研究所

回想体系走过的不平凡的十年，内心有许多感触。体系这十年的运作，应该是走在了机遇与挑战、成功与困惑并存的道路上。

随着国家对食糖行业的重视，甜菜产业也越来越觉得肩上的担子变得沉重起来。

我国人均食糖用量不足西欧国家的 60%，而缺额部分仅靠甘蔗糖来满足可能困难重重，而甜菜糖的发展空间相对较大。但目前国家政策尚未形成有利于发展甜菜糖的良好局面，使得甜菜制糖企业仍在困难中徘徊。

作为产业技术体系的一员，我想我们每个人都有为发展甜菜产业做出应有贡献的责任，都有为之献身的一种精神。我们的工作是与食糖分不开的，我们要为中国糖业的发展贡献一份力量。那么，解决目前生产上的关键技术问题，对于我们每一位岗位科学家、综合试验站站长来说是责无旁贷的义务。

体系运作十年来，我个人认为，我们要解决生产中存在的实际问题，还需要在以下几个方面脚踏实地地去做：

一是深入生产一线。真正了解生产一线的需求，真正了解农民想要解决的技术问题，真正了解生产技术方面的关键问题。从关键问题入手，以解决关键问题为切入点，实实在在地做好每一件事，哪怕是一小事，也要一丝不苟地去做。我们要有一种实在的精神，要有一种拼搏的干劲，要在实践中学习，在实践中进步，把已有的技术应用到实践中去。深入一线，不能走马观花，不是为了检查，不是工作内容的一种形式，更不是到处指指点点。深入一线，是去找问题，去解决问题，去思考问题；可以说，我们去生产一线，最大的收获不是为了取得一点成绩，而是去发现一些问题，发现这些问题我们才有事情可做，我们才有解决问题、施展才能的机会。我想，这也是产业技术体系的运作的一个初衷。

二是要体现联合与合作的风范。体系要成一个系统，就要体现联合与合作的风范，我们不能像以往那种单打独斗的形式，我们要共享思想、共享资源、共享对我们体系有利的一切有用的东西。两个人交换了各自的一种思想，那么每个人就多了一种思想。一个人的闲置资源可能是另一个人最为急切需要的资源。这种联合与合作不仅体现在体系内部，也体现在与生产部门、推广部门及企业之间的联合与合作中。

三是实事求是、科学严谨。我们常说，体系的运作是要"把论文写在大地上"，那么在大地上的这篇论文，每一个字都要你亲自来写、亲自修改、反复修改，直到自己满意、编辑满意为止。不能抄袭，不能拿别人的一个段落一字不改地放到自己的论文中去，对别人的内容我们只能参考和借鉴，不能照搬，更不能在别人的全部内容上列上自己的标题，成为自己的了。大地上的这篇论文是要自己一笔一画写出来的，一个字就是一个字，一个段落就是一个段落，绝无假货或者赝品。这就要求我们每一位岗位科学家、综合试验站站长要有一种实事求是的作风，要有一种脚踏实地、真抓实干的精神，要用科学的态度、严谨的作风来完成这份答卷。

四是体系的工作既要有"软件"又要有"硬件"。体系本身就是一个系统，这个系统使我们的工作紧密地联系在一起，使我们的每一项技术的落实与实施都有着不同程度的关联。我们都是按照体系统一的指令来执行我们的工作，也就是说我们的工作是由体系的"软件"来支配的，这种软件的支配使我们成为一体。那么，我们的硬件是什么呢？就是"技术的实施"，我们实施的每项技术能否在生产上兑现它的功能则是硬件存在的根本所在。然而，我们的硬件往往有"虚拟"的成分，这种"虚拟"是导致体系相关内容运作的不真实所在。我们所做的就是体系的事，所有的执行结果其源泉和动力也应来自体系，而不能去依附或挂靠体系之外的相关内容，我们要有自己的"硬件"。

稳定甜菜基地　促进提质增效

王清发

白城综合试验站站长　吉林省农业科学院

2011年，为了实现甜菜种植地区的技术服务全覆盖，甜菜产业技术体系组建了长春综合试验站，本人任站长，主要负责辽宁省和吉林省甜菜主产区的技术服务和示范试验工作。"十二五"期间，由于辽宁省建平县和凌海市种植技术缺乏、生产水平低下，所以，五年来着重开展了技术咨询与服务和"甜菜小垅密植直播栽培技术""甜菜纸筒育苗小垅密植栽培技术"示范推广、新品种的筛选等工作，极大地稳定了甜菜种植面积，不仅甜菜单产稳步提升，而且甜菜含糖率也逐步提高。2011年在辽宁建平县，纸筒育苗示范面积800亩，创造了亩产5.3吨、含糖率16.1%的当地纪录。2012年建平县三家蒙古族乡结合地膜覆盖，推广膜下滴灌栽培技术，面积0.9万亩，产量每亩达3.89吨，含糖率达16.0%，取得了巨大成功，为膜下滴灌后续发展奠定了良好基础。2014年糖产量每亩最高达5 004.7公斤，含糖率最高达17.1%；2015年糖产量每亩最高达6 249.6公斤，含糖率最高达18.77%。辽宁省凌海市甜菜种植株行距一直是65厘米×30厘米，含糖率一直在13%左右，极大地影响着制糖企业的经济效益，2012年开始，在试验站的建议下，小面积推广"甜菜小垅密植直播栽培技术"，把株行距改为60厘米×20厘米，结果当年在产量稳定的基础上，含糖率提升至15.6%，这一结果得到了企业和农户的双重认可，从2013年开始全部采用这一种植标准，每亩产量基本稳定在3.5吨以上，含糖率稳定在15.5%以上。由于试验站与辽宁建平宝华制糖有限公司紧密结合，大力合作，使该企业一直以来没有出现亏损，也是我国在甜菜制糖行业处于低谷的情况下，唯一一个坚持加工生产且不亏损的制糖企业。

2015年体系进行调整，甜菜体系与甘蔗体系合并，并把原来的"长春综合试验站"更名为"白城综合试验站"，服务地区改为吉林省和内蒙古兴安盟甜菜产区。由于兴安盟甜菜产区是新产区，急需新技术和新成果进行推广，深感责任重大，因此工作也倍加努力，随时随地进行技术咨询与服务。特别是在2018年3月12日白城综合试验站与内蒙古荷马糖业股份有限公司共同组织，在内蒙古乌兰浩特市举行了"2018年兴安盟地区甜菜生产技术培训会"，会上有6位专家讲解了先进适用的栽培技术，兴安盟农牧业局、兴安盟农业科学研究所、东北区部分岗位科学家、荷兰安地公司北京总代理以及荷马糖业其他农业副总及技术人员，各示范县推广中心（站）负责人及技术人员、种植户等130余人参加了会议。此次培训会的召开，极大地提升了技术人员和种植户的甜菜生产技术水平。三年来，通过"甜菜窄行密植平作直播栽培技术""甜菜纸筒育苗窄行密植平作栽培技术""甜菜窄行密植垄作直播栽培技术"等新技术、新品种大面积示范推广，使该地区的甜菜种植面积逐年扩大，产量和含糖率逐步提升，为辖区甜菜制糖产业的发展提供了强有力的技术支撑。甜菜种植面积由2015年的3万亩，发展到2018年的21万亩；平均每亩单产由2015年的2.67吨，提高到2017年的3.63吨；平均含糖率由2015年的15.0%，提高到2017年的16.9%。

八年来，通过体系工作，深深感到体系的重要。体系的建立不仅解决了科研发展的可持续问题，而且也整合了全国同行业的人、才、物资源，使全国同行业形成了一个整体，有效地解决了人、才、物资源的重复及浪费问题，同时为新技术的研发、新成果及新技术的大力推广应用提供了保障，也为农业增效、企业增益，为我国农业的发展做出了极大的贡献。我身为体系人能够安心研究和尽心服务，能为我国农业发展，特别是甜菜制糖行业的进步尽一份力感到自豪和骄傲！我努力，我奋斗，我幸福！

体系为农技推广者提供广阔舞台

王志农

红兴隆综合试验站站长 黑龙江省农垦总局红兴隆农业科学研究所

红兴隆综合试验站（以下简称"试验站"）早在 2006 年就开始接触甜菜生产，当时主要的工作任务是国家及省甜菜品种试验，国外公司甜菜品种筛选及农垦总局的甜菜栽培课题。在加入国家产业技术体系之前，试验站在甜菜新品种的试验示范和推广方面较有成效，但在甜菜种植技术的培训及指导上力不从心。主要原因：一是经费不足，二是研究的深度和广度不够。

自 2011 年加入国家产业技术体系以后，本人和试验站人员通过甜菜产业技术体系这个大平台得以认识了全国甜菜产业各个领域的专家学者，通过体系开展的各种交流会议，现场聆听专家们的报告，甚至面对面交流、当面请教问题，不仅开阔了眼界、增长了学识，而且感受到了对事业的挚爱，对学术的严谨，以及对工作的责任感。在甜菜产业技术体系首席专家和各岗位科学家的帮助下，试验站明确了自己的工作任务，解决了许多工作中遇到的困难，取得了不少的成绩，也得到了地方政府、糖厂及种植户的认可。

未加入体系之前，红兴隆区域的甜菜种植多是参考以前的种植方法，遇到问题凭经验解决，对新技术少有接触，理论依据基本停留在 20 世纪 90 年代的书籍教材中。红兴隆区域种植甜菜有自己的优点，靠着得天独厚的地理位置和气候，强大的机械化水平，甜菜的产量和含糖率在 2000 年左右一直处于全国领先水平，但仍与美国和欧洲等国家有较大的差距。进入 21 世纪后，随着滴灌种植的引入，红兴隆曾被内蒙古和新疆超越。糖价忽高忽低，原料成本过高导致大批糖厂倒闭。甜菜费工费时，随着人工成本的不断增加，比较效益对玉米等主要农作物已不明显，甜菜种植户没有了以往的积极性。甜菜节本增效全程机械化的研究及推广势在必行。

试验站在国家产业技术体系中担任的是承前启下的作用，是连接岗位科学家与广大种植户的纽带，是新品种、新技术推广的发动机。红兴隆综合试验站加入体系以来，以体系功能研究室为依托，以甜菜示范基地为载体，充分发挥示范基地技术骨干的积极性，近些年在高糖高产品种筛选、甜菜病虫草害防治、测土推荐施肥及模式化栽培方式等方面取得了进展，基本实现了甜菜生产的全程机械化，提高了农药化肥的利用率，并使甜菜产量、含糖率逐年增高。在岗位科学家们和当地政府的支持下，红兴隆综合试验站在各个示范县多次组织培训会、现场会，切实做到了科研成果转化，培养了一批高素质的"现代农民"，给当地的甜菜种植户和糖企带来了经济效益。

体系平台建设，成就甜菜甜蜜事业

苏文斌

甜菜抗逆栽培岗位科学家　内蒙古自治区农牧业科学院

1. 通过体系建设，推进了甜菜机械化作业水平

通过机械选型、栽培技术研发、农机与农艺结合，形成了甜菜机械化作业模式，大大推进了甜菜机械化作业水平，由体系启动前机械化作业水平不足10%，至2017年提高到80%以上，按现在的发展速度，到2020年基本上实现全程机械化。

2. 通过甜菜栽培技术的研发、集成与示范推广，甜菜产量和质量明显提高

甜菜种植向集约化、规模化转变，华北区甜菜单产由平均每亩2.2吨提高到每亩3吨以上，甜菜蔗糖分达16%以上，在全国一直处于领先水平。

3. 促进了华北区甜菜制糖产业的发展

随着比较效益的提高，2017年在7家糖厂的基础上又新建了8家糖厂，至此内蒙古日加工能力达57 500吨左右。甜菜机械装备能力大幅度提升，处于全国领先水平。

4. 甜菜种植规模化、集约化程度大幅度提升

随着产区工地流转的加快推进，到2020年为止，百亩连片种植面积达到70%～80%，为机械化和新技术推进奠定了良好的基础条件。

5. 甜菜制糖产业对贫困地区脱贫致富起到积极的推动作用

甜菜种植区大部分分布在内蒙古的边远贫困地区，涉及47个旗县，20多万农户，2万多产业人员，甜菜制糖业已成为当地的龙头企业，随着种植业结构调整，甜菜已成为该地区主要的增产增收作物，为农民脱贫致富奠定了基础。

体系铸就甜蜜事业的甜蜜历程

张惠忠

甜菜抗病品种改良岗位科学家　内蒙古自治区农牧业科学院

2008 年进入体系以来，真切感受到体系建设以来所取得的成效。近些年随着我国甜菜生产中纸筒育苗、机械化精量点播、膜下滴灌、覆膜加纸筒等综合栽培技术的推广应用，要求甜菜种子必须是单胚丸粒化包衣种。单胚雄性不育杂交种具有杂种优势强、便于机械化精量点播和纸筒育苗移栽等栽培技术优点，单位面积产量高，有利于对丛根病进行综合防治。目前国内自育的一些品种虽然含糖率较高、抗病性较强，但由于种子加工、包衣技术与设备落后等问题，严重影响了国产品种推广应用。自 20 世纪 90 年代开始国外品种一直占领绝对主导地位，为了保持我国品种优势，促进甜菜糖业的可持续发展，保证甜菜生产中种子质量安全与数量安全。体系建设以来在甜菜品种选育方面，真正实现了大联合、大协作，整合全国资源，开展甜菜品种选育工作。

糖料产业技术体系建设以来，紧紧围绕供给侧结构性改革和绿色发展理念，强化丰产高糖高效与双减节水控膜技术研发，重点以提高我国食糖产业的综合竞争力为目标，即以提高单产含糖推进机械化，降低成本，提高资源要素利用率和产出率，提升管理水平和更新设备提高加工工艺，延长产业链，拓展副产物收益空间，最终实现降低吨糖成本、提高食糖产业综合竞争力。

国家糖料产业技术体系建设启动以来，通过推进糖料高产、高糖、高效配套栽培模式的推广应用，优良新品种的更新换代，品种优化布局，优化耕作方式和种植方式，以及机械化作业的不断推进，实现了产量、品质和效益的不断提高，有效地促进了新技术、新品种的合理使用，提高了农民科学种田的水平，大大提升了糖料产业的综合竞争能力，为糖料产业的发展提供强有力的技术支撑作用。

1. 体系建设对稳定队伍、贴近生产、协同发力起到极大作用

糖料产业技术体系的建设对于稳定糖料产业人才队伍、开展产业技术创新、促进产业发展起到了极为重要的作用。甜菜属于小作物，研究周期长，投入费用大，研究基础弱。产业技术体系启动前科研经费投入少，科研队伍流失严重，青黄不接。体系启动以来，体系经费的稳定支持，解决了科技人员的后顾之忧，稳定了一支年富力强、具有开创精神的科研队伍。尤其是一些年轻的硕士、博士研究生通过国家糖料产业技术体系的持续支持，逐渐成为糖料作物科研的中坚力量，为保障糖料产业的可持续发展注入了新的活力。体系建设从育种、栽培、植保、机械化等几个方面组建研究室，对整个糖料产业链发展都起到重要的支撑作用。体系的建设使各方优势力量瞄准产业需求、精准施策、协同发力，提高了各学科专家解决生产实际问题的意识和能力，在自觉自愿的行动中践行"把论文写在大地上"的准则。

2. 体系建设使糖料产业在固边安民、调节结构、脱贫致富中的作用凸显，真正体现出小作物、大贡献

由于糖料作物分布在我国的南北边区，不仅在保障我国食糖战略物资安全方面发挥重要作用，而且在稳定边疆、固边安民、调节作物种植结构、促进糖料产区农民脱贫致富中发挥着农业稳定器的作用。体系建设十年来，全体专家及团队成员在农业部科教司领导和首席科学家的领导下，创新产业技术、解决产业难题、培训产业农民、推广实用技术、降低生产成本、提高产业效益，为农民增收、企业增效、农村增绿做出了积极贡献。

3. 取长补短发挥集团优势，联合支撑产业发展，是科研组织模式的重大创新

国家糖料产业技术体系形成了以首席科学家为引领、岗位科学家团队为核心、综合试验站为基础的三位一体格局，同时吸纳、带动广大糖料作物技术人员参与的科研项目。体系内科研人员定期相互交流，避免了各自为政、重复研究、资金项目碎片化问题，真正整合了全国科技资源，合理配置科技资源，提高了工作效率。

国家糖料产业技术体系集中了领域内各专业优秀的科研、推广专家，作为一个整体共同开展糖料作物的研究工作，解决糖料生产中的各种技术问题，建立了体系内不同领域科学家的协作机制，促进了不同专业间的融合，尤其是糖料作物生产中"良种良法"的配套。同时充分调动团队成员的积极性和创造性，使大家都能够围绕体系的任务进行创造性的工作，既有利于体系任务的完成，也为培养体系的后备力量打下良好基础。通过体系建设集中科技研发资源与生产实际紧密结合，做到统筹安排、统一行动，避免了科研与生产脱节，解决糖料生产中的实际技术问题。

4. 为糖料产业提供了技术支撑

2017 年全国农业科技进步贡献率已达到 57.5%，个别地区已达 66.2%。自 2008 年甘蔗、甜菜产业技术体系启动至 2017 年二者合并成糖料产业技术体系，在糖料作物的品种选育、植物保护、水肥管理、糖料综合利用、生产机械化、种子加工以及食糖产业经济进行了大量的研究工作，取得了一批重要研究成果并在糖料作物主产区推广应用，既体现技术创新，又与生产实践相结合、与产业发展相结合，为糖料作物的丰产增收提供了技术支持。

体系平台为甜菜病害防控保驾护航

韩成贵

甜菜病害防控岗位科学家 中国农业大学

甜菜病害防控岗（2008-2010 年为甜菜病虫害华北防控岗）2008 年进入甜菜产业技术体系，2017 年甜菜产业技术体系与甘蔗产业技术体系合并后转入糖料产业技术体系。甜菜生产中病虫草害对于甜菜产量和含糖率影响巨大，特别是苗期立枯病、根腐病和褐斑病。在产业技术体系实施前的近 30 年间，全国在甜菜病虫害防控方面没有稳定的专业研究团队和专门立项项目，我们只是通过国家自然科学基金项目开展有关甜菜丛根病病毒相关的研究。自加入产业技术体系以后，经费有了保障，本岗位研究团队能够把主要精力放在甜菜病害的相关研究上，科研方向明确，不再为科研项目经费奔波，科研人员也从以前没完没了写项目申请书、参加答辩、签合同、写中期评估报告、写结题报告、项目验收等事务性工作中解脱出来，研究水平也有了较大提高。在农业部有关部门和产业技术体系研发中心指导下，本岗位科研团队坚持绿色防控的理念，针对甜菜生产中主要病害防控问题开展研究，在甜菜病害的种类分布、发生危害状况以及主要病害危害特点、发生动态和综合绿色防控技术等方面开展了大量的研究工作，制定了甜菜主要病害防治技术方案，通过示范应用有效地控制了甜菜病害的危害。

经常与各试验站和岗位科学家就工作计划和协作等进行交流与合作。积极与制糖企业主要领导进行对接和合作，为企业服务。专家之间交流材料和合作明显增加，与育种专家合作开展甜菜育种材料的抗病性鉴定。2011—2017 年连续对内蒙古农业科学院重病田和轻病田种植的 100 余份甜菜品种累计 2 万余份样品进行 BNYVV 检测，初步明确了甜菜主栽品种抗丛根病现状，为育种和选择栽培品种防治丛根病害提供了参考。2017 年，国家糖料产业技术体系针对新疆甜菜生产中含糖率偏低、效益较差现状，组织品种、栽培、土壤肥料、病害防控、虫害防控等不同岗位在玛纳斯综合试验示范县同一平台进行联合协作，根据近年来新疆气候、土壤和甜菜栽培技术、病虫草害发生危害等特点，通过对灌水、施肥、生长调控、耕作管理、病虫草害防控、品种等多年研究形成的系列专项有效技术进行集成，形成了"甜菜节本稳产增糖栽培技术集成模式"，并在奇台县共同建立了"甜菜节本稳产增糖栽培技术集成模式与示范"示范田 2 块，示范面积 200 亩。由新疆维吾尔自治区农业厅牵头，组织相关科研院所、制糖企业和政府管理部门共同组成专家组，先后两次对奇台县西地镇示范田和农业科学院奇台试验站示范田进行了现场测产勘验，两块示范田病虫害均得到了有效控制。专家组认为国家糖料产业技术体系提出的"甜菜节本稳产增糖栽培技术集成模式与示范"节水、节肥、增糖效果显著。

以解决甜菜病虫害防控技术问题、服务产业的发展为目标，本岗位团队先后制定了华北区和东北区的病虫害和病害防控技术方案，主编《甜菜主要病虫害简明识别手册》，参编《大兴安岭东麓地区糖用甜菜种植技术简明旬历手册》及《制糖企业甜菜种植指导手册》等著作的把关。在华北和东北等地进行了甜菜主要病虫害绿色防控技术集成与示范推广，培训农户和基层技术人员共 2 626 人次，发放技术资料 2 400 份，取得了较好的示范效果及社会经济效益。

本人作为植保研究室主任，协助体系首席开展工作，负责甜菜植保学科工作，能够经常及时与研发中心、片区负责人和研究室各岗位科学家沟通联络，做好研究室的协调与管理工作。

糖料体系设置的片区管理体制具有创新性，有利于协调所在区域岗位科学家和综合实验站的协调配合，共同解决好生产中面临的主要问题，开展实验示范工作，促进产业发展。

甜菜病害防控岗位特别感谢国家创新了农业产业技术体系这一有效的研发与示范模式，我们得到了长期稳定的经费支持，稳定了研究团队和研究方向，提高了协作创新力度、研究水平和服务产业的能力，对促进和提升产业发展水平意义重大。

稳定研发、协作创新、服务产业

王锁牢

甜菜虫害防控岗位科学家 新疆农业科学院植物保护研究所

甜菜虫害防控岗（2009-2010 年为甜菜病虫害西北防控岗）2009 年进入甜菜产业技术体系，2017 年甜菜产业技术体系与甘蔗产业技术体系合并后转入糖料产业技术体系。

自 20 世纪 80 年代以来，在进入体系前的近 30 年间，新疆在甜菜病虫害防控方面没有稳定的专业研究团队，也几乎没有专门立项用于开展甜菜病虫防控方面的研究工作，甜菜病虫防控方面的研究仅是在少数甜菜育种或甜菜栽培方面立项时有所涉及。甜菜病虫害研究团队人员不足、不稳，缺乏经费支持，导致研究方向多变，研究水平不高，不能满足甜菜产业持续健康发展的要求。自加入糖料产业技术体系以后，本岗位研究团队能够把主要精力放在甜菜病虫害的相关研究上，不再为科研项目经费奔波，科研人员也从繁多的事务性工作中解脱出来，经费有了保障，科研方向明确，科研团队人员稳定并不断发展壮大，研究水平也有了较大提高。自进入体系以来，本岗位科研团队主要针对甜菜产业发展中的害虫防控问题，坚持绿色防控的理念，在甜菜病虫草害的种类分布、发生危害状况、主要虫害的危害特点、发生动态及绿色防控技术等方面开展了大量的研究工作，制定了甜菜主要虫害防治技术方案并进行示范应用，有效地控制了甜菜虫害的危害，没有因甜菜害虫的危害而造成大的损失。

自加入体系以来，通过与体系内不同学科领域的专家共同合作，本岗位研究团队建立了甜菜种植技术联合协作模式，与新疆内外专家直接交流，沟通机会明显增加，开阔了眼界，增加了见识，提高了水平。2017 年，国家糖料产业技术体系针对新疆甜菜生产中含糖率偏低、效益较差的现状，组织品种、栽培、土壤肥料、病害防控、虫害防控等不同岗位在玛纳斯综合试验站示范县同一平台进行联合协作，根据近年来新疆气候、土壤和甜菜栽培技术、病虫草害为害的特点，通过对灌水、施肥、生长调控、耕作管理、病虫草害防控、品种等多年研究形成的系列专项有效技术进行集成，形成了"甜菜节本稳产增糖栽培技术集成模式"，并在奇台县共同建立了"甜菜节本稳产增糖栽培技术集成模式与示范"示范田 2 块，示范面积 200 亩。由新疆维吾尔自治区农业厅牵头，组织相关科研院所、制糖企业和政府管理部门共同组成专家组，先后两次对奇台县西地镇示范田和农业科学院奇台试验站示范田进行了现场测产勘验。两块示范田病虫害均得到了有效控制。奇台县西地镇示范田较对照田节水 18.69%、节肥 52.98%，示范田平均块根单产 6.142 吨/亩，平均块根含糖率为 18.9%，示范田比对照田增产 9.29%，增加糖分 2.94 度；农业科学院奇台试验站示范田较对照田节水 2.0%，节肥 40%，含糖率为 17.74%，比对照增加糖分 1.5 度，产量与对照田基本持平。专家组认为国家糖料产业技术体系提出的"甜菜节本稳产增糖栽培技术集成模式与示范"节水、节肥、增糖效果显著。

以解决甜菜病虫害防控技术问题及服务产业的发展为目标，本岗位团队先后制订了西北区和东北区的病虫害和害虫防控技术方案，制定了新疆甜菜主要病虫害绿色防控技术规程，编制了《西北片区甜菜主要病虫草害防治技术要点》《东北区和西北区甜菜病虫草害发生与防治技术一览表》，参加编写了《甜菜主要病虫害及其防治》《甜菜主要病虫害简明识别手册》和《大兴安岭东麓地区糖用甜菜种植技术简明旬历手册》等书籍。在新疆、黑龙江、甘肃等地进行了甜菜主要病虫害绿色防控技术集成与示范推广，累计建立核心示范田 20 308 亩，培训农户和基层技术人员共 11 925 人次，发放技术资料 8 920 份，取得了较好的示范效果及社会经济效益。

总之，产业技术体系的诞生，使我们有了长期稳定的经费支持，稳定了研究方向，壮大了研究团队，提高了研究水平、协作创新力度和服务产业的能力，对促进和提升产业发展水平意义重大。

加速融合，积极协作，加速成果转化

李蔚农

石河子综合试验站站长　石河子农业科学研究院

现代农业产业技术体系建设是我国农业科技领域的重大管理创新，也是农业科研机制改革的成功探索。糖料体系的诞生实现了同一产业不同学科间融合、同一研究领域上中下游有机连接、同一科技资源跨单位有效整合利用，推动了科技成果实现从科研院所、制糖企业到制糖原料生产过程推广应用的"三级跳"，探索出一条符合我国国情的农业科技发展之路。

首先，体系的建设挽救了许多诸如甜菜这样的较小的产业。在体系成立以前，不仅甜菜科研项目少，科研人员争取项目难，而且经费支持也相当有限，只能是有多少钱，办多少事。国内许多科研单位受制于经费不足，运行起来举步维艰，科研人员即便有了再好的想法也无法付诸实施。体系运行十年来，业内科研人员有了稳定的经费支持，广大科研人员的积极性被充分调动起来，他们可以真正地按产业需求安心地进行研究，不用再换着名目申请项目。因此，体系的一个亮点是对科研团队进行长期稳定的经费支持，真正实现了研究方向稳定、科研队伍稳定、研究经费稳定"三个稳定"。

其次，体系成立以来打破了以往科研领域的"一亩三分地"思维，增进了体系内部不同领域专家之间的协作。针对长期以来科技界普遍存在资源分散、碎片化等问题，体系围绕产业链，跨部门、跨区域、跨单位配置科技资源和研发力量，形成了一支稳定的创新团队。通过多年的体系建设把原本分散在不同部门、不同行业的农业科技人才聚集在一起，实现了科技资源的优化配置。以糖料产业技术体系为例，新疆某一试验站的某个示范县种植的甜菜生病了，若当地农业技术人员无法确定病因并拿出有效的解决办法，则可求助相关的综合试验站并调动体系内部相关的从事植保、栽培甚至育种方面的岗位科学家来集体会诊并拿出合理的解决方案。岗位科学家一些好的研究成果可借助体系内部各综合试验站迅速推广开来。因此，多年的体系建设增进了体系内的交流合作、联合攻关，为大家创造了良好的科研环境。体系的运行健全了科技一体化机制，加速已有研究成果的快速转化，同时促使我们的专家在生产中发现问题、解决问题。

体系建设十年来，石河子综合试验站团队每年通过体系内部交流学习、技术培训、生产调查、技术服务、建设示范基地，给辖区生产管理部门提建议，并积极与辖区内的糖厂建立协作关系，迅速推进了甜菜新品种、国内甜菜生产中各项节本增效新技术在辖区甜菜生产中的应用，十年来，辖区各示范基地不论是甜菜单产、含糖率还是农民收入均有显著的提高。同时，团队成员配合糖厂技术人员近几年来在辖区内原料生产中逐步推行以质论价方案，使农民逐步接受这一理念进而从中获利并摒弃传统的甜菜生产观念，这一工作已取得初步的成效。此外，试验站团队成员常年服务于辖区内各示范基地，甜菜生产中无论发生了自然灾害还是病虫害，我们的团队成员都会在第一时间出现在现场，帮助农户了解情况，提出合理的建议，给出有效的解决方案。试验站人员多年的辛勤付出和用心服务得到了示范基地相关领导的认可和农户的信任，他们对我们体系工作的认识也由最初的不了解到如今的充分肯定，体系在示范基地的影响也在逐步扩大。

落叶在空中盘旋，谱写着一曲感恩的乐章，那是大树对滋养它的大地的感恩；白云在蔚蓝的天空飘荡，绘画着一幅幅美丽的画卷，那是白云对哺育它的蓝天的感恩。"落花不是无情物，化作春泥更护花"。感恩体系这个大家庭十年来对我们的培养和历练，下一个十年，下下个十年，期待我们的体系再续辉煌，一路前行！

体系平台助力新疆甜蜜事业

林　明

玛纳斯综合试验站站长　新疆农业科学院经济作物研究所

在西北地区，多年来国家及当地政府的项目经费多倾向于棉花、玉米、小麦等主要农作物的研究，对特色农产品支持不够，在某种程度上造成科技支撑滞后，严重影响了西北区甜菜产业的发展。国家糖料产业技术体系建设，实现了同一产业不同学科间的相互配合，也实现了从实际需求、科学研究到推广应用的相互融合。

1. 经费的稳定支持确保科研研究的长期稳定性和精准性

体系成立之前，尤其是小作物的科研工作者，其主要精力都放在了申报项目上，项目完成后，有后续项目还能延续做，否则只能停下，基本上是哪儿有钱在哪儿做，什么作物有钱做什么，科学研究很难延续，科研成果难以用于生产。现在有了稳定支持，科研人员可以真正按产业的需求进行研究，实现了研究方向和科研队伍的双稳定。

针对西北地区甜菜生产中存在的实际问题，随着糖料产业技术体系技术在西北区的研发、推广及生产示范工作的深入推进，甜菜的科研水平发生了根本性改变。在育种方面，针对生产上甜菜品种产量低、品质差的问题，积极从国内外引进大量的丰产高糖品种，在主产区进行多区域、多点次的试验示范，通过分子标记辅助育种结合常规育种的选育方法，审（认）定丰产高糖品种 14 个，其中"十二五"期间 7 个、"十三五"期间 7 个，较"十一五"期间的 3 个品种有了大幅度的提升。在栽培方面，西北区近年来，集成、研究并熟化形成《甜菜地膜覆盖高产、高效栽培技术规程》《平作膜下灌甜菜高产、高效栽培技术规程》及《甜菜全程机械化高产、高效栽培技术规程》等 3 套栽培技术规程；其中围绕《甜菜地膜覆盖高产、高效栽培技术规程》形成"天山北坡糖区""伊犁河谷糖区""塔额盆地糖区""河西走廊糖区"4 套地膜甜菜高产创建技术模式，围绕《平作膜下灌甜菜高产、高效栽培技术规程》形成 1 套

"平作膜下灌甜菜高产创建技术模式"。通过应用集成熟化研究形成的 3 套栽培技术规程、5 套高产创建技术模式，结合病虫草害防控技术及优良品种应用，"十二五"期间在西北区 4 个综合试验站的 18 个示范县、市及团场累计示范推广 177.9 万亩，新增利润 5.39 亿元；"十三五"期间（2015—2017 年）在 4 个综合试验站的 18 个示范县、市及团场对"基于全程机械化的甜菜节本增效新品种引育及综合栽培模式的研发与推广模式"累计示范推广 115.79 万亩，新增利润 6.97 亿元，取得显著的社会经济效益。

2. 协同创新解决生产关键问题

近几年西北区的甜菜蔗糖分一直较低，这是目前西北区甜菜产业中存在的最主要的问题。"十三五"西北区的工作重点就是稳产增糖。体系把育种、栽培、植保和综合试验站融合在一起，通过优良品种筛选、专用除草剂筛选、播种机械筛选、种植密度、测土施肥、土壤墒情监测与灌水预报、病虫害综合防控、机械化采收等一系列试验与示范，经过五年的持续攻关，形成较为完善的"甜菜节本稳产增糖栽培技术集成模式"。通过示范核心技术：膜下滴灌、土壤封闭、氮肥前移、控水控肥、水肥一体、测土施肥、土壤墒情监测与灌水预报、病虫草害综合防控、机采机收，最终示范田节水 18.69%、节肥 52.98%、增产 9.29%、增加糖分 2.94 度。

体系改变人生轨迹，产业需要深入基层

刘晓雪

产业经济岗位科学家　北京工商大学

一、考研打开了我观察世界的一扇窗，产业技术体系改变了我的人生方向

在我的人生选择中，有两个关键的门槛。一次是1999年的考研，一次是2011年加入产业技术体系。1999年的考研，使得我从本科自然科学（食品科学）迈入了社会科学（经济学）的大门，我通过阅读微观经济学、宏观经济学、金融学以及《国富论》等，开始以经济学理论观察身边的世界，从消费行为到企业理论，每解释一件现象我都非常惊喜，突然发现"原来身边的世界是这样运行的"。通过一种和自然科学完全不同的思维来观察世界、解释现象，尽管不再是通过实验和严格的证明来获知结果，但是这种解读身边每件事情可能的走向，也让我心里获得异样的满足。从一定意义上来说，这次考研的阴差阳错，打开了我观察世界的窗户。研究生毕业后，继续攻读经济学博士学位。博士毕业后，我顺利进入高校工作，两年后晋升为副教授，面临发表论文、申请课题，以及申请到什么课题就做什么课题的现象。然而2011年加入产业技术体系，无意中再次改变了我的人生轨迹，让我从跟踪国际文献、在高水平期刊发表论文、追求国家社科基金和国家自然科学基金为目标的道路上发生了转变，将目光投向了自己身边广袤的土地上，关注土地上的群体的喜怒哀乐。衡量方法也从计量方法为主转向了以田野调查、问卷调查为主，论文不唯SSCI或者A刊，而是脚踏实地了解现实，夯实根基，考察产业面临的问题，以帮助解决产业问题为目标，以产业兴旺和发展为己任。跟踪实践推动我不断地学习探究，也初步奠定了我的人生理想：仰望星空，脚踏实地，做一个有人文情怀和社会责任感的社会科学工作者。科学的终极价值是服务产业，回报社会。不仅仅满足于搞清现状，找到问题，发出声音，更想用自己的知识脚踏实地寻找产业出路，国内外产业基础、产业制度与发展模式，国内外糖料产业的根本差异，需要经济增长、

科技创新、成本收益、激励机制等多学科理论共同作用。随着加入产业技术体系，我开始长期盯着一个产业，避免了为申请项目调整研究领域的被动局面，开始沿着一个产业链从农、工、主管部门、政策等全面梳理，从国内到国外，从生产到消费到贸易，从提出一条建议兴奋到睡不着觉，到开始考虑这条建议的配套措施和激励机制。加入产业技术体系，我将目光投向了"绿色的大地"，我将科学的论文长期沿着"希望的田野"而不仅仅唯"高大上"进行，我开始学着把"论文写在大地上"，研究视野也以"绿色的大地"如何"更美更绿"地可持续发展而展开，不仅仅以追求论文如何发表在更高端的学术期刊上而满足。

二、产业经济的深度研究，需要以和自然科学家密切合作为前提

产业技术体系扎根产业，自然科学家们以科技创新和科技进步支撑产业发展，推动产业进步，而产业经济岗位以产业服务、客观评价科技进步对产业的贡献为己任。产业经济岗位科学家想要深刻透析产业发展模式和产业发展中的问题，不能仅仅思考模式和问题，而是要深刻了解每一项技术进步需要依赖的条件，需要和自然科学家深度合作，了解技术创新的先决条件，不是就模式谈模式，就问题谈问题，而是使产业经济和自然科学深度融合，每个问题要多向自然科学家多问几个为什么，明白技术进步的条件，才能更好地做好产业发展的咨询。比如，甘蔗收获机械化是2018年国务院相关领导关注的重点问题，把该问题研究透，就需要立足产区当地条件、机械收获机运作机制和现实要求，还要了解蔗农和糖厂的心理。从这个意义来讲，产业经济岗位科学家如果想做好机械化的决策咨询，不能只了解机械化的相关社科内容，更需要和机械化研究室深度交流其机械化收获机的运作机制和发挥效率，因此，产业经济岗位科学家要做好工作，前提是以和其他研究室精准合作、密切融合为前提。

三、产业经济决策咨询，需要扎根田野调查并与主产区建立定期沟通机制

产业经济的决策咨询，不同于自然科学家实验室的实验，它在某种程度上类似于产业的自然实验或者模拟实验。想要做好产业经济决策咨询，不能停留在理论层面，应以足够的实际调研为基础，因此，需要扎根田野调查。由于产业面临的形势和问题经常发生变化，为保持对产业的敏感度，就要建立与主产区的定期沟通机制。

小作物，大作为

安玉兴

甘蔗地下部虫害防控岗位科学家 广东省生物工程研究所

一、体系建设与发展对稳定队伍、贴近生产、协同发力起到磁吸式作用和成效

糖料产业技术体系的建设对于稳定甘蔗产业人才队伍、开展产业技术创新、促进产业发展起到了极为重要的作用。由于甘蔗属于小作物，研究周期长，投入费用大，难以出高水平成果，青年科技人员往往不愿从事甘蔗科研。体系经费的稳定支持，解决了青年科技人员的后顾之忧，稳定了一支年富力强、具有开创精神的科研队伍。而且体系从育种、栽培、植保、机械化等几个方面组建研究室，对整个甘蔗产业链发展都起到重要支撑作用。体系的建设使各方优势力量瞄准产业需求、精准施策、协同发力，提高了各路专家解决生产实际问题的意识和能力，把践行"把论文写在大地上"的准则变成自觉自愿的行动。

二、体系建设与发展使甘蔗产业在固边安民、调节结构、脱贫致富中"热区农业稳定器"的作用凸显，真正体现出小作物大贡献

由于糖料作物分布在我国的南北边区，基于其作为加工体系最为完善、加工链条最为完整的重要农作物，不仅在保障我国糖料战略物资安全方面发挥重要作用，而且在稳定边防、固边安民、调节作物种植结构、促进糖料产区农民脱贫致富中发挥着农业稳定器的作用。体系建设十年来，全体专家及团队成员在农业部科教司领导和首席科学家的领导下，创新产业技术、解决产业难题、培训产业农民、推广实用技术、降低生产成本、提高产业效益，为农民增收、企业增效、农村增绿做出了积极贡献。

三、工作体会

1. 优良品种是关键，唯有在良种的基础上开展相关研究才显得有意义。选育丰产高糖强宿根、适应机械化作业的新良种，实现多品种的合理布局，采用轻简高效的栽培技术，在原料蔗生产中采用机械化作业，是体系发展的方向。紧紧围绕产业发展需求，并进行共性技术和关键技术研究、集成和示范。集成示范的设定条件要尽量接近大田生产，这样才有推广价值。

2. 种植甘蔗效益低，收获劳动强度大，农户种植积极性低，机械化生产是未来的发展方向，需加强配套技术的研究，特别是追肥必须与机械化中耕培土相结合，才能提高肥料利用率。加强体系内部合作，开展技术集成示范，为甘蔗种植户提供可复制、操作性强的"傻瓜式"方案。进一步改进和完善药肥一体化配方，提高药肥利用率，减少药肥施用量和次数，最大限度节约成本，提高效益。

3. 通过体系的活动一方面让各岗位科学家团队更多、更全面地了解产业对科技的需求及科技人员应该如何服务产业；另一方面也促使大家不断地调整科研方向，能够研发出对产业具有推动作用的成果，或者使已有的科技成果能够进一步熟化，使其能在生产中更快更好地发挥作用。充分调动团队成员的积极性和创造性，使大家都能够围绕体系的任务进行创造性的工作，既有利于体系任务的完成也为培养体系的后备力量打下了良好基础。通过体系建设集中科技研发资源与生产实际紧密结合，做到统筹安排，统一行动，通过引进、试验、示范研究，或就地筛选与推广，达到快速推广的目的，这种科技推广体系避免了科研与生产脱节，解决甘蔗生产中的实际技术问题，有利于甘蔗良种良法的成果转化。

4. 甘蔗生产机械化不仅仅是机械的问题，而是多要素交织在一起的一项系统工程。除了对适用技术需要进行攻关外，开展甘蔗适度规模生产模式与运行机制研究很重要。机械化研究室组织岗位科学家联合调研，厘清了我国现阶段发展甘蔗生产机械化的主要抓手应是适用技术攻关和适度规模模式研究与示范。模式和发展思路的研究到了需进一步明晰的阶段；抓好示范点，注重农机、农艺融合的技术集成，这也是本研究室的优势特色；针对产业急需和发展趋势研判，在做好技术熟化集成的同时，为后续机械化条件的健全和整体快速发展阶段做好蔗区适应性、机具稳定性等关键技术储备的研究。

5.甘蔗作为制糖行业的重要原料,在国民经济中占有重要的地位。甘蔗生产属于粗放型管理,随着农村劳动力的减少,人工成本逐步增加,减少农事操作步骤成为一种需求。肥料和农药作为甘蔗生产的两大必需生产资料,在施用过程中会耗费大量的人力,因此,药肥一体化概念及药肥产品应运而生,且生产和需求快速增长,但药肥产品在甘蔗作物上的应用存在着极大的混乱和安全隐患。建立什么样的药肥效果检验标准,如何引导甘蔗药肥产品登记,值得政府部门认真考虑,为针对甘蔗作物的药肥产品登记开辟绿色通道,规范甘蔗药肥市场,保证甘蔗产业真正的安全健康发展。

产学研齐头并进

刘少谋

种子种苗生产技术岗位科学家　广东省生物工程研究所

　　体系建设与发展紧紧围绕产业发展需求，并进行共性技术和关键技术研究、集成和示范，很好地将高校、科研院所及企业衔接在一起，使基础研究有了支撑，科技创新有了目标，成果转化有了依托。对进一步提升农业科技创新能力，促进农业经济可持续发展，从而增强我国农业竞争力，具有重要现实意义和战略意义。

　　加强业内同仁的交流，有利于取长补短、相互促进、统一目标，集中力量解决体系关键性及迫切性问题，满足行业发展需求。

　　将试验站重点设在具有广泛代表性的、有能力承担试验示范的企业中，让企业直接检验科研人员提供的技术集成的适应性和先进性，有利于加速科技成果的转化。

桂糖系列甘蔗品种选育与推广应用取得突破

杨荣仲

甘蔗抗逆育种岗位科学家 广西壮族自治区农业科学院

从事体系工作十年来，在国家糖料体系团队以及广西的其他科技计划支持下，桂糖甘蔗新品种选育和应用取得了较大的突破，选育出了桂糖甘蔗新品种 20 多个。据广西壮族自治区糖业发展办公室 2018 年统计，当年广西蔗区种植甘蔗品种 36 个，其中桂糖甘蔗新品种 16 个、种植面积 340.2 万亩，其中，桂糖 42 种植面积 245.3 万亩，成为广西蔗区的主栽品种；另有桂糖 29、桂糖 31、桂糖 32、桂糖 46 和桂糖 49 等 5 个桂糖品种的种植面积超过 5 万亩。

参加体系研究工作，主要的优势是在完成体系工作任务的同时，可以根据广西生产实际情况对研究工作方向进行及时调整，使甘蔗育种研究与甘蔗生产需求紧密地结合起来，有利于甘蔗育种水平提高。在体系实施初期，广西蔗区出现严重霜冻，对此我们团队开展多年研究并编写了相关的国家标准；其后广西经常出现干旱，我们及时将研究工作重点调整至甘蔗耐旱研究，明确了甘蔗耐旱评价研究的重点。为选育更好的甘蔗新品种，近年来将工作重点转移至甘蔗亲本评价与利用方面，为实现新一轮的甘蔗品种更新换代打基础。

科技给农业插上腾飞的翅膀

李奇伟

甘蔗养分管理与土壤肥料岗位科学家 广东省生物工程研究所

目前，甘蔗施肥不科学，施肥量过大和施肥比例不合理，比较盲目，有较大的提升空间。甘蔗种植中单季每亩投入当量尿素 50～100 公斤、过磷酸钙 100～300 公斤、氯化钾 30～60 公斤，肥料施用量远超巴西、澳大利亚、美国。另外，蔗农在肥料施用中，对氮磷钾的配比不重视，比例失衡、肥料利用率低导致肥料投入量大的问题仍然比较突出。根据我们多年的甘蔗养分管理研究经验，在甘蔗目标产量、土壤养分状况以及甘蔗养分吸收规律等基础上，制定出科学的氮磷钾施用量、施用配比和施用方法，可以降低 30% 的肥料投入而保持甘蔗稳产增产。

除了氮磷钾大量元素外，中微肥可以起很好的四两拨千斤的效果，要重视中微量元素的增效作用。我国甘蔗主要种植在华南、西南地区，由于土壤母质的影响和气候的影响，导致土壤中的某些中微量元素特别亏缺。比如中量元素镁的缺乏是蔗区土壤普遍性的现象，镁不仅可以促进甘蔗生长，同时也是品质元素，缺镁可导致甘蔗减产和减糖。我们做了多年多点镁肥施用试验，同时其他专家的试验都表明，施用镁肥可促进甘蔗增产增效。施用镁肥应当成为蔗区的一种常态行为。

品种改良是提高糖分的重要途径，但不是唯一途径！只有根据品种特性和蔗区气候特点，通过多维调控，才能更有效地提高甘蔗糖分。我国粤西蔗区气候条件很不利于甘蔗糖分积累，尽管一直在推广高糖品种，但效果仍不理想，出糖率常年维持在 10% 左右。我们通过优化养分管理、喷施增糖剂等调控措施可显著提高甘蔗糖分。但在实际生产中，蔗农更关心甘蔗的产量而忽视糖分，增糖调控措施接受度低。目前糖企的甘蔗原料定价主要依据甘蔗品种的分类，按质定价并没有真正落到实处，影响增糖措施的推广。必须尽快实施按质定价，推动增糖技术的推广应用，促进蔗农和糖厂双赢！

　　甘蔗生产的农机农艺融合是推进甘蔗生产全程机械化的前提。与国外甘蔗主要生产国相比，我国甘蔗机械化程度较低，甘蔗农机农艺融合栽培技术仍难满足甘蔗全程机械化生产的需求。我们需要加大努力，多方协作，构建起适合不同生态蔗区的轻简高效、肥药一体化、农机农艺深度融合的甘蔗生产技术体系。

附 录

附录一 甜菜综合栽培技术模式规程

模式1 甜菜纸筒育苗移栽高产优质高效栽培模式

一、目标产量

产量4 t/亩，含糖率16.0%以上。

二、纸筒育苗技术

1. 育苗前准备

（1）纸筒

纸筒直径1.9 cm，高13～15 cm，每册1 400个筒。折叠时册长70 cm，宽20 cm，展开时占地面积为长115 cm，宽29 cm。

（2）墩土机和墩土板

①墩土机。由底座、支架、翻转架和突起板等结构组成的甜菜纸筒育苗专用墩土机，型号主要有HBP-1、TYM-5和2UTC-1等。

②墩土板。用木板制作，规格为长130 cm、宽40 cm、厚4 cm，正面刨光的木板，制作时背面用两道木方钉紧加固做木带。

③棚膜。一般用宽3 m，厚0.06～0.08 mm的棚膜为好。

④种子。使用单粒种、丸化种或包衣种，每筒播一粒，质量要求按照GB19176—2010的规定。

⑤育苗场地。选择地势平坦、地下水位低、土质紧实、背风向阳、排水和通风效果良好且水源、电源、管理和运输都比较方便的地块建造育苗棚，育苗棚的四周要距遮光物5～10 m或10 m以上，育苗棚以南北走向为好。

⑥育苗土。每册纸筒需土60 kg。选择较肥沃的5年以上未种过甜菜的麦茬、玉米茬或土豆茬地上的表土，严禁使用黏土、沙土、碱土、生土、喷过除

草剂的土及发生过甜菜丛根病的土。

⑦有机肥料。主要来源于植物和（或）动物，施于土壤以提供植物营养为其主要功能的含碳物料。

⑧化肥。甜菜育苗专用肥或粉碎的磷酸二铵。

⑨农药。用于土壤消毒的杀菌剂和植物生长调节剂。

2.育苗时间

4月上中旬。

3.育苗床土的配制

大田每移栽1亩按4册育苗，需熟土240 kg左右，有机肥料40～50 kg，并拌入粉碎的化肥，生产中一般化肥用量为：甜菜育苗专用肥（N:P_2O_5:K_2O=7:21.5:3.5）1.5 kg或粉碎的磷酸二铵（N:P_2O_5=18:46）0.8 kg。土与肥料应用6～8 mm网眼的筛子过筛，把肥料与苗床土混拌均匀。

4.装土与墩土

首先把纸册展开，固定在墩土机上，放好挡板，随后装土，把配好的育苗土分3次均匀地装入纸筒进行墩土，每册应达到装满墩实，注意将四周单筒床土充实。纸筒墩好后，打开挡板，抽出纸册拉板，将纸册放到规划好的苗床上。

5.播种

用墩土机墩好的纸筒，由于有突起板，故可以用气吸式播种器直接播种或人工直接播种。墩土板墩好的纸筒播前扎播种穴，播种深度0.5 cm，每个单筒播一粒。

6.覆土

播种后用小筛将已准备好拌有3-羟基-5-甲基异恶唑或四甲基秋兰姆二硫化物的消毒土均匀地筛到纸筒上面，然后用扫帚轻轻地将纸筒上面多余的土扫清。

7.浇水

视床土水分状况，水温以15～20℃为宜。浇水时要均匀、缓慢、反复地、一次性浇足浇透，达到单筒可拔出为止。

8.扣棚

主要有小弓棚、坡型抢阳畦棚或大棚等。

①小弓棚。棚底宽170 cm，长随纸筒册数而定，棚高80 cm，将弓棚固定

好，然后扣棚膜。

②坡型抢阳畦棚。棚内底宽 170 cm，前墙高 40 cm，后墙高 65 cm，棚长由纸筒册数而定。畦顶用木棍搭架，棚膜覆盖。

③大棚。标准钢管大棚（6 m×30 m），或相应竹木大棚，每畦需备小拱棚竹片 120 根，用薄膜、草帘或无纺布等材料覆盖。

9. 苗床管理

（1）温度管理

①出苗前期。播种后 8 d 内的中心任务是保温，促进早出苗出齐苗。白天棚内温度保持在 25 ～ 30 ℃，夜间 5 ℃以上。

②子叶期。播后 9 ～ 19 d 为子叶期。中心任务是防止徒长，促进根系发育。白天棚内温度控制在 20 ℃以下，夜间 1 ～ 5 ℃。如果白天棚内温度超过 20 ℃，就开始逐渐通风。

③一对真叶期。播种后 20 ～ 30 d，管理重点是蹲苗，防幼苗徒长。白天棚内温度保持在 15 ～ 20 ℃，夜间 0 ℃以上。如白天无寒流可整天揭膜降温。

④二对真叶期。播种后的 31 d 以上，中心任务是炼苗。即为适应外界环境，在无霜冻的情况下，无论白天夜间，弓棚全部揭膜进行炼苗。

（2）喷施壮苗剂

当第一对真叶长至小米粒大时，每亩喷一袋壮苗剂（即 4 g 药兑水 4 kg），可控制幼苗徒长，培育壮苗。

10. 壮苗标准

幼苗真叶四片，叶柄长与叶片长之比小于 0.7，叶宽 1.5 cm，叶片长 5 cm 以下，胚轴长小于 0.5 cm，叶色深绿有光泽无病。

三、栽培技术

1. 移栽前准备

（1）选地、选茬

移栽田应选择在 3 年以上未种植过甜菜的地块，地势平坦、土层深厚、土质肥沃、具备灌溉。前茬以小麦、大麦、大豆、油菜、玉米、马铃薯等为宜。

（2）整地

结合当地耕翻情况及时进行整地，深耕 30 cm，达到细、碎、平、无坷垃、无根茬。

（3）施肥

结合耕翻一次性施入肥料，每亩施N为 8 ～ 10 kg，每亩施P_2O_5为 9 ～ 12 kg，每亩施K_2O为 5 ～ 8 kg，或施用甜菜专用肥每亩 50 kg。

（4）移栽前苗床管理

①为易于纸筒分离，在移栽前 1 天将幼苗浇足水量，使苗床有足够的水分，一册浇水 15 kg 左右。

②为培育壮苗，移栽前 4 ～ 5 d 用磷酸二氢钾进行叶面喷洒，用量以 20 g 兑水 10 kg 为宜。

③溴氰菊酯乳油喷洒，用量以 2 mL 兑水 4 kg/亩（每亩 4 册）为宜。

（5）起苗

随起随栽，大苗、壮苗先起先栽，幼苗进行遮盖保水。

2. 移栽

（1）移栽时间

平均气温稳定在 10℃ 以上为适宜的移栽温度，移栽时间为 5 月上中旬。

（2）机械移栽

采用双行或四行移栽机进行移栽。

（3）人工移栽

采用打孔或犁开沟方式进行移栽，深度不大于 15 cm，使纸筒上沿与地表平齐，之后扶正、培土、按实。

（4）移栽密度

密度为每亩 6 000 株左右，行距为 50 cm 或 60 cm。

3. 栽后管理

（1）苗期

移栽后灌缓苗水每亩 60 m³ 或滴灌每亩 30 m³，以耕层土壤湿润、不积水为宜，保证缓苗快、成活率高。移栽后 3 ～ 5 d，应及时查苗补苗，保证达到全苗。及时中耕除草，将裸露的纸筒培好土，加快缓苗。

（2）叶丛快速生长期

6 月上中旬进行灌溉，灌水量以每亩 60 m³ 或滴灌每亩 40 m³ 为宜。

（3）块根及糖分增长期

7 月中旬至 8 月下旬，根据土壤墒情，可进行 1 ～ 2 次灌溉，每次灌水量为每亩 60 m³ 或滴灌每亩 40 m³ 左右。

（4）糖分积累期

严禁割掰叶片，甜菜起收前 20 d 控制灌水。

4. 病虫草害防治

（1）药剂的使用方法。

按 GB 4285 和 GB/T 8321 的规定执行。

（2）病害防治

①立枯病防治。

a. 苗床土处理。每亩（4 册纸筒）250 kg 苗床土加 50% 福美双可湿性粉剂 150 ～ 250 g 混匀，也可用 50% 敌磺钠（敌克松，甜菜上登记）可湿性粉剂 50 ～ 60 g 混匀，注意敌克松过量或混合不均匀易产生药害。

b. 播种后覆土处理。70% 噁霉灵可湿性粉剂（土菌消）覆土：每亩 5 g 药剂，加 15 kg 土混匀覆土（4 册/亩）。50% 福美双覆土：每亩 8 g 药剂，加 15 kg 土混匀覆土（4 册/亩）。70% 噁霉灵加 50% 福美双混用：每亩 4 g 噁霉灵，8 g 福美双，加 15 kg 土混匀覆土（4 册/亩）。

c. 喷雾。每亩 70% 噁霉灵 5 g 兑水 5 ～ 7 kg（4 册/亩），或每亩 50% 福美双 8 g 兑水 5 ～ 7 kg（4 册/亩）。出苗后如发现立枯病也可用上述剂量药剂喷雾处理。

②褐斑病防治。田间首批病株率达到 3% 时或出现中心病株时开始定点防治，发病率达到 5% 以上进行大面积联合防治，根据发生趋势和第一次喷药效果，确定第二次是否防治以及防治时间。用 70% 甲基托布津可湿性粉剂 1 500 ～ 2 000 倍液，每亩用药液 40 ～ 50 kg，或 10% 恶醚唑水分散粒剂 40 ～ 60 g，兑水 30 kg 进行喷药防治；隔 15 d 左右再喷 1 次。发病严重的地块应喷洒 3 ～ 4 次，一般间隔 10 ～ 15 d。

（3）虫害防治

①地下害虫防治。蛴螬等地下害虫严重地块，可结合秋、春耕翻施肥，每亩用 10% 毒死蜱颗粒剂 1.5 ～ 2 kg，或 3% 苯乙腈酮肟颗粒剂 1.5 ～ 3 kg 与肥料混合均匀施用。

②小地老虎防治。小地老虎幼虫 3 龄前，用 20% 高氯马乳油 500 倍液或 40% 毒死蜱乳油 1 000 倍液，每亩喷施药液 30 kg，傍晚效果好。

③甘蓝夜蛾和藜夜蛾防治。甜菜田间发现甘蓝夜蛾及藜夜蛾幼虫危害时，每亩用 2.5% 高效氯氟氰菊酯乳油 10 ～ 15 mL 或 2.5% 溴氰菊酯乳油

20 ～ 30 mL 兑水 30 ～ 40 kg，进行防治。

（4）草害防治

①封闭除草。播前进行土壤封闭除草，每亩用 96% 精异丙甲草胺 80 mL兑水 40 kg，均匀喷洒，随即进行浅耙糖。

②苗期除草。

a.阔叶杂草。每亩用 21% 安宁乙呋黄颗粒剂 300 ～ 350 g，兑水 30 kg，防除灰菜、田旋花、苦菜、繁缕、蓼、荠菜、反枝苋、苍耳等多种阔叶杂草。

b.一年生禾本科杂草。每亩用 16% 甜安宁 330 ～ 400 mL 或 20% 安宁乙呋黄 400 ～ 530 mL，每亩用 20% 稀禾啶乳油 100 mL；或加 10.8% 精喹禾灵（精禾草克）50 ～ 80 mL，兑水 30 kg，防除狗尾草、野莜麦等。

c.多年生禾本科杂草。每亩用 10.8% 高效氟吡甲禾灵（高效盖草能）乳油 30 ～ 35 mL，或 24% 烯草酮（收乐通、帕罗西汀）乳油 30 ～ 40 mL，兑水30 kg，防除芦草、白草、青尖等。

5. 收获

10 月上旬采用机械和人工收获。如有地膜覆盖，应回收残膜。

模式 2　甜菜全程机械化高效栽培模式

一、目标产量

目标产量：产量 3.5 ～ 4.0 t/亩，含糖率为 16.0% 以上。

二、栽培技术

（一）品种选择

选择植株叶片紧凑、青头小，抗病性较强的丸粒化种子，种子质量按 GB 19176 执行。

（二）选地

应选择 3 年以上未种植过甜菜、地势平坦、土层深厚、土质肥沃、有机质含量较高、具备灌溉条件的地块，前茬以小麦、大麦、大豆、油菜、玉米等为宜。

（三）整地

牵引动力机械选用 90 马力以上拖拉机、配套机具适合本地土壤条件的耕整地机械（RB71 五铧双向翻转犁、东方红/1GQN-125 型旋耕机、阿贝克 ALPEGO 驱动耙等，RB71 五铧双向翻转犁，该机械可调节工作宽度为 30 ～ 50 cm，工作效率达 24 亩/h；东方红/1GQN-125 型旋耕机旋耕土地，旋耕深度为 25 cm，幅宽为 125 cm，配套动力为 25 马力；日本松下公司生产的进口旋耕机，配套动力为 80 ～ 100 马力，旋耕深度 12 ～ 15 cm，可破碎土块、平整地面、土壤疏松，碎土率要达到 80% 以上，达到移栽作业要求。阿贝克 ALPEGO 驱动耙平整耙糖土地，工作效率为 40 亩/h，可碎土、平地、镇压一遍完成）对土地进行耕翻耙糖，要求精耕细作，整地要达到细、碎、平、无坷垃、无根茬。推荐采用联合整地机械，一次完成深松、旋耕耙、起垄等作业，或采用深翻、旋耕或耙地等复式作业。耕深 20 ～ 22 cm，深松深度 30 ～ 35 cm，旋耕作业耕深 15 ～ 18 cm。

（四）施肥

结合耕翻每亩一次性施入肥料，施氮（N）为 8 ～ 10 kg，五氧化二磷（P_2O_5）为 9 ～ 12 kg，氧化钾（K_2O）为 5 ～ 8 kg，或每亩施用甜菜专用肥 50 kg（N：14%；P_2O_5：18%；K_2O：8%）。

（五）播种

1. 直播

（1）播种机选择

丸粒化包衣种用气吸式精量播种机进行播种。作业质量应符合下列指标要求：

①漏播率≤2%。

②各行播量一致性变异系数≤7%。

③行距一致性变异系数≤5%。

④播种量误差≤5%。

（2）播种时间

播种时间为 4 月 15 日至 5 月 10 日。

（3）播种量

每亩播种 6 500 粒。

（4）播种深度

播种深度为 2.5 ～ 3.5 cm。

（5）作业要求

配套动力 18 ～ 24 马力小四轮拖拉机（后液压），四轮车慢三挡，作业速度为 2.0 ～ 5.9 km/h。开沟器选用曲面翻土铧、滑刀开沟铧，最大施肥深度为 10 cm，使用宽度 70 cm 的农用地膜。

2. 纸筒育苗移栽

（1）育苗

甜菜纸筒育苗按《甜菜纸筒育苗移栽高产优质高效栽培模式》规定执行。

（2）移栽

①移栽时间及株距、行距。4 月 25 日至 5 月 15 日。移栽株距为 18 ～ 20 cm，行距为 60 cm，每亩保苗 5 500 ～ 6 000 株。

②移栽机器选择。选择型号为 HBT-20 的两行移栽机，配套动力为 15 ～ 25 马力小四轮是用于甜菜纸筒育苗后向田间移植的机械。通过松土、施肥、移植、覆土、滚压一次作业就能完成两行甜菜纸筒苗的移栽定植。行距可按要求调整，一般为 40 ～ 50 cm，移栽时拖拉机行进速度为 4 ～ 5 km/h，要求土壤疏松，纸筒幼苗不宜过长，幼苗真叶 3 ～ 4 片时最大。叶片长不可超过 5 cm，每日可移栽甜菜 8 ～ 10 亩。

现推广双行、三行夹持式移栽机，该机型采取三点悬挂连接方式，适于 35 ～ 40 马力拖拉机驱动，移栽行距为 55 ～ 65 cm 可调。即开沟器、夹苗盘、覆土轮、镇压轮沿纵向直线式布置。

日本进口四垄移栽机，工作效率为 80 ～ 100 亩/日，每亩移苗 5 050 株（行距 60 cm，株距 22 cm），作业速度为 3.5 km/h，保证均匀一致，移栽苗要求不漏筒、不埋苗、不窝根，栽正、栽实、栽直。合理密植，达到移栽深浅一致；移栽机左右装有划线器，确保移栽机的结合垄与移栽垄的行距一致；行向直、垄间距相同。

三、田间管理

（一）灌溉

1. 纸筒育苗移栽

移栽后及时进行滴灌或喷灌，每亩灌溉量为 30 ～ 40 m³。生育期滴灌或喷灌 2 ～ 3 次，每亩每次滴灌 40 m³，喷灌 50 m³。

2.直播

直播后进行喷灌,每亩灌溉量为 30 ～ 40 m³。直播生育期喷灌 3 ～ 4 次,每亩每次灌溉 50 m³。

(二) 中耕

采用通用中耕机械中耕 2 ～ 3 次。移栽后根据缓苗情况进行中耕覆土。一般情况下 5 ～ 7 d 新根露白后可趟一犁,扶起垄,达到增温、保墒、防风、防冻,促进前期生长发育。8 ～ 10 片叶进入快速生长期可结合追肥进行第二次中耕。封垄前进行第三次中耕。中耕作业要做到深浅一致,到头到边,无漏耕、无埋苗、无铲苗。

(三) 病虫草害防治

选用机引喷雾机具、喷粉机具或自走式喷雾机具等进行病虫草害防治。

1.病害防治

病害田间化学防治主要是褐斑病的防治,根据发病实际情况防病 2 ～ 3 次。药剂可选择 45% 三苯基乙酸锡可湿性粉剂,每亩 60 ～ 70 g;40% 杜邦福星乳油(氟硅唑),每亩 4 ～ 8 mL;10% 苯醚甲环唑(世高或世典)水分散粒剂,每亩 35 ～ 40 g;25% 三苯基乙酸锡可湿性粉剂,每亩 100 ～ 120 g。

2.虫害防治

虫害防治以甘蓝夜蛾为主,把握时期防治,可选用的药剂:顺式氰戊菊酯(来福灵,目前甜菜上登记)5% 乳油,10 ～ 20 mL/亩;20% 高氯马,50 ～ 60 mL/亩,1 000 ～ 1 200 倍液;2.5% 高效氯氟氰菊酯(功夫)乳油,10 ～ 20 mL/亩;20% 氟虫双酰胺(垄歌),10 ～ 15 g/亩,3 000 倍液;5% 氯虫苯甲酰胺(康宽),15 ～ 30 g/亩,1 000 倍液。

3.苗后除草

甜菜田杂草 3 ～ 4 叶期,16% 甜安宁 330 ～ 400 mL/亩(登记)或 20% 安宁乙呋黄(登记)400 ～ 530 mL/亩,20% 稀禾啶(拿捕净,登记)乳油 100 mL/亩;或加 10.8% 精喹禾灵(精禾草克)50 ～ 80 mL/亩或 10% 喹禾灵(禾草克)80 ～ 100 mL/亩。

以上田间喷雾作业要选择无风天气进行,做到不重不漏,无滴药、洒药现象,把握合理作业速度,保证作业质量。

四、收获

(一)分段收获

1. 收获时间与方法

10月上旬、中旬,根据天气、田间长势实时进行收获作业,先采用甜菜切缨机进行切缨、切顶作业,然后用甜菜块根挖掘机起收,成趟放置块根。

2. 收获机械选择

分段式甜菜收获机可选择西班牙马赛起收机,从单行到6行收获,选择性大,实用性强。

3. 分段收获作业质量应符合下列要求

①总损失率≤5%;②损伤率≤5%;③根体折断率≤5%;④切削合格率≥85%。

(二)联合收获

1. 收获时间与方法

10月上旬、中旬,根据天气、田间长势实时进行收获作业,采用联合收获机在田间一次性完成切缨、清理、挖掘及清选等作业。

2. 收获机械选择

采用自走式收获机荷马T3或十方公司牵引式收获机进行机械起收。

3. 联合收割作业质量应符合下列要求

①总损失率≤8.0%;②含杂率≤7.0%;③根体折断率≤5.0%;④切削合格率≥85%。

五、储藏与运输

①甜菜块根收获应随起收、随装车、随交送,运输甜菜块根的车辆应无菌、无毒。

②收获时来不及交运的块根,要随挖、随削、随堆,严禁风吹日晒,失水萎蔫,影响产量和品质。

六、安全要求

①作业人员不得在酒后或身体过度疲劳状态下作业。

②作业人员应阅读作业机械使用说明书中的安全操作内容,并按要求进行

操作。

③作业人员应随时观察机械作业质量，如有异常，应立即停机检查。

④机组在检查、调整、保养和排除故障时应停机熄火，并在平地上进行，故障未排除前不应作业。

⑤田间作业时，机械上不得站人，与作业无关人员不得靠近作业机械。

模式 3　甜菜膜下滴灌高效栽培模式

一、目标产量及构成

（一）纸筒育苗

目标产量：3.2 t 以上，平均含糖率为 15.5% 以上，亩产糖量 500 kg 以上。

产量构成：每亩收获块根 4 500 个。

（二）直播

块根单产 67.5 ～ 82.5 t/hm²，块根含糖率 15% 以上。

二、栽培技术

（一）品种选择

1. 纸筒育苗

品种：单粒品种可选 KWS7156、KWS6167、IM802、Beta064、ST14991；国产品种可选内 2499。

类型：使用进口丸粒化种子，每筒播一粒，发芽率≥95%，净度≥98%。

2. 直播

直播可选择新甜 14、BETA218、HI0936、ST14091、KWS0143、KWS7125、ADV0401、SD13829 等品种。

（二）选地

选择 3 年以上没种过甜菜的地块，有河水或者井水灌溉条件的，土壤肥力中等，有机质含量 10 ～ 15 g/kg，碱解氮 60 mg/kg，速效磷 8 ～ 10 mg/kg，总盐含量 4 ～ 6 g/kg，地势平坦，灌排条件较好的沙壤土或轻黏土；不宜选择低洼地、黏重地、地下水位高的下潮地种植糖用甜菜。前茬作物以麦类、豆类、油菜、苜蓿等作物为佳。

（三）整地及施肥

前茬收获后应立即进行撒肥作业，施农家肥 30 ～ 60 t/hm²，然后进行耕翻、开沟和冬灌。一般沙壤土、壤土先耕后灌，灌量 1 200 ～ 1 500 m³/hm²。黏土和地下水位较高的地块先灌后耕，耕深 30 cm。

耕地质量要求：不重不漏，深浅一致，翻扣严密，无沟垄。前茬作物灭茬后撒肥、耕翻、开沟冬灌。

播前整地以"墒"字为中心，秋耕冬灌地早春应及时耙耱保墒；整地质量要求墒足（手握成团，扔地易散），地平土碎（上虚下实），耙深 5 ～ 6 cm。整地质量按"墒、平、松、碎、净、齐"六字标准要求，同时清理播种土层内的残膜。

整地前 1 ～ 2 d 对土壤进行封闭处理，施 96% 金都尔乳油 1 050 ～ 1 200 mL/hm²，施药后用农具将表土层 3 ～ 5 cm 土壤进行处理；或在播种后出苗前施 72% 金都尔乳油 1 800 ～ 2 400 mL/hm² 防治田间双子叶杂草。

所有肥料随基肥一次性施入，折合成纯 N 每亩施入 8 ～ 10 kg，P₂O₅为 9 ～ 12 kg，K₂O 为 5 ～ 8 kg，或施用甜菜专用肥（N：14%；P₂O₅：18%；K₂O：8%）每亩为 50 kg。

（四）地膜及滴灌系统

1. 地膜准备

地膜厚度 0.008 ～ 0.01 mm，幅宽为 70 cm、75 cm、80 cm、145 cm、265 cm 等。

2. 支毛管铺设和试运行

（1）毛管铺设

在播种甜菜时，按照滴灌工程设计的滴灌管间距、滴头流量规格和数量（10 000 m/hm²）购置滴灌管；利用播种机上的铺管装置，将滴灌管迷宫侧朝上铺设于膜下的行间。配置模式为"一膜一管双行"，覆膜前将毛管放在两行中间，滴距为 25 cm 滴管带，滴管带有滴水孔的一面必须朝上。膜边覆土厚度 3 ～ 5 cm，在膜上每隔 5 m 放置一小土堆压膜，防止大风刮走或刮破地膜。

（2）支管铺设

铺管、覆膜、播种工作结束后，利用人工将符合设计要求（直径 75 cm、90 cm 或 120 cm）的 PE 支管或附管对正出水管位置，横铺于地膜之上，并与膜下的滴灌管和干管上方的出水管相连接；支管或附管铺设时，应有适量的弯曲。

（3）系统试运行

输入滴灌系统的水压不得小于 3 kg/cm²（30 m 扬程）；干管应在试压后进行填埋；首次灌溉应开启所有阀门进行排气，毛管末端压力不低于 0.5 kg/cm²。

（4）灌溉系统管理

系统运行应由专人管理；每年系统首次运行前，应打开所有阀门排尽管网内的空气；严格按照滴灌系统设计的轮灌方式灌水，当一个轮灌小区滴灌结束后，先开启下一个轮灌区，再关闭当前轮灌区，严禁先关后开。应按照滴灌设备设计压力运行，以保证系统正常工作。

（五）播种及苗期管理

1. 纸筒育苗移栽

（1）育苗

甜菜纸筒育苗按《甜菜纸筒育苗移栽高产优质高效栽培模式》规定执行。

（2）移栽

①移栽前对苗床"嫁水""嫁肥""嫁药"。

a. 嫁水。为易于纸筒分离，在移栽前 1 d 将幼苗浇足水量，使苗床有足够的水分，一册浇水 15 kg 左右。

b. 嫁肥。为培育壮苗，移栽前的 4～5 d 用磷酸二氢钾进行叶面喷洒，用量以 20 g 兑水 10 kg 为宜。

c. 嫁药。为防止幼苗移栽到田间受虫害的危害，移栽前 1～2 d 对床内的幼苗用 2.5%的（S）–alpha–氰基–3–苯氧苄基–（+）–顺–3–（2，2，二溴乙烯基）–2,2–二甲基环丙烷羧酸酯乳油喷洒，每亩（4 册）用量以 2 mL 兑水 4 kg 为宜。

②壮苗标准。苗龄 30～35 d，真叶 4 片，叶柄长与叶片长之比不大于0.7，叶宽 1.5 cm，叶片长 5 cm 以下，胚轴长不大于 0.5 cm，叶色深绿有光泽无病。

③起苗。起苗本着随起随栽，大苗、壮苗先起先栽的原则，放入苗箱或直接装车；幼苗上面应遮盖用水浇湿的麻袋或草袋，防止幼苗在运送、移栽过程中风吹日晒失水萎蔫，影响成活率。

④移栽时间及方法、密度。平均气温恒定在 10℃时为适宜的移栽温度，

移栽时间为 4 月下旬至 5 月上旬。采用机械移栽和人工移栽，移栽深度不大于 15 cm，使纸筒上沿与地表平，然后扶正、培土、按实。插苗时，使子叶展开方向与行向垂直，以利侧根发育。每亩 4 500 ～ 5 000 株。

⑤移栽后管理。移栽后滴灌缓苗水 30 ～ 40 m³/亩。用水量以两孔水印相接，以耕层土壤湿润、不积水为宜，保证缓苗快、成活率高。移栽后 3 ～ 5 d，应及时查苗补苗，保证达到全苗。

移栽浇水后，及时中耕除草，将裸露的纸筒培好土，加快缓苗。在移栽 5 ～ 7 d 后防旱保墒，提高地温。

2. 直播

（1）播种时间

春季连续 5 d 在 5 cm 深处地温稳定在 5℃以上时，为最佳播种期。一般在 4 月 1—15 日为最佳播种时期。

（2）用种标准及播种量

种子质量达到 GB 19176—2010 中的甜菜良种指标。

用气吸式精量播种机播商品丸衣化单粒种（发芽率 90% 以上），用量一般为 3750 ～ 4 500 g/hm²；播商品多粒种（发芽率在 85% 以上），用种量为 6 000 ～ 7 500 g/hm²。

（3）播种方式及播后管理

精量或半精量穴播，播深 2.5 ～ 3 cm，行距 50 cm，株距 16 ～ 23 cm（根据品种确定）。播种后立即连接管网，并及时滴水，滴灌定额 600 ～ 900 m³/hm²，确保出苗，保苗株数达到播种株数的 90% 以上。

（4）苗期管理

①苗期松土。若播种后遇雨造成板结，要及时破除板结，以免造成缺苗断垄。

②间苗、定苗。及时间苗、定苗、培育壮苗是提高糖用甜菜产量、质量的重要环节。一般两对真叶时间苗，每穴留苗 2 ～ 3 株，多粒种最适宜密度为 82 500 ～ 90 000 株/hm²，单粒种最适宜密度为 105 000 ～ 112 500 株/hm²。间苗后 10 ～ 15 d。进行定苗，定苗要除去弱苗、病苗、虫害苗，留下壮苗，不留靠苗、双苗。

三、田间管理

（一）灌溉

1. 纸筒育苗

（1）叶丛快速生长期

6月上中旬，进行一次透灌，以使叶丛迅速达到繁茂，灌溉量为450 ～ 600 m³/hm²。

（2）块根及糖分增长期

7月中旬至8月下旬，进行2次滴灌，促进块根膨大生长。每次灌溉量为450 m³/hm²。

（3）糖分积累期

甜菜生长中后期严禁割掰功能叶片，甜菜起收前20 d要严格禁止浇水。

2. 直播

直播在不同土壤条件下和不同种植区域灌溉制度下存在较大差异。一般情况下，全生育期滴灌8 ～ 11次，灌溉定额为5 250 ～ 6 750 m³/hm²。

（1）叶丛生长期

6月上中旬，灌溉600 m³/hm²；6月底至7月初，灌溉600 m³/hm²；7月5日左右，灌溉600 m³/hm²；7月10日左右，灌溉600 m³/hm²。

（2）块根及糖分增长期

7月20日左右，灌溉600 m³/hm²；8月1日左右，灌溉600 m³/hm²；8月10日左右，灌溉600 m³/hm²；8月20日左右，灌溉600 m³/hm²。

（3）糖分积累期

9月10日左右，灌溉450 m³/hm²，甜菜起收前20 d要严格禁止浇水。

（二）揭膜及中耕

膜下滴灌适宜的揭膜期为5月下旬至6月中旬（甜菜15 ～ 17片叶）为最佳期。蹲苗期中耕4次，第1次中耕深度6 ～ 8 cm，第2次中耕深度8 ～ 10 cm，第3次中耕深度13 ～ 16 cm，第4次中耕深度20 ～ 23 cm，每次中耕时间间隔10 ～ 15 d为宜。

（三）病虫害防治

1. 病害防治

（1）甜菜立枯病

播种前选用 50% 福美双、70% 敌克松或 50% 多菌灵 + 50% 福美双药剂拌种，用药量为种子重量的 0.8%。

（2）甜菜褐斑病

8 月初进行机械叶面喷药防治，每隔 10 ～ 15 d 喷一次，防治 2 ～ 3 次。

①采用 10% 苯醚甲环唑（世高），每公顷 525 g 兑水 450 kg。

②采用 40% 氟硅唑乳油（杜邦福星），每公顷 60 mL 兑水 450 kg。

③采用 20% 毒菌锡可湿性粉剂 250 倍液对于发病早期进行喷雾。

（3）甜菜白粉病

①采用 50% 多菌灵或粉锈宁可湿性粉剂 1 000 倍液喷雾，每公顷用药液 750 kg。

②每公顷施硫黄粉 15 ～ 30 kg，多硫合剂药液 50 kg。

③喷施三唑酮、戊唑醇、石硫合剂、硫黄·三唑酮等药剂叶面喷雾 2 ～ 3 次进行防治。

（4）甜菜丛根病

主要选用抗、耐丛根病品种和轮作 10 年以上，严格清除田间杂草和病株残体，降低 pH，保持排灌水系统良好。

（5）甜菜根腐病

①农业防治措施。选用耐病品种和轮作 6 年以上，选择地下水位低，排、灌水条件良好，土壤肥沃、地势平坦的地块，前茬为小麦、玉米等作物较好。

②药剂拌种。采用 40% 敌磺钠、五氯硝基苯可湿性粉剂 1∶100 拌种或 40% 敌硫可湿性粉剂 1∶100 拌种。

2. 虫害防治

（1）甜菜象甲

①用吡虫啉、丁硫克百威或克百威（呋喃丹）颗粒剂 1.5 ～ 3 kg，种子 100 kg 兑水 100 kg，均匀拌种，闷种 24 h 以后播种。

②在虫害发生初期，用 90% 晶体敌百虫乳油 1 000 倍液，80% 敌敌畏乳油 1 000 倍液，48% 毒死蜱乳油 500 倍液 +5% 氟虫腈（锐劲特）悬浮剂 1 000 倍液或 40% 乙酰甲胺磷乳油 800 倍液进行均匀喷雾。

（2）地老虎

①秋耕冬灌，消灭越冬蛹。

②清除田间杂草，根除成虫产卵和幼虫食料来源，减轻危害。

③黑光灯诱杀或人工捕捉。

④用 90%晶体敌百虫 1 kg，拌 100 kg 麸皮或油渣制成毒饵，每公顷 30 ～ 45 kg，傍晚施于地表进行诱杀。

⑤以 50%锌硫磷 600 ～ 700 倍液喷洒，或 90%敌百虫原药或 50%敌敌畏乳油 800 ～ 1 000 倍液灌苗。

（3）甜菜甘蓝夜蛾

①糖浆诱杀（糖蜜、醋、酒、水比例为 6∶3∶1∶10 配合拌匀，再加入适量的杀虫剂）。

②采用 2.5%溴氰菊酯乳油 2 500 倍液，10%氯氰菊酯 2 000 倍液，20%除虫菊酯或 20%杀灭菌酯 2 000 倍液药剂，每公顷用药液 750 kg 左右。

（4）红蜘蛛

①少量发生时点、片防治，发现 1 株喷 1 圈，发现 1 点喷 1 片，以防止蔓延危害。

②用三氯杀螨醇、克螨特、哒螨灵乳油 800 ～ 1 000 倍液进行喷施，连续防治 2 ～ 3 次，交替喷施。

四、机械收获

甜菜收获期一般在 9 月底至 10 月底。膜下滴灌甜菜收获主要以机械收获为主，采用大型自走式甜菜联合收获机进行六行甜菜打叶、削顶、起拔、卷起、分离和集箱收获作业。小面积收获，选择具有打叶、削顶、起拔、集堆和自动集箱功能的分段式牵引机械进行作业。

五、残膜回收

收获后地表残留膜要及时进行人工清除，对于土壤中多年积累的残留地膜应进行机械清除，以免对土壤造成污染，影响后茬作物生长。

模式 4　甜菜覆膜高效栽培技术模式

一、目标产量及构成

目标产量：亩产 3.5 t 以上；平均含糖率 16.0% 以上。

二、栽培技术

（一）品种选择

品种：单粒品种为 KWS7156、KWS6167、IM802、Beta866、ST14991，国产品种可选内 2499。

多粒品种：KWS9442、SD21816。

类型：使用进口、国产包衣种子，发芽率 ≥85%，净度 ≥98%。

（二）选地

选择 4 年以上未种植甜菜的地块，选择地势平坦、土质肥沃、土层深厚、结构良好、保肥保水能力强、具备灌溉条件的土地。前茬以燕麦、小麦、大麦、亚麻、油菜为上茬，玉米、向日葵、马铃薯、大豆次之。

（三）整地与施肥

深耕 30 cm，整地要达到细、碎、平、无坷垃、无根茬。一次性施入肥料，施肥量 N 每亩为 8 ~ 10 kg，P_2O_5 每亩为 9 ~ 12 kg，K_2O 每亩为 5 ~ 8 kg，或施用甜菜专用肥（N:14%；P_2O_5:18%；K_2O:8%）每亩为 50 kg。

（四）播种

1. 播种时间

5 cm 土壤温度稳定在 5 ℃ 时即可播种，因地制宜，抢墒播种，一般 4 月 5—15 日播种为宜，比较寒冷的地区播种时期可延迟到 4 月末。

2. 覆膜、播种

采用厚度不低于 0.01 mm，宽度为 70 cm 或 75 cm 的聚乙烯地膜，用量每亩约 4 kg。采用覆膜、打孔、播种、覆土一次性完成的播种机。播深为 1.5 ~ 2 cm。膜边覆土厚度一般要求 3 ~ 5 cm，保证膜面平展，膜边压实，采光面达到 45 cm 左右。在膜上每隔 5 m 放置一小土堆压膜，防止大风刮走或刮破地膜。

3. 播种质量要求

播种质量要深浅一致，防止漏播、覆土不严等情况。单粒种每穴 1 ～ 2 粒，播种量一般每亩为 0.5 ～ 0.6 kg；多粒种每穴 2 ～ 3 粒，播种量一般每亩为 1 ～ 1.2 kg。

三、田间管理

（一）苗期管理

甜菜出苗后，及时做好苗穴松土工作，扩大穴孔周围地膜的裸露面积，穴孔无膜直径以 10 cm 为宜，以防穴内土壤过湿诱发黑脚病发生造成整穴死亡。苗期管理要做到三早：早疏苗，一对真叶疏苗，每穴留苗 5 ～ 6 株；早间苗，甜菜幼苗 2 ～ 3 片真叶，松土间苗，每穴留 2 ～ 3 株；早定苗 4 ～ 6 片叶定苗，定苗时留子叶与行向垂直的壮苗，去弱苗、小苗、病苗。播后苗前遇雨应在土表未结硬壳前人工或机械破除板结，为保全苗，结合查苗及时补种，提倡纸筒育苗补栽。

（二）中耕

甜菜生育期中耕 2 次，苗期 4 ～ 6 片真叶时进行第一次中耕，灌头水后进行第二次中耕。

（三）灌溉

（1）叶丛快速生长期

6 月上中旬，进行一次灌溉，以使叶丛迅速达到繁茂。灌水量每亩为 60 m³ 左右。

（2）块根及糖分增长期

7 月中旬至 8 月下旬，进行 2 ～ 3 次灌水，每次每亩用水量为 60 m³ 左右，促进块根膨大生长。灌水视土壤墒情、降水、甜菜的生长情况而定，田间 30% 以上甜菜有午休现象需要灌溉。浇水以田间无积水为准，以防根腐病发生蔓延，灌水时间宜在清晨或傍晚进行。

（3）糖分积累期

甜菜生长中后期严禁割擗功能叶片，起收前 20 d 要严格禁止浇水。

（四）病虫草害防治

1. 病害防治

（1）立枯病防治

播前每千克种子用 70% 3-羟基-5-甲基异恶唑可湿性粉剂 5 g，或 50% 四甲基硫代过氧化二碳酸二酰胺可湿性粉剂 6～8 g 拌种，或两种药剂各 4 g 混用拌种效果更好，并加强幼苗期的中耕松土。出苗后如果立枯病发生严重，每亩用 70% 3-羟基-5-甲基异恶唑可湿性粉剂 5～10 g，或加 50% 四甲基硫代过氧化二碳酸二酰胺可湿性粉剂 8～16 g，兑水 35 kg 喷洒。

（2）褐斑病防治

田间首批病斑出现时即喷药，每亩用 70% 1，2-二（3-甲氧碳基-2-硫脲基）苯可湿性粉剂 1 500～2 000 倍液，用药液 40～50 kg，或 10% 顺，反-3-氯-4-[4-甲基-2-（1H-1，2，4-三唑-1-基甲基）-1，3-二氧戊烷-2-基]苯基-4-氯苯基醚水分散粒剂 40～60 g，兑水 30 kg 进行喷药防治，隔 15 d 左右再喷 1 次。发病严重的地块应喷洒 3～4 次。

2. 虫害防治

（1）地下害虫防治

蛴螬等地下害虫严重地块，可结合秋、春耕翻施肥，每亩用 10% O，O-二乙基-O-3，5，6-三氯-2-吡啶基硫逐磷酸酯颗粒剂 1.5～2 kg，或 3% O，O-二乙基-O-（苯乙腈酮肟）硫代磷酸酯颗粒剂 1.5～3 kg 与肥料混合均匀施用。

（2）小地老虎防治

甜菜幼苗做好小地老虎的防治，小地老虎 1～3 龄幼虫期抗药性差，在植株或地面，是喷药防治的最佳时期，用 20% 高氯马乳油 [由 2，2-二甲基-3-（2，2-二氯乙烯基）环丙烷羧酸-α-氰基-（3-苯氧基）-苄和 O，O-二甲基-S-[1，2-二（乙氧基羰基）乙基]二硫代磷酸酯复配而成] 500 倍液或 40% O，O-二乙基-O-3，5，6-三氯-2-吡啶基硫逐磷酸酯乳油 1 000 倍液进行喷洒防治，每亩喷施药液 60 kg，傍晚效果好。4～6 龄幼虫，因其隐蔽性强，药剂喷雾难以防治，可使用撒毒土和灌根防治。

（3）甘蓝夜蛾和藜夜蛾防治

甜菜田间发现甘蓝夜蛾及藜夜蛾幼虫危害时，每亩用 2.5% 3-（2-氯-3，3，3-三氟丙烯基）-2，2-二甲基环丙烷羧酸 α-氰基-3-苯氧苄基酯水乳剂 10～15 mL 或 2.5% α-氰基苯氧基（1R，3R）-3-（2，2-二溴乙烯基）-2，2-二甲基环丙烷羧酸酯乳油 20～30 mL 兑水 30～40 kg 进行防治。

3. 草害防治

（1）封闭除草

播前进行土壤封闭除草，每亩用 96%（S）−2−氯−N−（2−乙基−6−甲基苯基）−N−（2−甲氧基−1−甲基乙基）乙酰胺 80 mL 兑水 40 kg，用大喷头均匀喷洒在土壤表面，随即进行浅耙糖。

（2）苗期除草

田间杂草达到 2 片真叶后，每亩使用 16% 甜安宁乳油 [由 8% [3−[[（苯基氨基）甲酰基]氧]苯基]氨基甲酸乙酯和 8% 3−[（甲氧羟基）氨基]苯基 −N−（3−甲基苯基−）氨基甲酸酯组成] 350 mL + 10.8%（R）−2−[4−（6−氯喹喔啉−2−基氧）苯氧基]丙酸乙酯 50 mL 兑水 30 kg 进行第一次喷雾，间隔 7 ～ 10 d 视杂草情况进行第二次喷雾。

药剂的使用方法均按 GB 4285 和 GB/T 8321 的规定执行。

四、收获

（一）收获方法
10 月上旬采用机械或人工收获。

（二）回收残膜
在甜菜收获后，农膜清除干净。

模式 5　膜下滴灌、全程机械化甜菜高产高效栽培技术

（天山北坡及塔额盆地产区）

膜下滴灌、全程机械化栽培技术在西北区各地甜菜生产中广泛应用，提高了甜菜保苗率和水肥利用效率，在提高产量的同时降低了生产成本和作业效率，减轻了劳动强度，节本增效作用显著。

一、播前准备

1. 土地选择

选择 4 年以上没种过甜菜的地块，土壤肥力中等，有机质含量 10 ～ 15 g/kg，碱解氮 60 mg/kg，速效磷 8 ～ 10 mg/kg，总盐含量 4 ～ 6 g/kg，地势平坦，灌排条件较好的沙壤土或轻黏土；不宜选择低洼地、黏重地、地下水位高的下潮

地种植糖用甜菜。前茬作物以麦类、豆类、油菜、苜蓿等作物为佳。

2. 秋耕施肥

前茬收获后应立即进行撒肥作业，施农家肥 30 ～ 60 t/hm²。

3. 播前整地

播前整地要求地平土碎（上虚下实），耙深 5 ～ 6 cm。同时清理播种土层内的残膜。

4. 化学除草

整地前 1 ～ 2 d 对土壤进行封闭处理，施 96% 金都尔乳油 1 050 ～ 1 200 mL/hm²，施药后用农具将表土层 3 ～ 5 cm 土壤进行处理；或在播种后出苗前施 72% 金都尔乳油 1 800 ～ 2 400 mL/hm² 防治田间双子叶杂草。

5. 地膜准备

地膜厚度 0.008 ～ 0.01 mm，幅宽 70 cm 或 80 cm。

二、支毛管铺设和试运行

1. 毛管铺设

在播种甜菜时，按照滴灌工程设计的滴灌管间距、滴头流量规格和数量（10 000 m/hm²）购置滴灌管；利用播种机上的铺管装置，将滴灌管迷宫朝上铺设于膜下的行间。

2. 支管铺设

铺管、覆膜、播种工作结束后，利用人工将符合设计要求（直径 75 cm、90 cm 或 120 cm）的 PE 支管或附管对正出水管位置，横铺于地膜之上，并与膜下的滴灌管和干管上方的出水管相连接；支管或附管铺设时，应有适量的弯曲。

3. 系统试运行

输入滴灌系统的水压不得小于 3 kg/cm²（30 m 扬程）；干管应在试压后进行填埋；首次灌溉应开启所有阀门进行排气，毛管末端压力不低于 0.5 kg/cm²。

三、灌溉管理制度

系统运行应由专人管理；每年系统首次运行前，应打开所有阀门排尽管网内的空气；严格按照滴灌系统设计的轮灌方式灌水，当一个轮灌小区滴灌结束后，先开启下一个轮灌区，再关闭当前轮灌区，严禁先关后开。应按照滴灌设备设计压力运行，以保证系统正常工作。

不同土壤条件下种植区域灌溉制度存在较大差异。一般情况下，全生育期滴灌 8 ～ 11 次，灌溉定额 5 250 ～ 6 750 m³/hm²。详见附表 1。

附表 1　膜下滴灌甜菜灌溉制度

生育期	灌水次数	灌水定额（m³/hm²）
播种出苗期（苗情水）	1	600 ～ 900
叶丛生长期	2	600 ～ 900
	3	600
块根、糖分增长期	4	600
	5	600
	6	600
	7	600
	8	600
	9	600
糖分积累期	10	450
	11	450

四、播种

1. 播种时间

春季连续 5 d 在 5 cm 深处地温稳定在 5℃以上时，一般 4 月 1—15 日为最佳播种期。

2. 品种选择及播种量

商品丸衣化单粒种（发芽率 90%以上），推荐选择 ADV0401、ST14991 等，用量一般为 3 750 ～ 4 500 g/hm²；商品多粒种（发芽率在 85%以上），推荐选择 JZ98-1、BETA218 等，用种量为 6 000 ～ 7500 g/hm²。

3. 种肥

种肥以磷为主，配合施氮、钾。种肥以磷酸氢钙或重过磷酸钙等磷肥为佳，种肥用量不能过多，一般是整个生育期施肥量的 8% ～ 10%，中等或中等以上肥力的地块带种肥 150 kg/hm²，高肥力的地块带种肥 112.5 kg/hm²，带种肥播种时要与种子分箱播入，施于种球侧下方 4 ～ 5 cm，不能与种球直接接触，以免造成"烧苗"等现象。

4. 干播湿出

利用机械在未冬灌的地块上进行 50 cm 等行距铺管、铺膜和膜上穴播作业，然后通过滴灌系统将水分输送到膜下种子所附着的土壤中，使其发芽、出苗。

精量或半精量穴播；播深 2.5 ～ 3 cm，行距 50 cm，株距 16 ～ 23 cm（根据品种确定）。播种后立即连接管网，并及时滴水，滴灌定额 600 ～ 900 m³/hm²，确保出苗，保苗株数达到播种株数的 90% 以上。

五、苗期管理

1.间苗、定苗

及时间苗、定苗、培育壮苗是提高糖用甜菜产量和质量的重要环节。一般在两对真叶时进行间苗，每穴留苗 2 ～ 3 株；间苗后 10 ～ 15 d 进行定苗，定苗要除去弱苗、病苗、虫害苗，留下壮苗，不留靠苗、双苗。

2.密度

多粒种最适宜密度为 82 500 ～ 90 000 株/hm²，单粒种最适宜密度为 105 000 ～ 112 500 株/hm²。行距 50 cm，株距根据不同品种特性控制在 16 cm、18 cm、21 cm 不等。

3.揭膜及中耕

膜下滴灌适宜的揭膜期为 5 月下旬至 6 月中旬（甜菜 15 ～ 17 片叶）为最佳期。蹲苗期中耕 3 ～ 4 次，第 1 次中耕深度为 6 ～ 8 cm，第 2 次中耕深度为 8 ～ 10 cm，第 3 次中耕深度为 13 ～ 16 cm，第 4 次中耕深度为 20 ～ 23 cm，每次中耕时间间隔 10 ～ 15 d 为宜。

六、滴灌施肥管理

滴灌追肥以氮肥为主，配合施磷肥和钾肥。一般追肥量占总施肥量的 50% ～ 55%，追肥时间是在蹲苗结束，结合最后一次中耕在封垄前进行。使用滴灌肥可结合灌水将追肥分多次滴入，一般前期以氮肥为主，7 月底前氮肥要全部追完，8 ～ 9 月追肥以钾肥为主。不同产量指标施肥量见附表 2。

附表 2　不同目标产量配方施肥量

目标产量 (t/hm²)	农家肥 (t/hm²)	化肥（kg/hm²）		
		基肥	种肥	水溶性肥料
67. 5 ～ 75	45 ～ 60	225（磷酸二铵 112.5、硫酸钾 112.5）	150（三料）	525（尿素 337.5、磷酸铵 112.5、硫酸钾 75）
67. 5	45 ～ 60	225（磷酸二铵 112.5、硫酸钾 112.5）	150（三料）	525（尿素 337.5、磷酸铵 112.5、硫酸钾 75）

（续）

目标产量 （t/hm²）	农家肥 （t/hm²）	化肥（kg/hm²）		
		基肥	种肥	水溶性肥料
67.5～75	45～60	225（磷酸二铵75、硫酸钾150）	112.5（三料）	600（尿素390、磷酸铵135、硫酸钾75）
90	45～60	225（磷酸二铵75、硫酸钾150）	112.5（三料）	637.5（尿素375、磷酸铵150、硫酸钾112.5）

七、病虫害防治

7月中下旬用10%苯醚甲环唑水分散颗粒剂6 000～7 000倍液或400 g/L氟硅唑乳油5 000倍液叶面喷洒防治白粉病和褐斑病。

6月及8月中旬用2.5%溴氰菊酯3 000～4 000倍液或20%除虫菊酯乳油2 000～4 000倍液防治甘蓝夜蛾。

6月中旬至8月上旬用50%甲基硫环磷乳油500～1 000倍液，或50%甲胺磷、40%乙酰草胺磷500～800倍液防治甜菜象甲。

6月中下旬用克螨特2 500倍液或三氯杀螨醇1 500倍液交替使用，重点喷施在甜菜叶背面，防治叶螨。

八、收获

收获期一般在9月底至10月中旬，收获前20 d左右停水。膜下滴灌甜菜收获主要以机械收获为主，采用大型自走式甜菜联合收获机进行六行甜菜打叶、削顶、起拔、卷起、分离和集箱收获作业。小面积收获，选择具有打叶、削顶、起拔、集堆和自动集箱功能的分段式牵引机械进行作业。

九、残膜回收

收获后地表残留膜要及时进行清除，对于土壤中多年积累的残留地膜应使用残膜回收机进行回收，以免对土壤造成污染，影响后茬作物生长。

模式6 伊犁河谷产区甜菜地膜覆盖高产、高效栽培技术

以保证获得高产优质为中心，从播前准备、覆膜方式、播种、苗期管理、中期管理、病虫害防治、后期管理等方面制定技术要求，强调甜菜地膜栽培管理应合理密植、深中耕、病虫害防控、适时适量灌水施肥，并选择适生区种植。

一、播前准备

1. 土地选择

选择 4 年以上没种过甜菜的地块，土壤肥力中等，有机质含量 10 ~ 15 g/kg，碱解氮 60 mg/kg，速效磷 8 ~ 10 mg/kg，总盐含量 4 ~ 6 g/kg，地势平坦，灌排条件较好的沙壤土或轻黏土；不宜选择低洼地、黏重地、地下水位高的下潮地种植糖用甜菜。前茬作物以麦类、豆类、油菜、苜蓿为佳。

2. 秋耕冬灌

前茬收获后应立即进行灭茬、撒肥、犁地、开沟、冬灌，一般沙壤土、壤土先耕后灌，黏土和地下水位较高的地块先灌后耕，灌水量 1 200 ~ 1 500 m³/hm²。耕地质量要求：不重不漏，深浅一致，翻扣严密，无沟垄。基肥：秋耕时施农家肥 30 ~ 60 t/hm²，化肥总用量的 50% 做基肥施入，撒施后深翻犁，深翻 30 cm。

3. 春耕春灌

秋耕未冬灌的春季开沟灌溉，灌水量为 900 m³/hm²。

4. 播前整地

播前整地以保墒为中心，秋耕冬灌地早春应及时耙糖保墒；整地质量要求墒足（手握成团，扔地易散），地平土碎，耙深 5 ~ 6 cm。

5. 化学除草

播种前 1 ~ 2 d 土壤封闭处理，施 96% 异丙甲草胺乳油（金都尔）1 050 ~ 1 200 mL/hm²，施药后将表土层 3 ~ 5 cm 耙匀；或在播种后出苗前施 72% 异丙甲草胺乳油 1 800 ~ 2 400 mL/hm² 防治田间双子叶杂草。

6. 地膜准备

地膜透光率 90% 以上，厚度 0.008 mm，幅宽 70 cm、80 cm、145 cm、265 cm。用量为 45 ~ 60 kg/hm²。

7. 种肥

种肥以磷为主，配合施氮、钾。种肥以磷酸氢钙或重过磷酸钙为佳，种肥用量为 150 kg/hm²，带种肥播种时要与种子分箱施入，施于种球侧下方 4 ~ 5 cm，以免造成"烧苗"现象。

二、播种

1. 播种时间

春季连续 5 d 地表 5 cm 深处并且地温稳定在 5℃ 以上时为最佳播种期。新疆伊犁地区在3月下旬至4月中旬为最佳播种期。

2. 覆膜方式

(1) 平作覆膜适墒播种

秋耕秋灌或春耕春灌的适墒土壤，可用3膜6行大型播种机或1膜2行小型播种机50 cm等行距播种，株距按不同产量目标要求，分别为多粒种18~22 cm穴播；单粒种16~18 cm穴播。覆膜、打孔、播种、覆土、镇压等八道作业程序一次完成，空穴率小于3%，播种深度控制在2~3 cm。地膜要松紧适度，紧贴地面，每隔3~5 m压1个土腰带，防风揭膜。

(2) 开沟覆膜干播湿出

土壤墒情不足的地块可采用开沟覆膜干播湿出法，即平整土地后按60~40 cm宽窄行，在60 cm行中间开沟并覆膜，并在60 cm行距两边膜上按20 cm株距打孔加刨穴，每穴播2~3粒种子，播深1~2 cm，再用铁锹尖覆土1~2 cm，膜要松紧适度，紧贴地面，每隔3~5 m压1个土腰带，防风揭膜，随后进水，使水在沟中，不直接浇在种穴上，利于出苗，见附图1。

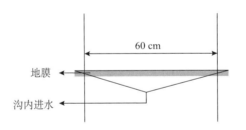

附图1　开沟覆膜干播湿出法示意

(3) 起垄覆膜

春季整地施肥，使用机械起垄覆膜。按作物种植走向开沟起垄。大垄宽70 cm、高10 cm，小垄宽40 cm、高10 cm，用120 cm宽的地膜将垄沟全膜覆盖，每幅垄对应1大1小两个垄面。起垄要直，膜要松紧适度，紧贴地面，垄面每隔3~5 m压1个土腰带，防风揭膜。覆盖地膜7 d左右，地膜与地面贴紧时在垄沟内每隔50 cm打1个直径为3 mm的渗水孔以便水分渗入。采用人工点播方式在垄面播种。大垄上播2行，小垄上播1行，行距40 cm，穴距20 cm，每穴3粒，播种后覆土封穴，播深2~3 cm。

3. 用种标准及播种量

①种子质量达到GB 19176—2010中的甜菜良种指标，甜菜地膜种植比较

适宜的品种应该具备植株叶片紧凑、青头小，抗病性强的特性。

②商品单粒种（发芽率不小于 90%），用种量为 3 750 ～ 4 500 g/hm²；商品多粒种（发芽率不小于 85%），用种量为 6 000 ～ 7 500 g/hm²。

4. 播种深度

播种深浅要一致，播深 2 ～ 3 cm，膜上打孔，播种深度为膜下 1.5 ～ 2 cm，盖土 0.5 cm，播后及时镇压。

三、苗期管理

1. 苗期松土

若播种后遇雨造成板结，要及时破除板结，以免造成缺苗断垄。

2. 间苗、定苗

多粒种两对真叶时间苗，每穴留苗 2 ～ 3 株；间苗后 10 ～ 15 d 进行定苗。间苗、定苗时，要除去弱苗、病苗、虫害苗，留下壮苗，不留靠苗、双苗。

3. 合理密植

多粒种密度为 90 913 ～ 105 000 株/hm²，单粒种密度为 10 500 ～ 125 006 株/hm²。

4. 查苗补种

幼苗显行后，发现缺苗断垄要及时查苗补种。查苗移栽时将待移行上开穴浇少量底水，将幼苗取出移入缺苗行中，及时浇水。移苗时可将真叶剪去一半叶片，防止叶片自身过分蒸腾失水，应在下午或阴天进行。

5. 蹲苗

蹲苗期是出苗后到灌头水前的一段时期，历时近 50 d，幼苗表现在中午萎蔫，早晚能恢复，即为结束蹲苗期，开始浇第 1 水。

6. 中耕及揭膜

中耕 3 遍，中耕要求深度第 1 遍深 8 ～ 10 cm，第 2 遍深 12 ～ 16 cm，第 3 遍深 20 ～ 23 cm。中耕可结合开沟追肥进行，中耕松土质量要求：表土松碎，不埋苗、压苗、伤苗，不漏耕，田间无杂草。5 月下旬至 6 月中旬（甜菜 15 ～ 17 片叶时）进行揭膜。

四、中期管理

1. 追肥

追肥以氮肥为主，配合施磷肥和钾肥。追肥量占总施肥量的 50% ～ 55%，追肥时间是在蹲苗结束，结合第 3 次中耕在封垄前进行，中等肥力地块，追施纯 N 75 ～ 90 kg/hm²、P₂O₅ 60 ～ 75 kg/hm²、K₂O 75 kg/hm²。追肥可采用复式中耕侧施肥机或追肥机条施追肥，深度为 10 cm，追肥后立即灌水。

2. 叶面追肥

叶面追肥时间在甜菜块根糖分增长期（即 7—8 月）进行，用 0.2% ～ 0.3%磷酸二氢钾或 2% ～ 3%过磷酸钙溶液进行叶面喷施，用量为 30 ～ 45 kg/hm²，喷叶面肥应选择晴朗无风天气。

3. 灌水

全生育期灌水 4 ～ 6 次。灌水原则为前促后控，叶丛繁茂期至块根膨大期是灌水的重点。灌水质量要求：灌水均匀，不漏灌、不积水，土壤含水量达到田间最大持水量的 60% ～ 70%时应灌水。

五、主要病害防治

1. 甜菜立枯病

播种前选用 50%福美双可湿性粉剂、70%敌克松可湿性粉剂拌种，用药量为种子重量的 0.8%。

2. 甜菜褐斑病

甜菜褐斑病为流行性的叶部病害，在新疆 7 月上旬至 9 月底易发生，为流行性的叶部病害。病害发生初期进行机械叶面喷药防治，每隔 10 ～ 15 d 喷 1 次，防治 2 ～ 3 次，用 10%苯醚甲环唑水分散粒剂（世高）525 g/hm² 兑水 450 kg；40%氟硅唑乳油（杜邦福星）60 mL/hm² 兑水 450 kg；20%毒菌锡可湿性粉剂 250 倍液于发病早期喷雾。

3. 甜菜白粉病

采用 50%多菌灵可湿性粉剂 1 000 倍液 750 kg/hm² 进行叶面喷雾防治 2 ～ 3 次，或施硫黄粉 15 ～ 30 kg/hm²。

4. 甜菜丛根病

丛根病为土传病毒病害，主要选用抗、耐丛根病品种和轮作 10 年以上，严格清除田间杂草和病株残体，降低 pH，排灌水系统良好。

5. 甜菜根腐病

（1）农业防治措施

选用耐病品种和轮作 6 年以上，选择地下水位低，排灌水条件良好，土壤肥沃、地势平坦的地块，前茬为小麦、玉米作物较好。

（2）药剂拌种

采用 40%敌磺钠可湿性粉剂 1:100 拌种或 40%敌硫可湿性粉剂 1:100 拌种。

六、主要虫害防治

1. 甜菜象甲

①用吡虫啉或丁硫克百威颗粒剂 1.5～3 kg，种子 100 kg 兑水 100 kg，均匀拌种，闷种 24 h 以后播种。

②在虫害发生初期，用 90%晶体敌百虫乳油 1 000 倍液，80%敌敌畏乳油 1 000 倍液，48%毒死蜱乳油 500 倍液混合 5%氟虫腈（锐劲特）悬浮剂 1 000 倍液或 40%乙酰甲胺磷乳油 800 倍液进行均匀喷雾。

2. 地老虎

①秋耕冬灌，消灭越冬蛹；清除田间杂草，根除成虫产卵和幼虫食料来源。

②用 90%晶体敌百虫 1 kg，拌 100 kg 麸皮或油渣制成毒饵，30～45 kg/hm²，傍晚施于地表进行诱杀；以 50%锌硫磷 600～700 倍液喷洒，或 50%敌敌畏乳油 800～1 000 倍液灌苗。

3. 甜菜甘蓝夜蛾

糖浆诱杀（糖蜜、醋、酒、水比例为 6:3:1:10 配合拌匀，再加入适量的杀虫剂即可）；采用 2.5%溴氰菊酯乳油 2 500 倍液，10%氯氰菊酯 2 000 倍液，20%除虫菊酯或 20%杀灭菌酯 2 000 倍液，用药液量为 750 kg/hm²。

4. 红蜘蛛

少量发生时进行点、片防治。发现 1 株喷 1 圈，发现 1 点喷 1 片，以防止蔓延。用 73%克螨特乳油、15%哒螨灵乳油 800～1 000 倍液进行喷施，连续防治 2～3 次，交替喷施。

七、后期管理

1. 控制灌水

收获前 20 d 应停止浇水，以获得较好的甜菜品质。

2. 收获期

甜菜工艺成熟期的主要标志是块根重和含糖均达到制糖标准要求，即为收获期。新疆糖用甜菜收获期一般在 9 月底至 10 月底。

3. 甜菜切削

采用人工多刀切削或机械一刀平切法。多刀切削法是用刀从块根根头最下排叶痕处，厚度 2～3 mm，使根头微露白，机械一刀平削法是在块根根头最下排叶痕处上方 1.5 cm 处平削 1 刀，削掉叶丛。

4. 收获机械

甜菜收获主要以机械收获为主。大面积收获采用大型甜菜收获机，收获行距 50 cm，收获行数 6 行，平削、起拔、卷起、装车一次性流水作业，日收获面积 10～13 hm²。小面积可采用分段式甜菜收获机收获。

八、残膜回收

收获后地表残留膜要及时进行人工清除，对于土壤中多年积累的残留地膜应进行机械清除，以免对土壤造成污染，影响后茬作物生长。

模式 7 河西走廊产区甜菜地膜覆盖高产、优质、高效栽培技术

一、选地、选茬

选择地势平坦、土层深厚、肥力中等、杂草少、灌溉便利、前茬未喷施过残效期长的除草剂、四年以上未种过甜菜的沙壤土、壤土、轻盐碱地块。前茬以小麦、大麦、苜蓿、油葵、马铃薯为佳。

二、整地、施肥

秋耕 25 cm 以上，耕翻时要翻扣严密、无犁沟、不漏耕、深浅一致。早春旋地、耙地时应抢墒进行，要求"墒、平、松、碎、净、齐"6 字标准，整地成待播状态。结合早春整地，每亩施 N 为 7～9 kg，P_2O_5 为 8～12 kg，K_2O 为 6～9 kg。

三、播种

1. 播种期

当土层 5 cm 处地温稳定在 5℃ 时即可播种。河西走廊川区播种期在 3 月下旬至 4 月上旬，沿山冷凉区在 4 月中下旬。

2. 选种

选择适宜于河西走廊种植的多胚或单胚甜菜良种，种子质量达到

GB19176—2010 的规定。其中，单粒种发芽率不小于 90%，多粒种发芽率不小于 85%。

3. 覆膜播种

采用宽幅为 1.4 m 或 1.45 m 的白膜或黑膜进行覆盖。使用 1 膜 3 行或 4 行小型播种机及滚葫芦播种器等行距播种。株距按不同产量目标要求，分别为多粒种 20～23 cm，单粒种为 18～20 cm，播种深度控制在 1～1.5 cm。对土壤墒情不好的地块播后灌出苗水，每亩灌水量为 60 m³。

4. 播种质量要求

播种要深浅一致，防止漏播、种子覆土不严外漏等情况发生。单粒种每穴 1～2 粒，每亩播种量在 0.5 kg 左右；多粒种每穴 3～4 粒，每亩播种量在 1 kg 左右。地膜要松紧适度，紧贴地面，膜边压实，每隔 3～5 m 压 1 个土腰带，防风揭膜。

四、田间管理

1. 苗期管理

（1）苗期松土

若播种后遇雨造成板结，要及时破除板结，以免造成缺苗断垄。

（2）间苗、定苗

当达到两对真叶时，间苗、定苗要同时进行。间苗、定苗时，要除去弱苗、病苗、虫害苗，留下壮苗，不留靠苗、双苗。

（3）查苗补种

幼苗显行后，发现缺苗断垄要及时查苗补种。

（4）蹲苗

蹲苗期是出苗后到灌头水前的一段时期，历时近 50 d，幼苗表现在中午萎蔫，早晚能恢复，即为结束蹲苗期，开始浇第 1 水。

2. 中耕

真叶 4～6 片时进行第一次中耕，灌头水后进行第二次中耕。中耕松土质量要求：表土松碎，不埋苗、压苗、伤苗，不漏耕，田间无杂草。

3. 灌水、追肥

（1）灌水

全生育期灌水 5～6 次。每亩总水量为 320～450 m³。甜菜蹲苗期要达到 40～60 d，一般以 6 月上中旬灌第 1 水为宜，田间幼苗表现为中午叶片萎蔫，晚间恢复，叶片无灼伤为宜，以后每间隔 20 ～ 30 d 灌 1 水。收获前 20 ～ 25 d 灌最后 1 水，为收获机械进地创造条件，避免延误收获时间。提高灌水质量，达到前促后控的要求。

（2）追肥

结合 6 月上旬灌苗水，每亩追施氮肥 4 ～ 5 kg。

五、病虫草害防治

1. 主要病害防治

（1）立枯病防治

播种前选用 50% 福美双可湿性粉剂、70% 敌克松可湿性粉剂拌种，用药量为种子重量的 0.8%。出苗后若立枯病发病严重，可用上述药剂兑水喷施。

（2）褐斑病防治

在河西走廊 7 月下旬至 9 月下旬，此病害极易发生。病害发生初期每亩用 10% 苯醚甲环唑水分散粒剂（世高）35 g 兑水 30 kg、40% 氟硅唑乳油（杜邦福星）4 mL 兑水 30 kg 进行叶面喷药防治，每隔 10 ～ 15 d 喷 1 次，防治 2 ～ 3 次。

（3）白粉病防治

采用 50% 多菌灵可湿性粉剂 800 ～ 1 000 倍液或粉锈宁 500 倍液，进行叶面喷雾防治 2 ～ 3 次防治效果均佳。

（4）丛根病防治

选用抗、耐丛根病品种和实行 10 年以上轮作。

（5）甜菜根腐病

选通气性好的地块，进行 5 年以上轮作，避免重茬或迎茬。深秋耕并增施腐熟有机肥和磷肥，改善土壤理化性质，增加土壤肥力，促进根系发育，增加块根抗病能力。避免一切机械损伤。

2. 主要虫害防治

（1）象甲防治

用吡虫啉或丁硫克百威颗粒剂 1.5 ～ 3 kg，种子 100 kg 兑水 100 kg，均匀拌种，闷种 24h 后播种。在虫害发生初期，用 48% 毒死蜱乳油 500 倍液混合 5% 氟虫腈（锐劲特）悬浮剂 1 000 倍液或 40% 乙酰甲胺磷乳油 800 倍液进行均匀喷雾，7 d 喷 1 次，连喷 2 次。

（2）地老虎防治

秋耕冬灌，消灭越冬蛹；清除田间杂草，根除成虫产卵和幼虫食料来源。每亩用 90% 晶体敌百虫 1 kg，拌 100 kg 麸皮或油渣制成毒饵，每亩 2～3 kg，傍晚施于地表进行诱杀；以 50% 锌硫磷 600～700 倍液喷洒。

（3）甘蓝夜蛾防治

采用 10% 氯氰菊酯 2 000 倍液，2.5% 溴氰菊酯乳油 2 500 倍液，20% 除虫菊酯或 20% 杀灭菌酯 2 000 倍液进行防治。

（4）红蜘蛛防治

用 15% 哒螨灵乳油 800～1 000 倍液、73% 克螨特乳油进行喷施，连续防治 2～3 次，交替喷施。

六、草害防治

1. 播前封闭除草

播种前 2～5 d 每亩用金都尔乳油 70～80 mL 进行土壤封闭处理。

2. 苗期除草

田间杂草达到 2～3 片真叶时，每亩采用 21% 的安宁乙呋黄 300 mL 混合 28% 的高效氟吡甲禾灵 15 mL，兑水 20 kg，对当地田间常见草害防效最好。

七、收获

1. 收获方法

10 月上中旬采用机械或人工收获。

2. 切削方法

采用人工多刀切削或机械一刀半切法。多刀切削法是用刀从块根根头最下排叶痕处，厚度 2～3 mm，使根头微露白，机械一刀平削法是在块根根头最下排叶痕处上方 1.5 cm 处平削 1 刀，削掉叶丛。

3. 残膜回收

收获后及时清除地表残留农膜。

附录二　糖料体系主要成果清单

一、新品种

（一）糖料新品种

序号	品种	亲系	证书号	类型	审鉴定时间
1	云蔗 99-596	Co419×崖城 85-881	国鉴甘蔗 2009001	国家鉴定	2009.5
2	云蔗 99-91	ROC10×崖城 84-125	国鉴甘蔗 2010008	国家鉴定	2010.5
3	云蔗 03-194	ROC25×粤糖 97-20	国鉴甘蔗 2011004/GPD 甘蔗（2017）530001	国家鉴定/登记	2011.6/2017.11
4	粤糖 03-393	粤糖 92-1287×粤糖 93-159	国品鉴甘蔗 2011002	国家鉴定/登记	2011
5	粤糖 02-305	粤农 73-204×HoCP92-624	国品鉴甘蔗 2011003	国家鉴定/登记	2011
6	粤糖 03-373	粤糖 92-1287×粤糖 93-159	国品鉴甘蔗 2011001	国家鉴定/登记	2011
7	云蔗 05-51	崖城 90-56×ROC23	国鉴甘蔗 2013005	国家鉴定	2013.7
8	云蔗 06-407	粤糖 97-20×ROC25	国鉴甘蔗 2013006/GPD 甘蔗（2018）530005	国家鉴定/登记	2013.7/2018.2
9	云蔗 06-80	ROC25×CP72-3591	国鉴甘蔗 2014006	国家鉴定	2014.4
10	粤糖 05-267	粤糖 92-1287×粤糖 93-159	国品鉴甘蔗 2014007	国家鉴定/登记	2014
11	粤糖 06-233	粤糖 93-213×粤糖 93-159	国品鉴甘蔗 2016001	国家鉴定/登记	2016
12	粤糖 07-516	粤糖 00-236×桂糖 96-211	国品鉴甘蔗 2016002	国家鉴定/登记	2016
13	云蔗 08-2060	粤糖 93-159×Q121	国鉴甘蔗 2016008/滇审甘蔗 2016009 号	国家鉴定\省审	2016.3/2016.12
14	中糖 1 号	粤糖 99-66×内江 03-218	农业农村部品种登记	国家鉴定/登记	2018
15	桂糖 02-761	崖城 94/46×ROC22	桂审蔗 2010001	省审定	2010
16	桂糖 02-237	粤糖 91/976×ROC1	桂审蔗 2010002	省审定	2010
17	桂糖 02-281	粤糖 85-177×CP81-1254	桂审蔗 2011001	省审定	2011
18	桂糖 02-208	粤糖 91-976×新台糖 1 号	桂审蔗 2011002	省审定	2011
19	桂糖 02-833	粤糖 91-976×新台糖 1 号	桂审蔗 2011005	省审定	2011
20	桂糖 02-770	新台糖 23 号×CP84-1198	桂审蔗 2011006	省审定	2011
21	桂糖 02-901	桂糖 69-156×新台糖 22	桂审蔗 2011007	省审定	2011
22	桂糖 03-1403	ROC23×CP84-1198	桂审蔗 2011003	省审定	2011

（续）

序号	品种	亲系	证书号	类型	审鉴定时间
23	桂糖 03-2357	湛蔗 92-126×CP72-2086	桂审蔗 2011004	省审定	2011
24	桂辐 98-296	料桂糖 91-131 辐射诱变	桂审蔗 2012001	省审定	2012
25	桂糖 04-112	桂糖 73-167×CP84-1198	桂审蔗 2012002	省审定	2012
26	桂糖 04-153	粤糖 93/159×ROC22	桂审蔗 2012003	省审定	2012
27	云蔗 03-258	ROC25×粤糖 85-177	滇审甘蔗 2012001 号	省审定	2012.6
28	云蔗 02-2332	CP70-321×ROC10	滇审甘蔗 2012002 号	省审定	2012.6
29	桂糖 02-1156	粤农 86-295×CP84-1198	桂审蔗 2013003	省审定	2013
30	桂糖 03-2309	粤 91-976×（粤 84-3+ROC25）	桂审蔗 2013002	省审定	2013
31	桂糖 04-1001	新台糖 22 号×桂糖 92-66	桂审蔗 2013001	省审定	2013
32	桂糖 05-3084	粤糖 85-177×桂糖 92-66	桂审蔗 2013004	省审定	2013
33	桂糖 04-1545	ROC1×桂糖 92-66	桂审蔗 2014001	省审定	2014
34	桂糖 05-1141	粤糖 93-159×ROC25	桂审蔗 2014002	省审定	2014
35	云蔗 01-1413	粤糖 85-177×ROC10	滇审甘蔗 2014003 号	省审定	2014.4
36	云蔗 04-621	云蔗 89-7×崖城 84-125	滇审甘蔗 2014001 号	省审定	2014.4
37	云蔗 05-596	ROC10×云瑞 03-394	滇审甘蔗 2014002 号	省审定	2014.4
38	桂糖 06-244	粤糖 85-177×ROC25	桂审蔗 2015001	省审定	2015
39	桂糖 06-1721	粤糖 85-177×CP81-1254	桂审蔗 2015002	省审定	2015
40	桂糖 06-3823	湛蔗 92-126×CP72-1210	桂审蔗 2015004	省审定	2015
41	桂糖 07-994	赣蔗 76-65×ROC22	桂审蔗 2015003	省审定	2015
42	桂糖 05-3084	桂糖 92-66×ROC10	桂审蔗 2016001	省审定	2016
43	桂糖 06-1023	ROC20×崖城 71-374	桂审蔗 2016002	省审定	2016
44	云蔗 06-160	闽糖 90-1023×云瑞 99-113	滇审甘蔗 2015002 号	省审定	2016.1
45	云蔗 06-362	ROC25×桂糖 73-167	滇审甘蔗 2015003 号	省审定	2016.1
46	云蔗 05-39	崖城 90-56×ROC23	滇审甘蔗 2016006 号	省审定	2016.12
47	云蔗 06-193	CP80-1827×梁河 78-85	滇审甘蔗 2016002 号/GPD甘蔗（2018）530003	省审定/登记	2016.12/2018.2
48	云蔗 07-2178	桂糖 92-66×HoCP93-750	滇审甘蔗 2016007 号	省审定	2016.12
49	云蔗 07-2800	湛蔗 92-126×CP88-1762	滇审甘蔗 2016008 号/GPD甘蔗（2018）530002	省审定/登记	2016.12/2018.2
50	云蔗 08-1095	CP84-1198×科 5	滇审甘蔗 2016003 号	省审定	2016.12
51	云蔗 08-1145	云蔗 94-343×粤糖 00-236	滇审甘蔗 2016004 号	省审定	2016.12
52	云蔗 08-2177	闽糖 92-649×L75-20	滇审甘蔗 2016005 号	省审定	2016.12

（续）

序号	品种	亲系	证书号	类型	审鉴定时间
53	粤糖 07-913	HoCP95-988×粤糖 97-76	粤审糖 2017004	省审定	2017
54	粤糖 08-172	粤糖 91-976×ROC23	粤审糖 20170041	省审定	2017
55	粤糖 09-13	粤糖 93-159×ROC22	粤审糖 2017003	省审定	2017/2018
56	云蔗 081609	云蔗 94-34×粤糖 00-236	GPD 甘蔗（2018）530001	登记	2018.2/
57	云蔗 05326	CP72-1210×新台糖 10 号	GPD 甘蔗（2018）530004	登记	2018.2/
58	新甜 18	MS39602A×SN9807	新审甜 2008 年 19 号	省审定	2008
59	甜单 305	TB9-CMS×甜 426G	黑审糖 2008005	省审定	2008
60	甜研 311	TP-3×DP08、DP02、DP03 和 DP04	黑审糖 2009005	省审定	2009
61	甜研 312	4N03408×2N03210	黑审糖 2010003	省审定	2010
62	内 2499	N9849×RZ1	蒙审甜 2010002 号	省审定	2010
63	内 28102	N9865×R-Z1	蒙审甜 2011002 号	省审定	2011
64	内 28128	N9849×HBB-1-C281	蒙审甜 2012004 号	省审定	2012
65	农大甜研 6 号	NDWF1208×NDWZ4602	蒙审甜 2012001 号	省审定	2012
66	农大甜研 7 号	ND101×T219-3	蒙审甜 2012002 号	省审定	2012
67	新甜 22	JT209A×WZ8、M39-8	新农登（2013）第 05 号	省审定	2013
68	甜研 208	DP23×DP24	黑审糖 2013004	省审定	2013
69	内 2963	N9849×（N98196*HBX-5）	蒙审甜 2014001 号	省审定	2014
70	航甜单 0919	TH8-85 CMS×TH5-207	黑审糖 2014005	省审定	2014
71	HDTY02	Dms2-1×WJZ02	黑审糖 2014004	省审定	2014
72	STD0903	MS9602×ST 春 881	新登甜 2014 年 06 号	省审定	2014
73	XJT9905	R41-2×M21-4	新农登（2014）第 05 号	省审定	2014
74	XJT9907	JTD201A×M39-8-4	新农登（2015）第 05 号	省审定	2015
75	ZT-6	006ms-83×抗 4	甘认甜菜 2015003	省审定	2015
76	NT39106	N9849×（R-Z1*HBB-1）	蒙审甜 2016008 号	省审定	2016
77	SS1532	MSFD4×SNHI-11	GPD 甜菜（2017）650002	省审定	2017
78	XJT9908	JT203A×R1-2-2	GPD 甜菜（2018）650088	登记	2018
79	XJT9909	JT204A×RN02	GPD 甜菜（2018）650089	登记	2018
80	XJT9911	BR321×KM84	GPD 甜菜（2018）650090	登记	2018
81	新甜 14	M9304×（Z-6+7267）	GPD 甜菜（2018）650080	登记	2018
82	新甜 15	7208-2×B63	GPD 甜菜（2018）650081	登记	2018

（二）糖料品种权保护

编号	品种	品种权号	授权时间
1	云蔗 02-2332	CNA20100227.1	2015.7
2	云蔗 03-103	CNA20100228.0	2015.7
3	云蔗 03-422	CNA20100226.2	2015.7
4	云蔗 99-91	CNA20100229.9	2015.7
5	云蔗 03-258	CNA20110380.3	2016.1
6	云蔗 04-622	CNA20110381.2	2015.11
7	云蔗 05-51	CNA20110383.0	2016.1
8	云蔗 05-211	CNA20110382.1	2015.11
9	云蔗 06-407	CNA20110384.9	2016.1
10	云蔗 03-194	CNA20120549.0	2016.1
11	云蔗 0549	CNA20120549.0	2016.1
12	云蔗 072384	CNA20120348.1	2016.1
13	云蔗 011413	CNA20141141.8	2017.3
14	云蔗 0539	CNA20130615.8	2017.3
15	云蔗 072509	CNA20130616.7	2017.3
16	云蔗 072800	CNA20130617.6	2017.3
17	云蔗 081609	CNA20130618.5	2017.3
18	云蔗 082060	CNA20130611.2	2017.3
19	云蔗 05596	CNA20130004.7	2017.3

二、获奖项目

序号	成果名称	类别	等级	授奖单位	时间
1	抗旱甘蔗新品种及配套技术推广应用	全国农牧渔业丰收奖	一	农业部	2014
2	粤糖 03-393 等配套栽培技术示范推广	全国农牧渔业丰收奖	二	农业部	2011—2013
3	我国低纬高甘蔗产业化关键技术应用	中华农业科技奖	二	农业部、科技部	2015
4	甘蔗螟虫性诱剂防治技术与推广应用	全国农牧渔业丰收奖、农业技术推广奖	三	农业部	2010

（续）

序号	成果名称	类别	等级	授奖单位	时间
5	甘蔗高毒农药替代产品研发与推广应用	神农中华农业科技奖	三	农业部、科技部	2013
6	甘蔗温水脱毒种苗生产技术	中国产学研合作创新成果奖		中国产学研合作促进会	2012
7	甘蔗螟虫性诱剂防治技术与推广应用	神农中华农业科技奖	三	农业部、科技部	2015
8	甘蔗温水脱毒种苗生产技术	发明创业奖·人物奖		中国发明协会	2014
9	丰产优质粤糖系列甘蔗品种选育及节本增效栽培技术应用	神农中华农业科技奖	三	农业部、科技部	2016
10	甘蔗良种繁育关键技术及产业化应用	中国产学研合作创新成果奖	优秀奖	中国产学研合作协会	2016
11	甘蔗健康种苗技术体系的研究与应用	海南省科学技术进步奖	二	海南省人民政府	2009
12	甘蔗地下害虫综合防治技术研究与应用	云南省科学技术进步奖	三	云南省人民政府	2012
13	甘蔗温水脱毒种苗生产技术研发与示范	云南省技术发明奖	二	云南省科技厅	2013
14	甘蔗抗旱新品种选育及应用	云南省科学技术进步奖	一	云南省人民政府	2014
15	甘蔗健康种苗规模化繁育与应用	海南省科技成果转化奖	二	海南省人民政府	2014
16	甘蔗高产高糖品种轻简低耗栽培关键技术研发与应用	广东省科学技术进步奖	三	广东省科技厅	2014
17	甘蔗钾高效利用与替代技术创新集成应用	广东省科学技术进步奖	三	广东省科技厅	2016
18	甘蔗轻简生产技术创新	云南省技术发明奖	三	云南省科技厅	2016
19	甘蔗种苗传播病害病原检测与分子鉴定	云南省自然科学奖	三	云南省人民政府	2017
20	甘蔗高效育种技术研发及早熟高糖新品种筛选和应用	云南省科学技术进步奖	三	云南省人民政府	2017
21	甘蔗高效育种技术创新与高产高糖品种选育及应用	广东省科学技术进步奖	三	广东省科技厅	2017

（续）

序号	成果名称	类别	等级	授奖单位	时间
22	甘蔗野生种质割手密创新利用与优异亲本崖城71-374的创制应用	广东省科学技术进步奖	三	广东省人民政府	2017
23	甘蔗杂交花穗规模化生产关键技术研发及选育品种推广	广东省农业技术推广奖	一	广东省农业农村厅	2018
24	云瑞甘蔗亲本创制及其杂交花穗规模化生产关键技术研发应用	云南省科学技术进步奖	二	云南省人民政府	2018
25	广西百色国家甘蔗产业技术体系建设	广西农牧渔业丰收奖	一	广西壮族自治区农业农村厅	2019
26	桂西地区"双高"甘蔗示范、繁育与产业化推广	广西农业科学院科学技术进步奖	二	广西农业科学院	2013
27	甜菜优质、抗丛根病品种"内甜抗201"的选育及技术研究	内蒙古自治区科学技术进步奖	二	内蒙古自治区人民政府	2009
28	甜菜遗传单粒杂交种"新甜18号"的选育与推广	新疆生产建设兵团科学技术进步奖	三	新疆生产建设兵团	2011
29	新甜饲4号的选育与推广	八师石河子市科学技术进步奖	三	新疆兵团第八师	2012
30	新甜饲4号栽培、贮藏、喂养技术研究	八师石河子市科学技术进步奖	三	新疆兵团第八师	2014
31	甜菜多倍体杂交种甜饼312的遗传改良与推广	黑龙江省人民政府科学技术进步奖	三	黑龙江省人民政府	2014
32	化学诱变在小麦和甜菜育种中的应用	八师石河子市科学技术进步奖	三	新疆兵团第八师	2015
33	甜菜种子繁育与加工关键技术集成应用	八师石河子市科学技术进步奖	三	新疆兵团第八师	2016
34	甜菜优质、高效纸筒育苗移栽模式化栽培技术推广	内蒙古自治区农牧业丰收奖	一	内蒙古自治区农牧业厅	2017
35	甜菜遗传单粒杂交种"STD0903"的选育与推广	新疆生产建设兵团科学技术进步奖	三	新疆生产建设兵团	2018
36	丰产高糖宿根性强甘蔗新品种桂糖32号选育与应用	广西壮族自治区科学技术进步奖	三	广西壮族自治区人民政府	2016
37	强宿根性丰产高糖甘蔗新品种桂糖31号选育与应用	广西农业科学院科学技术进步奖	一	广西农业科学院	2017

（续）

序号	成果名称	类别	等级	授奖单位	时间
38	桂西地区"双高"甘蔗示范、繁育与产业化推广	百色市科学技术进步奖	二	百色市科学技术和知识产权局	2013
39	桂西地区"双高"甘蔗示范、繁育与产业化推广	百色市科学技术创新奖	三	百色市科学技术和知识产权局	2013

三、发表论文

序号	论文题目	期刊，卷（期），页码	发表时间	收录情况
1	Differential gene expression in sugarcane in response to challenge by fungal pathogen Ustilago scitaminea revealed by cDNA−AFLP	Journal of Biomedicine and Biotechnology, Article ID 160934, doi: 10.1155/2011/ 160934	2011	SCI
2	Molecular cloning and expression analysis of a zeta−class glutathione S−transferase gene in sugarcane	African Journal of Biotechnology, 10 (39): 7567−7576, 2011	2011	SCI
3	Differential protein expression in sugarcane during sugarcane−*Sporisorium scitamineum* interaction revealed by 2−DE and MALDI−TOF−TOF/MS	Comparative and Functional Genomics, Article ID 989016, doi:10.1155/2011/989016	2011	SCI
4	Molecular cloning and characterization of a cytoplasmic cyclophilin gene in sugarcane	African Journal of Biotechnology, 10 (42): 8213−8222, 2011	2011	SCI
5	Molecular variation of *Sporisorium scitamineum* in Mainland China revealed by RAPD and SRAP markers	Plant Disease, 2012, 96 (10): 1519−1525	2012	SCI
6	cDNA−SRAP and its application in differential gene expression analysis: a case study in *Erianthus arundinaceum*	Journal of Biomedicine and Biotechnology, doi: 10.1155/ 2012/390107	2012	SCI
7	A novel dirigent protein gene with highly stem−specific expression from sugarcane, response to drought, salt and oxidative stresses	Plant Cell Reports, 31 (10): 1801−1812	2012	SCI
8	Molecular cloning and expression analysis of an Mnsuperoxide dismutase gene in sugarcane	African Journal of Biotechnology, 11 (3): 552−560, 2012	2012	SCI
9	A conserved homeobox transcription factor Htf1 is required for phialide development and conidiogenesis in Fusarium species	PLoS One, 7 (9): e45432. doi: 10.1371/journal.pone.0045432	2012	SCI

（续）

序号	论文题目	期刊，卷（期），页码	发表时间	收录情况
10	Molecular cloning and characterization of two pathogenesis−related β−1, 3−glucanase genes ScGluA1 and ScGluD1 from sugarcane infected by *Sporisorium scitamineum*	Plant Cell Reports, October 32, (10): 1503−1519	2013	SCI
11	Transcriptome profile analysis of sugarcane responses to *Sporisorium scitamineum* infection using Solexa sequencing technology	BioMed Research International, ID 298920, 9 pageshttp://dx.doi.org/10.1155/2013/298920	2013	SCI
12	Seasonal variation of the canopy structure parameters and its correlation with yield−related traits in sugarcane.	The Scientific World Journal, ID 801486. http://dx.doi.org/10.1155/2013/801486	2013	SCI
13	Genetic diversity analysis of sugarcane parents in Chinese breeding programmes using gSSR markers	The Scientific World Journal, Article ID 613062, 11 pages http://dx.doi.org/10.1155/2013/613062	2013	SCI
14	Development of loop−mediated isothermal amplification for detection of Leifsonia xyli subsp. xyli in sugarcane	BioMed Research International, Article ID 357692, http://dx.doi.org/10.1155/2013/357692	2013	SCI
15	ScMT2−1−3, a metallothionein gene of sugarcane, plays an important role in the regulation of heavy metal tolerance/accumulation	BioMed Research International, Article ID 904769, 12 pages http:// dx.doi.org/10.1155/2013/904769	2013	SCI
16	A TaqMan real−time PCR assay for detection and quantification of *Sporisorium scitamineum* in sugarcane	The Scientific World Journal, Article ID 942682, 9 pageshttp://dx.doi.org/10.1155/2013/942682	2013	SCI
17	Genome sequencing of *Sporisorium scitamineum* *provides insights into the pathogenic mechanisms of sugarcane smut*	BMC Genomics, 15: 996 http://www.biomedcentral.com/1471−2164/15/996	2014	SCI
18	A cytosolic glucose−6−phosphate dehydro-genase gene, ScG6PDH, plays a positive role in response to various abiotic stresses in sugarcane	Scientific Reports, 4: 7090/DOI: 10.1038/srep07090	2014	SCI
19	Establishment and application of a loop−mediated isothermal amplification (LAMP) system for detection of cry1Ac tragnsenic sugarcane	Scientific Reports, 4: 4912 (8 pages)	DOI: 10.1038/srep04912	2014	SCI
20	The choice of reference genes for assessing gene expression in sugarcane under salinity and drought stresses	Scientific Reports, 4: 7042	DOI: 10.1038/srep07042	2014	SCI

（续）

序号	论文题目	期刊，卷（期），页码	发表时间	收录情况
21	Comprehensive selection of reference genes for gene expression normalization in sugarcane by real time quantitative RT-PCR	PLoS ONE, 9 (5): e97469. doi:10.1371/journal.pone.0097469	2014	SCI
22	Isolation of a novel peroxisomal catalase gene from sugarcane, which is responsive to biotic and abiotic stresses	PLoS ONE, 9 (1): e84426. doi:10.1371/journal.pone.0084426	2014	SCI
23	A global view of transcriptome dynamics during *Sporisorium scitamineum* challenge in sugarcane by RNA-seq	PLoS ONE, 9 (8): e106476. doi:10.1371/journal.pone.0106476	2014	SCI
24	Cultivar evaluation and essential test locations identification for sugarcane breeding in China	The Scientific World Journal, Article ID 302753, 10 pages/http://dx.doi.org/10.1155/ 2014/302753	2014	SCI
25	Genetic analysis of diversity within a chinese local sugarcane germplasm based on start codon targeted polymorphism	BioMed Research International, Article ID 468375, http://dx.doi.org/10.1155/2014/468375	2014	SCI
26	Selection of suitable endogenous reference genes for relative copy number detection in sugarcane	International Journal Molecular Science, 15, 8846-8862; doi: 10.3390/jms15058846	2014	SCI
27	*ScChi*, Encoding an acidic class III chitinase of sugarcane, confers positive responses to biotic and abiotic stresses in sugarcane	International Journal of Molecular Sciences, 15 (2): 2738-2760/doi:10.3390/ijms 15022738	2014	SCI
28	Biogeographical variation and population genetic structure of *Sporisorium scitamineum* in mainland China: Insights from ISSR and SP-SRAP markers	The Scientific World Journal, Article ID 296020, 13 pages http://dx.doi.org/10.1155/2014/296020	2014	SCI
29	Photosynthetic and canopy characteristics of different varieties at the early elongation stage and their relationships with the cane yield in sugarcane	The Scientific World Journal, 707095	2014	SCI
30	Identification, phylogeny, and transcript of chitinase family genes in sugarcane	Scientific Reports, 5:10708 | DOI: 10.1038/srep10708	2015	SCI
31	Rational regional distribution of sugarcane cultivars in China	Scientific Reports, 5: 15505	2015	SCI

（续）

序号	论文题目	期刊，卷（期），页码	发表时间	收录情况
32	Biplot evaluation of test environments and identification of mega−environment for sugarcane cultivars in China	Scientific Reports, 5: 15721	2015	SCI
33	Identification of smut−responsive genes in sugarcane using cDNA−SRAP	Genet. Mol. Res, 14 (2): 6808−6818, 2015	2015	SCI
34	Selection of reference genes for normalization of microRNA expression by RT−qPCR in sugarcane buds under cold stress	Frontiers in Plant Science, 7：86	2016	SCI
35	Isolation and characterization of *ScGluD2*, a new sugarcane beta−1, 3−Glucanase D family gene induced by *Sporisorium scitamineum*, ABA, H_2O_2, NaCl, and $CdCl_2$ stresses	Frontiers in Plant Science, 7:1348	2016	SCI
36	*Cry1Ac* transgenic sugarcane does not affect the diversity of microbial communities and has no significant effect on enzyme activities in rhizosphere soil within one crop season	Frontiers in Plant Science, 7：265	2016	SCI
37	Detection of *bar* transgenic sugarcane with a rapid and visual loop−mediated isothermal amplification assay	Frontiers in Plant Science, 7: 279	2016	SCI
38	Development and application of a rapid and visual loop−mediated isothermal amplification for the detection of *Sporisorium scitamineum* in sugarcane	Scientific Reports, 6: 23994	2016	SCI
39	Transgenic sugarcane with a *cry1Ac* gene exhibited better phenotypic traits and enhanced resistance against sugarcane borer	PLoS ONE 11 (4): e0153929	2016	SCI
40	Genetic diversity analysis of sugarcane germplasm based on fluorescence−labeled simple sequence repeat markers and a capillary electrophoresis−based genotyping platform	Sugar Tech, 18 (4): 380−390	2016	SCI
41	Economic impact of stem borer−resistant genetically modified sugarcane in Guangxi and Yunnan provinces of China	Sugar Tech, 18 (5): 537−545	2016	SCI
42	Evaluating sugarcane productivity in China over different periods using data envelopment analysis and the Malmquist index	Sugar Tech, 18 (5): 478−487	2016	SCI
43	A sugarcane R2R3−MYB transcription factor gene is alternatively spliced during drought stress	Scientific Reports	2017	SCI

（续）

序号	论文题目	期刊，卷（期），页码	发表时间	收录情况
44	Dissecting the Molecular Mechanism of the Subcellular Localization and Cell-to-cell Movement of the Sugarcane mosaic virus P3N-PIPO	Scientific Reports	2017	SCI
45	miRNA alteration is an important mechanism in sugarcane response to low-temperature environment	BMC Genomics, 18:833	2017	SCI
46	A sugarcane pathogenesis-related protein, ScPR10, plays a positive role in defense responses under Sporisorium scitamineum, SrMV, SA, and MeJA stresses	Plant Cell Reports	2017	SCI
47	A novel non-specific lipid transfer protein gene from sugarcane (NsLTPs) , obviously responded to abiotic stresses and signaling molecules of SA and MeJA	Sugar Tech	2017	SCI
48	ScMED7, a sugarcane mediator subunit gene, acts as a regulator of plant immunity and is responsive to diverse stress and hormone treatments	Molecular Genetics and Genomics	2017	SCI
49	Small RNA sequencing reveals a role for sugarcane miRNAs and their targets in response to Sporisorium scitamineum infection	BMC Genomics, 18: 325	2017	SCI
50	Plant jasmonate ZIM domain genes: shedding light on structure and expression patterns of JAZ gene family in sugarcane	BMC Genomics, 771	2017	SCI
51	RT-PCR检测甜菜坏死黄脉病毒及总RNA提取方法研究	华北农学报(2)	2008	核心期刊
52	沙冬青脱水素基因的克隆、重组及对糖料作物的遗传转化	华北农学报(1)	2010	核心期刊
53	强旱生植物沙冬青AmERF基因的克隆及生物信息学研究	华北农学报(5)	2010	核心期刊
54	基于蔗糖代谢基因多态性的甘蔗基因型遗传多样性	中国农业科学, 44 (9): 1788-1797	2011	核心期刊
55	甜菜种质资源遗传多样性研究与利用	植物遗传资源学报(4): 688-691	2012	核心期刊
56	VNTR分子标记技术在甜菜不育系选育中的应用	华北农学报, 29 (4): 135-139	2014	核心期刊

（续）

序号	论文题目	期刊,卷(期),页码	发表时间	收录情况
57	SSR对甜菜骨干单胚雄性不育系和保持系的遗传多样性分析	中国农学通报,31(32):62-67	2015	核心期刊
58	利用PCR仪快速提取甜菜基因组DNA	中国农学通报,32(35):15-18	2016	核心期刊
59	甜菜SCoT-PCR反应体系的建立及优化	中国农学通报,32(34):119-122	2016	核心期刊
60	甘蔗Ca2+/H+反向运转体基因的克隆与表达分析	作物学报,42(07):1074-1082	2016	核心期刊
61	甘蔗Na+/H+逆转运蛋白基因的克隆与表达分析	作物学报,42(04):501-512	2016	核心期刊
62	甘蔗细胞色素P450还原酶基因的RT-PCR扩增与表达分析.	作物学报,22(2):173-178	2016	核心期刊
63	甘蔗捕光叶绿素a/b结合蛋白基因*ScLhca3*的克隆及表达	作物学报,9:1332-1341	2016	核心期刊
64	利用MISA工具对不同类型序列进行SSR标记位点挖掘的探讨	中国农学通报,32(10):150-156	2016	核心期刊
65	甘蔗过氧化物酶基因*ScPOD02*的克隆与功能鉴定	作物学报,43(4):510-521	2017	核心期刊
66	甘蔗*CDK*基因的cDNA全长克隆与表达分析	作物学报	2017	核心期刊
67	甜菜DAMD-PCR体系的建立及优化	中国农学通报,33(23):6-9	2017	核心期刊
68	农杆菌介导的甜菜雄性不育系高效组培再生体系建立	江苏农业科学,45(20):107-108,195	2017	核心期刊
69	核酸染料Gelred在两种凝胶检测系统中的应用研究	中国农学通报,34(17):32-38	2018	核心期刊
70	甜菜DAMD引物的筛选及不同凝胶系统对扩增产物多态性的影响	中国农学通报,34(16):42-45	2018	核心期刊
71	甜菜SCoT核心引物的筛选	中国农学通报,34(9):53-56	2018	核心期刊
72	甜菜丛根病抗性差异性状及蛋白胶点鉴定研究	华北农学报,33(5):52-59	2018	核心期刊
73	甜菜ISSR-PCR反应体系的优化	中国糖料(4)	2008	
74	甜菜抗丛根病新品种内甜抗203的选育	中国糖料(1)	2008	
75	甜菜抗丛根病新品种内甜抗202的选育	内蒙古农业科技(2)	2008	

（续）

序号	论文题目	期刊，卷（期），页码	发表时间	收录情况
76	适于甜菜遗传多样性的SSR引物筛选	中国糖料(4)	2009	
77	细胞工程在甜菜育种上的应用进展	内蒙古农业科技(1)	2010	
78	华北地区甜菜品系遗传多样性的SRAP分析	内蒙古农业科技(2)	2010	
79	内蒙古中部地区甜菜纸筒育苗移栽技术	内蒙古农业科技(3)	2010	
80	甜菜单胚雄性不育杂交种"内2499"的选育	内蒙古农业科技(1): 100—101	2014	
81	SSR标记技术及其在甜菜育种中的应用	内蒙古农业科技(2): 111—112	2014	
82	甜菜单粒雄性不育杂交新品种内28128的选育	内蒙古农业科技(1): 98—99	2014	
83	单倍体诱导技术在甜菜育种中的应用	农业科技通讯(3): 192—195	2014	
84	华北区甜菜种质资源的收集、鉴定、评价	内蒙古农业科技43 (1): 17—18	2015	
85	甜菜蛋白组学研究进展	中国糖料(1): 58—61	2017	
86	转录组测序及其在甜菜功能基因资源发掘中的应用	北方农业学报46 (5): 39—43	2018	
87	转基因作物检测技术研究进展	内蒙古农业科技(5): 98—101	2014	
88	抑制性消减杂交技术及其在植物抗病性研究中的应用	内蒙古农业科技(5): 102—105	2014	
89	甜菜块根农艺性状的遗传变异及相关性和主成分分析	中国糖料, 4: 11—14	2011	
90	2011—2012年新疆甜菜区试品种评价	中国糖料, 2: 33—34	2014	
91	甜菜单胚雄不育杂交种XJT9907的选育	中国糖料, 40 (4): 1—2, 5	2018	

四、出版专著

序号	书名	出版社	出版时间
1	甘蔗高产栽培与加工新技术	云南科技出版社	2009
2	甘蔗病虫与防治图册	暨南大学出版社	2009
3	中国糖料作物地下害虫	暨南大学出版社	2010
4	甜菜品种及其评价	化学工业出版社	2011
5	甜菜主要病虫害及其防治	新疆科学技术出版社	2012
6	主要农作物病虫害简明识别手册——甘蔗分册	广西科学技术出版社	2013
7	世界各国甜菜糖业史料全集	中国农业出版社	2013
8	世界各国甜菜糖业史料全集	中国农业出版社	2013
9	甜菜主要病虫害简明识别手册	中国农业出版社	2014

（续）

序号	书名	出版社	出版时间
10	甘蔗病虫防治图志	广西科学技术出版社	2014
11	海南甘蔗病虫害诊断图谱	中国农业出版社	2014
12	现代甘蔗杂交育种及选择技术	科学出版社	2014
13	现代甘蔗种业	中国农业出版社	2014
14	现代甘蔗病虫草害防治彩色图说	中国农业出版社	2016
15	甜菜科技词典	中国农业出版社	2017
16	甘蔗根系学概论与研究	科学出版社	2017
17	中国现代农业产业可持续发展战略研究甜菜分册	中国农业出版社	2017
18	中国甜菜产业技术研究	中国农业出版社	2017
19	计算机软件著作权——甜菜病虫害防控系统	国家版权局	2017
20	世界甘蔗糖业生产与需求	中国农业出版社	2018
21	现代甘蔗产业技术研究与路径选择	中国农业科学技术出版社	2019
22	优质甘蔗种质鉴评与开发利用的数字化管理平台V1.0		软著登字第0630948号

五、获授权的国家发明专利

序号	知识产权名称	知识产权类别	授权号	授权日期
1	甘蔗离地栽培栽培方法	发明专利	ZL.200910214530.5	2009
2	室内甘蔗杂交授粉方法	发明专利	ZL.200910214530.5	2009
3	甘蔗细胞悬浮液配备方法	发明专利	ZL200810233740.4	2011
4	一种甘蔗健康种苗高效繁育方法	发明专利	ZL200810058992.8	2011
5	一种田间调查的自动化管理方法	发明专利	ZL201110202936.9	2011
6	甘蔗花叶病和宿根矮化病病原的多重PCR检测方法	发明专利	ZL200710193814.1	2011
7	一种简便的农杆菌介导甘蔗转基因方法	发明专利	ZL2012100704636/CN201210070463	2012
8	枯草芽孢杆菌HAS及其在防治甘蔗黑穗病中的应用	发明专利	ZL201210452707.7	2012
9	一种高效快速的甘蔗转基因方法	发明专利	ZL201010110668.3	2012
10	利用SCAR标记鉴定甘蔗抗褐锈病性方法	发明专利	ZL2012100704655/CN201210070465	2012

序号	知识产权名称	知识产权类别	授权号	授权日期
11	利用甘蔗汁促进甘蔗壮苗的组培方法	发明专利	ZL201010578865.8/ CN201010578865	2012
12	一种检测甘蔗宿根矮化病菌的实时荧光定量PCR方法	发明专利	ZL201110316557.2/ CN201110316557	2013
13	一种检测甘蔗中寄生白条病菌的实时荧光定量PCR方法	发明专利	ZL201110316556.8/ CN102312015B	2013
14	一种开放式培养甘蔗脱毒种苗的方法	发明专利	ZL201110311185.4	2013
15	一种甘蔗液体浅层培养方法	发明专利	ZL201210193814	2013
16	用于PCR检测植物病害的内参基因的引物及其应用	发明专利	ZL201110388017.5	2013
17	一种甘蔗"选种圃"阶段消除试验地土壤差异的简易方法	发明专利	ZL201110295920.7	2013
18	甘蔗实生苗大田移栽前宿根矮化病RSD接种方法	发明专利	ZL201110191327.8	2013
19	甘蔗实生苗大田移栽前黑穗病接种胁迫方法	发明专利	ZL201110191326.3	2013
20	一种快速评价甘蔗亲本宿根性遗传效应的方法	发明专利	ZL201110232818.2	2013
21	甘蔗健康种苗的组培快繁方法	发明专利	ZL201110271293.3	2013
22	一种甘蔗收割机	发明专利	200810169658.X	2013
23	一种甘蔗健康种苗原种苗露天移栽假植方法	发明专利	ZL201110462984.1	2013
24	甘蔗收获机物流装置	发明专利	201110136288.10	2013
25	贯流风机排杂装置	发明专利	201110135039.00	2013
26	枯草芽孢杆菌HAS及其在防治甘蔗黑穗病中的应用	发明专利	ZL201210452707.7	2013
27	甘蔗条螟蜕皮调节转录因子cDNA及其克隆方法与重组应用	发明专利	ZL201210059617.1	2013
28	甘蔗温水去雄方法	发明专利	ZL201310483905.4	2013
29	一种甜菜单粒高抗成对不育系的育种方法	发明专利	ZL 2014 1 0205790.7	2014
30	条螟性信息素微球及其制备方法	发明专利	ZL201410857479.0	2014
31	一种喂入式实时切种甘蔗种植机	发明专利	201410214774.40	2014
32	一种甘蔗收割机	发明专利	201110384589.60	2014
33	利用微量元素促进甘蔗组培苗生根的方法	发明专利	ZL201210453450.7	2014
34	一种甘蔗单芽双芽横排种植机	发明专利	ZL201210109885.X	2014
35	一种抗菌蛋白HAS1编码基因的克隆、表达及其应用	发明专利	ZL201210553669.4	2014
36	一种甘蔗缓释肥料生产工艺	发明专利	ZL201210241359.9	2014

（续）

序号	知识产权名称	知识产权类别	授权号	授权日期
37	一种普适性甘蔗缓释肥	发明专利	ZL201310138763.8	2014
38	甘蔗专用中浓度缓释肥	发明专利	ZL201210241012.4	2014
39	甘蔗专用低浓度缓释肥	发明专利	ZL201210240813.9	2014
40	降解地膜在甘蔗栽培上的田间评价方法	发明专利	ZL201210407338.X	2014
41	一种甘蔗简化施肥方法	发明专利	ZL201210245379.3	2014
42	一种农用地表覆盖除草除解地膜生产方法	发明专利	ZL201210463398.3	2014
43	一种提高农杆菌介导的甘蔗GUS瞬时表达率方法	发明专利	ZL201110435405.4	2014
44	一种促壮甘蔗种苗循环水培方法	发明专利	ZL201310067566.1	2014
45	一种甘蔗垄上覆膜机构	发明专利	201210451436.30	2014
46	甘蔗组培苗的移栽方法	发明专利	ZL201110374557.8	2014
47	一种大型开沟机具	发明专利	201210451384.X	2015
48	一种用于单芽段甘蔗种植的排种器	发明专利	201310071377.10	2015
49	菱形四轮龙门架式高地隙中耕机	发明专利	201310676030.X	2015
50	一种有机甜菜的栽培方法	发明专利	ZL201510076162.8	2015
51	一种可除草的长效覆盖地膜	发明专利	ZL201310171415.0	2015
52	一种有机－无机甜菜纸筒育苗苗床专用肥	发明专利	201310097564.70	2015
53	甜菜专用高效复合肥	发明专利	201510753124.10	2015
54	一种甘蔗专用耐氧化长效地膜	发明专利	ZL201310171413.1	2016
55	一种甘蔗专用长效缓释肥	发明专利	ZL201310138717.8	2016
56	一种新型物流输送方式的甘蔗联合收割机	发明专利	201310032322.X	2016
57	一种用于切段式甘蔗收割机的可折叠刮板式输送臂	发明专利	201410781307.X	2016
58	一种大螟室内人工饲养的方法	发明专利	ZL201410649208.6	2016
59	一种甘蔗实生苗漂浮假植方法	发明专利	ZL201410575768.1	2016
60	一种中耕施肥同步控制机构	发明专利	2013105547212.00	2016
61	一种促进甜菜幼苗健壮生长的制剂及其施用方法	发明专利	CN201610399613.6	2016
62	一种提高甜菜产质量的化学调控制剂及其施用方法	发明专利	CN201610399612.1	2016
63	一种甘蔗脱毒原种苗免除草移栽方法	发明专利	ZL201510204141.X	2017
64	一种果蔗化学消毒组培方法	发明专利	ZL201510274122.4	2017

（续）

序号	知识产权名称	知识产权类别	授权号	授权日期
65	利用人工合成MV2序列培育抗花叶病甘蔗品种的方法	发明专利	CN201510093206.8	2017
66	甘蔗实生苗大田移栽前褐条病接种胁迫方法	发明专利	ZL201510265014.0	2017
67	促进甘蔗组培苗早发分蘖的高效育苗方法	发明专利	ZL201510171633.3	2017
68	一种促进甘蔗陈年杂交种子萌发的方法	发明专利	ZL201510495789.7	2017
69	段种式甘蔗种植机	发明专利	2014102010525.00	2017
70	一种铺放压膜装置	发明专利	2016102060862.00	2018
71	利用人工合成MV1序列培育抗花叶病甘蔗品种的方法	发明专利	CN201510093082.3	2018
72	利用人工合成MV3序列培育抗花叶病甘蔗品种的方法	发明专利	CN201510093048.6	2018
73	一种用于鉴定转基因甘蔗红糖的引物组合物、试剂盒及检测方法	发明专利	ZL201610134944.7	2018
74	一种提高甘蔗实生苗幼苗成活率的方法	发明专利	ZL201510495752.4	2018
75	一种甘蔗联合种植机	实用新型	2010205448539.00	2011
76	安装在整杆式甘蔗收割机上收集甘蔗的集蔗装置	实用新型	201120384973.10	2012
77	一种简易苗床喷淋器	实用新型	ZL201320164525.X	2013
78	植物无菌培养盒（实用新型）	实用新型	201220339906.20	2013
79	甘蔗破垄施肥盖膜机	实用新型	201220323792.20	2013
80	甘蔗深松旋耕开沟机	实用新型	201220370831.40	2013
81	一种甘蔗收割机扶蔗器	实用新型	201220629595.30	2013
82	甘蔗收割机液压行走系统差速及同步控制装置	实用新型	201320357449.40	2013
83	用于作物植株花粉杀雄的恒温水浴锅	实用新型	ZL 201320638116.9	2013
84	一种小型试验盆装土装置	实用新型	ZL201220589900.0	2013
85	一种根际土壤取土装置	实用新型	ZL201320497083.0	2013
86	甘蔗收割机提升辊	实用新型	201320597766.30	2014
87	一种组培专用镊子刀（实用新型）	实用新型	201420005176.10	2014
88	一种大螟人工饲养瓶	实用新型	ZL201420681675.2	2015
89	甘蔗单芽段种茎切种机	实用新型	ZL201520275086.9	2015
90	甘蔗开行施肥松垄一体机	实用新型	ZL201520369542.6	2015
91	一种罐装式喷药机	实用新型	ZL201520376380.9	2015

（续）

序号	知识产权名称	知识产权类别	授权号	授权日期
92	甘蔗种植覆土装管盖膜机	实用新型	ZL201520361774.7	2015
93	一种便携式灭虫灯	实用新型	ZL201520418879.1	2015
94	一种甜菜测产测糖专用工具箱	实用新型	ZL201520710225.6	2015
95	一种甜菜生理测试取样专用工具箱	实用新型	ZL201520710221.8	2015
96	一种甜菜块根蔗糖分测定专用取样装置	实用新型	ZL201520710271.6	2015
97	一种纸筒苗移栽器	实用新型	ZL201520023692.1	2015
98	一种挖掘装置及起挖机	实用新型	ZL201520016409.2	2015
99	一种鳞翅目幼虫田间采集装置	实用新型	ZL201620121756.6	2016
100	一种鳞翅目昆虫产卵收集装置	实用新型	ZL201620121757.0	2016
101	一种简易甘蔗实生苗出苗加温培养箱	实用新型	ZL201620360949.7	2016
102	甘蔗种植机蔗种段存储箱	实用新型	2016205684952.00	2016
103	浮动式甘蔗种植机分行器	实用新型	2016206208510.00	2016
104	一种鳞翅目昆虫产卵收集装置	实用新型	ZL201620121757.0	2016
105	一种鳞翅目幼虫田间采集装置	实用新型	ZL201620121756.6	2016
106	一种甜菜田间试验专用喷药装置	实用新型	ZL201620809057.0	2016
107	便携式折叠水池	实用新型	ZL201620821032.2	2017
108	用于甘蔗根系研究的水培系统	实用新型	ZL201720111197.5	2017
109	一种甘蔗根系培养容器	实用新型	ZL201720601146.0	2017
110	甘蔗种植机蔗段导向输送装置	实用新型	2016209674907.00	2017
111	甘蔗联合收割机蔗段杂物分离装置	实用新型	2017202501102.00	2017
112	一种甜菜打秧切顶机	实用新型	201720116169.20	2017
113	一种甜菜起收机	实用新型	201720116168.80	2017
114	一种人工铺膜装置	实用新型	ZL201720370503.7	2017
115	一种装配式甜菜授粉隔离罩	实用新型	ZL201720370504.1	2017
116	一种新型高效施肥罐	实用新型	ZL201720939675.1	2017
117	一种人工铺膜装置	实用新型	ZL 2017 2 0370503.7	2017
118	一种装配式甜菜授粉隔离罩	实用新型	ZL 2017 2 0370504.1	2017
119	一种储藏窖	实用新型	ZL201720314844.2	2017
120	一种取样装置	实用新型	ZL201720313481.0	2017
121	一种种子包衣器及种子实验装置	实用新型	ZL201720352703.X	2017
122	一种种子萌发装置及种子实验装置	实用新型	ZL201720351862.8	2017
123	一种手推式双行打孔设备及种植设备	实用新型	ZL201721122276.2	2017

（续）

序号	知识产权名称	知识产权类别	授权号	授权日期
124	一种分装种子设备	实用新型	ZL201721126171.4	2017
125	一种划行设备及种植系统	实用新型	ZL201721128379.X	2017
126	一种农业制种种衣剂包衣装置	实用新型	ZL201720290090.1	2017
127	用于甘蔗根系生长动态观测试验的装置	实用新型	ZL201721537920.2	2018
128	钟罩式诱捕器	实用新型	ZL201820297911.9	2018
129	一种开沟、覆土、铺管、盖膜一体机	实用新型	ZL201720897424.1	2018
130	一种取土装置	实用新型	ZL201720977666.1	2018
131	一种甜菜种植肥料撒施装置	实用新型	ZL201721512207.2	2018
132	一种处理土壤中挥发性污染物的装置	实用新型	ZL201721029733.3	2018
133	一种作物苗期根际环境研究实验装置	实用新型	ZL201720694979.6	2018
134	一种可调节开沟装置	实用新型	ZL 2018 2 0252806.3	2018

六、标准、规范、技术模式

标准序号	标准名称	类别	标准编号
1	甘蔗品种区域化试验规范	地方标准	DB53/T 326—2010
2	甘蔗温水脱毒种苗生产技术规程	地方标准	DB53/T 370—2012
3	甘蔗种苗宿根矮化病菌检测技术规程	地方标准	DB53/T 441—2012
4	甘蔗杂交育种家系评价及选择技术规程	地方标准	DB53/T 479—2013
5	甘蔗组培脱毒苗生产技术规程	地方标准	DB53/T 480—2013
6	露播滴灌甜菜栽培技术规程	地方标准	DBN654003/T001—2013
7	地膜覆盖甜菜栽培技术规程	地方标准	DBN654003/T002—2013
8	甜菜优质丰产地膜覆盖栽培技术规	地方标准	DBN 6523/T 163—2014
9	甜菜优质丰产机械化栽培技术规程	地方标准	DBN 6523/T 165—2014
10	甜菜纸筒育苗技术规程	地方标准	DB 15/T 692—2014
11	膜下滴灌纸筒甜菜栽培技术规程	地方标准	DB 15/T 693—2014
12	甜菜优质丰产平作膜下滴灌栽培技术规程	地方标准	DB N6523/T 164—2014
13	甜菜单胚种制种技术规程	地方标准	Q/CFKJ 05—2015
14	甘蔗实生苗培育技术规程	地方标准	DB53/T 734—2015
15	甜菜地膜覆盖高产、高效栽培技术规程	地方标准	DB 65/T 3733—2015
16	甜菜全程机械化高产、高效栽培技术规程	地方标准	DB 65/T 3732—2015

（续）

标准序号	标准名称	类别	标准编号
17	纸筒育苗移栽甜菜高产优质高效栽培技术规程	地方标准	DB15/T 1005—2016
18	甜菜全程机械化栽培技术规程	地方标准	DB15/T 1186—2017
19	滴灌甜菜栽培技术规程	地方标准	DB15/T 1249—2017
20	旱作甜菜栽培技术规程	地方标准	DB15/T 1250—2017
21	滴灌甜菜栽培技术规程	地方标准	DB15/T 1249—2017
22	甜菜主要病虫害绿色防控技术规程	地方标准	DB65/T 3990—2017
23	甜菜纸筒育苗技术规程	地方标准	DB65/T 4034—2017
24	盐碱地甜菜栽培技术规程	地方标准	DB65/T 4035—2017
25	甜菜主要病虫害绿色防控技术规程	地方标准	DB 65/T 3990—2017
26	半干旱区纸筒育苗甜菜机械化栽培技术规程	地方标准	DB15/T 1451—2018
27	植物新品种特异性、一致性和稳定性测试指南　糖用甜菜	行业标准	NY/T 2482—2013
28	直播甜菜高产优质高效栽培技术规程	行业标准	DB 15/T 826—2015
29	覆膜甜菜高产优质高效栽培技术规程	行业标准	DB 15/T 827—2015
30	甘蔗病原菌检测规程宿根矮化病菌环介导等温扩增检测法	行业标准	NY/T 2679—2015
31	甘蔗白色条纹病菌检验检疫技术规程实时荧光定量PCR法	行业标准	NY/T 2743—2015
32	农机农艺结合生产技术规程　甘蔗	行业标准	NY/T 2991—2016
33	甘蔗种苗脱毒技术规范	行业标准	NY T 3172—2017
34	甘蔗脱毒种苗检测技术规范	行业标准	NY/T 3179—2018
35	2CZ-2 型甘蔗联合种植机　技术条件	企业标准	Q/GNJY 25—2011
36	中甜三号甜菜苗床专用肥	企业标准	Q/HXF 01—2013
37	4GZQ-120 型切段式甘蔗联合收割机　技术条件	企业标准	Q/GNJY 27—2013
38	3ZPF-1X0.5 型中耕培土施肥机　技术条件	企业标准	Q/GNJY 29—2013
39	4GZZ-90 型整杆式甘蔗联合收割机　技术条件	企业标准	Q/GNJY 30—2013
40	1K-3 开沟机　技术条件	企业标准	Q/GNJY 21—2014
41	1L-335 三铧犁　技术条件	企业标准	Q/GNJY 22—2014
42	4GZQ-180 型甘蔗联合收割机　技术条件	企业标准	Q/GNJY 31—2016
43	4GZQ-260 型甘蔗联合收割机　技术条件	企业标准	Q/GNJY 20—2016
44	中甜一号甜菜纸筒育苗苗床专用肥	企业标准	Q/ZNT 01—2009

图书在版编目（CIP）数据

现代农业产业技术体系建设理论与实践. 糖料体系分
册 / 白晨主编. —— 北京：中国农业出版社，2021.12
ISBN 978-7-109-27920-9

Ⅰ.①现… Ⅱ.①白… Ⅲ.①现代农业-农业产业-
技术体系-研究-中国②糖料作物-农业产业-技术体系
-研究-中国 Ⅳ.①F323.3 ②F326.12

中国版本图书馆CIP数据核字(2021)第022789号

现代农业产业技术体系建设理论与实践——糖料体系分册
XIANDAI NONGYE CHANYE JISHU TIXI JIANSHE LILUN YU SHIJIAN
—— TANGLIAO TIXI FENCE

中国农业出版社出版

地址：北京市朝阳区麦子店街18号楼
邮编：100125
责任编辑：马春辉　　文字编辑：刘金华
版式设计：杜　然　　责任校对：吴丽婷
印刷：北京通州皇家印刷厂
版次：2021年12月第1版
印次：2021年12月北京第1次印刷
发行：新华书店北京发行所
开本：700mm×1000mm　1/16
印张：16　插页：14
字数：350千字
定价：78.00元